大飞机出版工程　总主编／顾诵芬

民机先进航电系统及应用系列

主编／冯培德　执行主编／金德琨

国家出版基金项目
NATIONAL PUBLICATION FOUNDATION

民用客机
健康管理
系统

Civil Aircraft
Health Management System

吕镇邦　崔广宇　王轶／编著
牛文生　金德琨／审校

上海交通大学出版社
SHANGHAI JIAO TONG UNIVERSITY PRESS

内容提要

本书以民用客机健康管理系统的研制为主线,系统地阐述了民用客机健康管理系统的技术内涵、标准规范、基本构成和设计要求、关键技术、工程流程与方法、具体实践案例以及技术现状和未来发展趋势等;重点介绍了典型系统产品的使用场景和流程,系统的组成结构,关键技术及应用实例,基于体系化设计的工程开发方法与技术途径,以及航电机载、发动机地面、离线辅助工具等不同健康管理分系统的开发实践案例。本书注重工程实践性,大体遵循从基本概念到系统需求、从关键技术到工程应用、从理论到实践的编排顺序,由浅入深、循序渐进。

本书适用于民用客机健康管理与维护专业方向的科研及工程人员,也可作为故障预测与健康管理、中央维护系统、可靠性工程、飞行器设计等相关专业研究生教材及科研人员的参考用书。

图书在版编目(CIP)数据

民用客机健康管理系统/ 吕镇邦等编著. —上海:
上海交通大学出版社,2019
大飞机出版工程
ISBN 978-7-313-21601-4

Ⅰ.①民… Ⅱ.①吕… Ⅲ.①民用飞机-保养-研究
Ⅳ.①V267

中国版本图书馆 CIP 数据核字(2019)第 146501 号

民用客机健康管理系统
MINYONG KEJI JIANKANG GUANLI XITONG

编 著 者:吕镇邦 崔广宇 王 轶
出版发行:上海交通大学出版社　　　　　　地　　址:上海市番禺路 951 号
邮政编码:200030　　　　　　　　　　　　电　　话:021-64071208
印　　制:上海盛通时代印刷有限公司　　　经　　销:全国新华书店
开　　本:710 mm×1000 mm　1/16　　　　印　　张:30.5
字　　数:415 千字
版　　次:2019 年 12 月第 1 版　　　　　　印　　次:2019 年 12 月第 1 次印刷
书　　号:ISBN 978-7-313-21601-4
定　　价:318.00 元

大飞机出版工程
丛书编委会

民机先进航电系统及应用系列
编委会

总序

国务院在 2007 年 2 月底批准了大型飞机研制重大科技专项正式立项,得到全国上下各方面的关注。"大型飞机"工程项目作为创新型国家的标志工程重新燃起我们国家和人民共同承载着"航空报国梦"的巨大热情。对于所有从事航空事业的工作者,这是历史赋予的使命和挑战。

1903 年 12 月 17 日,美国莱特兄弟制作的世界第一架有动力、可操纵、重于空气的载人飞行器试飞成功,标志着人类飞行的梦想变成了现实。飞机作为 20 世纪最重大的科技成果之一,是人类科技创新能力与工业化生产形式相结合的产物,也是现代科学技术的集大成者。军事和民生对飞机的需求促进了飞机迅速而不间断的发展,体现和应用了当代科学技术的最新成果;而航空领域的持续探索和不断创新为诸多学科的发展和相关技术的突破提供了强劲动力。航空工业已经成为知识密集、技术密集、高附加值、低消耗的产业。从大型飞机工程项目开始论证到确定为《国家中长期科学和技术发展规划纲要》的十六个重大专项之一,直至立项通过,不仅使全国上下重视起我国自主航空事业,而且使我们的人民、政府理解了我国航空事业半个世纪发展的艰辛和成绩。大型飞机重大专项正式立项和启动使我们的民用航空进入新纪元。经过 50 多年的风雨历程,当今中国的航空工业已经步入了科学、理性的发展轨道。大型客机项目其产业链长、辐射面宽、对国家综合实力带动性强,在国民经济发展和科学技术进步中发挥着重要作用,我国的航空工业迎来了新的发展机遇。

大型飞机的研制承载着中国几代航空人的梦想,在 2016 年造出与波音 737 和空客 A320 改进型一样先进的"国产大飞机"已经成为每个航空人心中奋斗的目标。然而,大型飞机覆盖了机械、电子、材料、冶金、仪器仪表、化工等几乎所有工业门类,集成了数学、空气动力学、材料学、人机工程学、自动控制学等多种学科，是一个复杂的科技创新系统。为了迎接新形势下理论、技术和工程等方面的严峻挑战，迫切需要引入、借鉴国外的优秀出版物和数据资料，总结和巩固我们的经验和成果，编著一套以"大飞机"为主题的丛书，借以推动服务"大型飞机"作为推动服务整个航空科学的切入点，同时对于促进我国航空事业的发展和加快航空紧缺人才的培养，具有十分重要的现实意义和深远的历史意义。

2008年5月，中国商用飞机有限责任公司成立之初，上海交通大学出版社就开始酝酿"大飞机出版工程"，这是一项非常适合"大飞机"研制工作时宜的事业。新中国第一位飞机设计宗师——徐舜寿同志在领导我们研制中国第一架喷气式歼击教练机——歼教1时，亲自撰写了《飞机性能捷算法》，及时编译了第一部《英汉航空工程名词字典》，翻译出版了《飞机构造学》和《飞机强度学》，从理论上保证了我们的飞机研制工作。我本人作为航空事业发展50年的见证人，欣然接受了上海交通大学出版社的邀请担任该丛书的主编，希望为我国的"大型飞机"研制发展出一份力。出版社同时也邀请了王礼恒院士、金德琨研究员、吴光辉总设计师、陈迎春总设计师等航空领域专家撰写专著、精选书目，承担翻译、审校等工作，以确保这套"大飞机"丛书具有高品质和重大的社会价值，为我国的大飞机研制以及学科发展提供参考和智力支持。

编著这套丛书，一是总结整理50多年来航空科学技术的重要成果及宝贵经验；二是优化航空专业技术教材体系，为飞机设计技术人员培养提供一套系统、全面的教科书，满足人才培养对教材的迫切需求；三是为大飞机研制提供有力的技术保障；四是将许多专家、教授、学者广博的学识见解和丰富的实践经验总结继承下来，旨在从系统性、完整性和实用性角度出发,把丰富的实践经验进一步理论化、科学化,形成具有我国特色的"大飞机"理论与实践相结合的知识体系。

"大飞机"丛书主要涵盖了总体气动、航空发动机、结构强度、航电、制造等专业方向,知识领域覆盖我国国产大飞机的关键技术。图书类别分为译著、专著、教材、工具书等几个模块;其内容既包括领域内专家最先进的理论方法和技术成果,也包括来自飞机设计第一线的理论和实践成果。如:2009 年出版的荷兰原福克飞机公司总师撰写的 *Aerodynamic Design of Transport Aircraft*(《运输类飞机的空气动力设计》);由美国堪萨斯大学 2008 年出版的 *Aircraft Propulsion*(《飞机推进》)等国外最新科技的结晶;国内《民用飞机总体设计》等总体阐述之作和《涡量动力学》《民用飞机气动设计》等专业细分的著作;也有《民机设计 1000 问》《英汉航空双向词典》等工具类图书。

该套图书得到国家出版基金资助,体现了国家对"大型飞机项目"以及"大飞机出版工程"这套丛书的高度重视。这套丛书承担着记载与弘扬科技成就、积累和传播科技知识的使命,凝结了国内外航空领域专业人士的智慧和成果,具有较强的系统性、完整性、实用性和技术前瞻性,既可作为实际工作指导用书,亦可作为相关专业人员的学习参考用书。期望这套丛书能够有益于航空领域里人才的培养,有益于航空工业的发展,有益于大飞机的成功研制。同时,希望能为大飞机工程吸引更多的读者来关心航空、支持航空和热爱航空,并投身于中国航空事业做出一点贡献。

2009 年 12 月 15 日

系列序

20 世纪后半叶特别是 21 世纪初，信息技术的高速发展带动了其他学科的发展，航空信息化、智能化加速了航空的发展。航空电子已成为现代飞机控制和运行的基础，越来越多的重要功能有赖于先进的航空电子系统来实现。先进的航空电子系统已成为飞机先进性的重要标志之一。

如果将发动机比作飞机的"心脏"，航空电子系统则称得上是飞机的"大脑"和"中枢神经系统"，其性能直接影响飞机的自动化和智能化水平，对飞机的安全性、经济性、舒适性、可用性等有重要的作用。由于航空电子系统地位特殊，因此当今主流飞机制造商都将航空电子系统集成与验证的相关技术列为关键技术，这也是我国亟待突破的大飞机研制关键技术。目前，国家正筹备航电专项以提升航空电子系统的自主研发和系统集成能力。

随着国家对航空产业的重视，在"十二五""十三五"民机科研项目的支持下，在国产大飞机研制的实践中，我国航空电子系统在综合化、模块化方面取得了很大的进步。本系列图书旨在将我国广大工程技术人员在航空电子技术方面多年研究成果和实践加以梳理、总结，为我国自主研制大型民用飞机助一臂之力。

本系列图书以"民机先进航电系统及应用"为主题，内容主要涵盖航空电子系统综合技术、飞行管理系统、显示与控制系统、机载总线与网络、飞机环境综合监视、通信导航监视、航空电子系统软件/硬件开发及适航审定、客舱与机载信息系统、民机健康管理系统、飞行记录系统、驾驶舱集成设计与适航验证、系统安全性设计与分析和航空电子适航性管理等关键性技术，既有理论又有设计方法；既有正在运营的各种大型飞机航空电子系统的介绍，也有航空电子发展趋势的展望，具有明显的工程实用性，对大飞机在研型号的优化和新机研制具有参考和借鉴价值。本系列图书适用于民用飞机航空电子研究、开发、生产及管理人员和高等学校相关专业师生，也可供从事军用航空电子工作的相关人员参考。

本系列图书的作者主要来自航空工业无线电电子研究所、航空工业西安航空计算技术研究所、航空工业雷华电子技术研究所、航空工业综合技术研究所、中国电子科技集团航空电子公司、航空工业陕西千山航空电子有限责任公司、上海交通大学以及大飞机研制的主体单位——中国商用飞机有限责任公司等专业的研究所、高校以及公司。他们都是从事大飞机航空电子系统研制的专家和学者，在航空电子领域有着突出的贡献、渊博的知识和丰富的实践经验。

大型民用飞机的研制承载着中国几代航空人的梦想，制造出先进的国产大飞机已经成为每个航空人奋斗的目标。本系列图书得到 2019 年国家出版基金的资助，充分体现了国家对"大飞机工程"的高度重视，希望该套图书的出版能够为国产大飞机的研制服务。衷心感谢每一位参与编著本系列图书的人员，以及所有直接或间接参与本丛书审校工作的专家学者和上海交通大学出版社的"大飞机出版工程"项目组，在大家的共同努力下，这套丛书终于面世。衷心希望本系列图书能切实有利于我国航空电子系统研发能力的提升，为国产大飞机的研制尽一份绵薄之力。

由于本系列图书是国内第一套航空电子系列图书，规模大、专业面广，作者的水平和实践经验有限，不妥之处在所难免，敬请读者批评指正！

民机先进航电系统及应用系列编委会

前言

现代航空科技及世界经济的持续发展,特别是电子与信息技术的快速发展和广泛应用,在不断提升民用客机设计和制造技术的同时,也使得飞机系统的集成度和复杂度越来越高,从而在安全性、可靠性、维修性等方面提出了更高的技术要求。在民用客机运营方面,民航运输业也面临着激烈的竞争和挑战。世界各大著名的航空制造企业为争夺全球市场,对提高飞机的安全性、可靠性,以及如何降低全寿命周期成本给予了越来越多的重视。民用客机健康管理系统把安全性、可靠性、经济效益与故障管理等目标结合在一起,在提高飞机安全性、可靠性的同时,通过优化维修模式,能够大幅提高运营和维护工作效率,有效降低成本,提高经济效益,因此得到了航空公司的广泛认可,已经成为提升各型民用客机竞争力的重要手段。

现代民用客机的健康管理系统是在早期机内测试设备(built in test,BIT)、故障显示系统(fault display system,FDS)等技术基础上发展起来的,目前已发展到第四代。健康管理系统利用先进的传感器和 BIT 技术,借助多种推理算法和大量智能模型实现飞机系统的状态监测、故障诊断、健康评估和维护支持等功能,使维修人员能够及时了解飞机及其部件的健康状态,提前计划和安排后勤维修保障,从而保持飞机系统的正常运营。美国及欧洲的航空工业发达国家均十分重视民用客机健康管理系统的研究与发展,著名的航空工业公司和许多研究机构多年来持续投入巨大的资源,致力于相关技术及应用的研究,取得了丰硕的科技成果。通过综合运用先进的数据采集、人工智能、通信等技术,国际新一代飞机健康管理系统已具备整机级的综合健康管理能力,成为主流民用客机和新研制飞机的必备系统之一,并朝着更加综合化、智能化、网络化和标准化的方向发展。

我国对健康管理系统的研究起步较晚,但是在近十几年来也越来越受到航空工业部门、航空运营公司和众多研究机构的重视,取得了不少重要成果。这些成果大多还处于理论研究阶段,局限于分系统或部件的监测、诊断、预测等具体技术研究,缺乏系统性的工程化应用。国内飞机制造商目前建立的健康管理系统的设计与开发体系以及研发的健康管理系统均不够成熟。随着国内航空技术研究的兴起和发展,研究人员逐步编著出版了不少体现国内外相关研究成果并具有各自特色的专业书籍。但针对民用客机健康管理系统的设计技术、工程开发方法以及具体应用实践等方面内容的专著,甚为欠缺。

本书作为"大飞机出版工程·民机先进航电系统及应用系列"丛书之一,在总结多年科研积累和型号工程经验的基础上,聚焦于民用客机的健康管理。全书内容分为6章:第1章介绍了民用客机健康管理系统的基本概念、技术发展过程、典型使用场景以及相关技术标准;第2章介绍了民用客机健康管理系统的基本构成、功能分配与相关性能要求以及已有的典型系统产品;第3章介绍了从数据采集、数据处理到故障诊断、预测、故障缓解、维修规划等健康管理关键技术,并给出了相应的应用实例;第4章介绍了从系统策划、基础性分析、知识工程到具体开发途径、系统验证与性能评估等相关工程开发技术;第5章介绍了航电机载、发动机地面、离线辅助工具等不同分系统的健康管理开发实践案例;第6章总结了健康管理当前的技术状态,并对未来发展趋势进行了展望。读者通过阅读本书,可学习到民用客机健康管理系统的基本概念、主要功能、组成结构、技术范畴和关键技术、工程开发途径和实际工程案例以及技术现状和未来发展趋势等知识内容。

本书注重工程实践性,非常适合对民用客机、系统工程、信号处理、人工智能等相关领域具备一定技术背景的读者。为方便不同技术基础和需求背景的读者阅读,本书大体遵循从基本概念到系统需求,从关键技术到工程应用,从理论到实践,由浅入深、循序渐进的编排顺序。

本书由航空工业西安航空计算技术研究所吕镇邦、航空工业第一飞机设计研究院崔广宇、中国商飞北研中心王轶等人编写。其中第1章主要由王轶编写,第2章主要由崔广宇编写,其余各章主要由吕镇邦编写。其他参与编写的人员包括航空工业西安航空计算技术研究所沈新刚、王娟、孙倩、田林,以及航空工业第一飞机设计研究院谢娜等。全书由吕镇邦负责内容筹划和统稿。

本书由航空工业西安航空计算技术研究所牵头编写,研究所牛文生研究员多次仔细审阅了全稿,并提出了许多具体的修改意见。此外,本书的编写得到了航空工业西安航空计算技术研究所科技委、航空工业第一飞机设计研究院综保所、中国商飞北研中心先进航电部等多个部门的大力支持,也采纳了多位领域专家的宝贵意见和建议。特此一并衷心致谢!

飞机健康管理是一门新兴和复杂的专业学科,同时也是一门综合性和实践性很强的学科,涵盖范围甚广,技术发展很快。限于编者水平,书中存在的不足及错漏之处,诚请读者指正。

编著者

目录

3 关键技术 / 135

3.1 传感器与 BIT 技术 / 137

4 工程开发方法 / 279

1

绪论

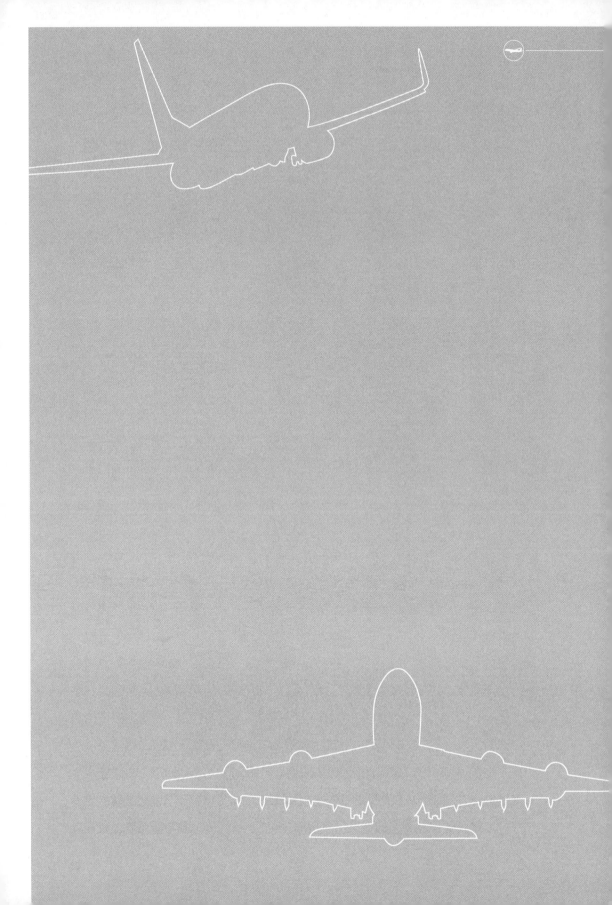

本章介绍了民用客机健康管理系统的基本概念、功能及意义,健康管理技术演变过程,系统的发展过程和应用现状,典型使用场景及相关技术标准。

1.1　基本概念、功能及意义

随着飞机研制技术和空中交通管理技术的不断成熟,民用航空已成为世界各国国民运输体系的重要组成部分。据中华人民共和国交通运输部统计,2017年民航承担的客运量占我国总客运量的5.82%。与此同时,民航运输产业在全球也面临着激烈的竞争和挑战。据民航资源网统计,2016年世界各大航空公司的净利润率普遍为10%左右,其中瑞安航空的净利润率最高,为19.8%;而我国排在前几位的航空公司的净利润率只有5%左右,中国国航的净利润率全国最高,为6.74%,仅仅处于中等水平。飞机是航空公司承担运输任务的基本装备,也是航空公司最主要的资产,因此拥有能够长时间可靠、安全使用的民用客机是各大航空公司能够实现安全运营和经济盈利的关键。

自1914年第一架客机投入商业运营以来,民用客机的设计技术和制造技术不断成熟,波音、空客等公司的民用客机的可靠性、安全性等基本指标已非常接近。因此客机的维护水平就成了决定航空公司机队能否长时间可靠、安全运营的关键因素。传统的"故障报告—检查定位—维修"的维修模式已经不能满足航空公司及时、准确地维修故障飞机,并通过预防性维修保持飞机状态良好从而满足飞机不间断飞行的需求。为争夺全球市场,世界各大航空制造企业都开发了能够实时感知飞机工作状态,预先发现潜在故障并给出维修建议的飞机健康管理系统。

民用客机健康管理系统针对用户对飞机安全性、可靠性、降低运营费用与保障管理的各项要求,旨在通过优化维修模式,在提高飞机安全性、可靠性的同时,大幅提高飞机完好率和维护工作的效率,降低成本,提高经济效益,从而得到航空公司的广泛认可,这已经成为提升各型民用客机市场竞争力的重要手段。

1.1.1 基本概念

与民用客机健康管理系统相关的基本概念包括飞机健康、健康管理、健康管理系统、中央维护系统、故障预测与健康管理、发动机健康管理、直升机健康使用监测系统、飞行器综合健康管理和飞行健康管理系统。本节将对上述相关概念进行阐述,给出飞机健康管理系统的概念。

1) 飞机健康

参照人类健康的定义,并结合飞机的特点,"飞机健康"可以定义为飞机持续应对所处环境,并完成规定任务的能力。

2) 健康管理

"健康管理"定义为与系统健康状态直接相关的管理活动,即基于系统及其组成部分健康状态的诊断和预测信息,及时发现故障,预测剩余寿命,利用资源和运行要求,对维修和后勤活动做出智能、充分和合适的决策,并提前采取措施将其恢复到正常状态。

健康管理以监测、诊断和预测为主要手段,具有智能和自主的典型特征,建立在状态或者信息感知、融合与辨识的基础上,是以感知为中心的决策过程和执行过程,从而在产品设计、生产、检验、运行、维护、配置等整个寿命周期过程中体现出管理成本效益。

3) 健康管理系统

健康管理系统泛指针对飞机、装备或其他物理系统,应用健康管理技术,实现监测、诊断、维护支持等相关功能的系统。

4) 中央维护系统

中央维护系统(central maintenance system,CMS)是典型的民用客机健康管理系统,也称为机载维护系统(onboard maintenance system,OMS)。美国航空运输协会(Air Transport Association,ATA)在《ATA 需求 100——制

造商技术数据需求》的 ATA 45 章中对 CMS 进行了定义。CMS 是多个系统、设备和部件的集合,该系统从航电系统、机电系统、结构和发动机等系统获取信息,并通过计算机实现故障检测、故障隔离及故障报告功能,为维修人员提供技术支持。在飞机系统中,CMS 是唯一一个与所有机载系统关联的系统。

5) 故障预测与健康管理

故障预测与健康管理(prognostics and health management,PHM)于美国 F-35 战斗机项目中被提出,强调预测功能在飞机健康管理中的重要作用,主要应用于军机领域。PHM 技术利用各类先进传感器,实时监测装备运行的各类状态参数及特征信号,借助各种智能推理算法和模型评估装备的健康状态,在故障发生之前进行预测,并结合各种可利用的资源信息提供一系列的维修保障决策,以实现视情维修。

6) 发动机健康管理

发动机健康管理(engine health management,EHM)从发动机状态监视和故障诊断技术发展而来,由机载子系统和地面子系统组成,利用先进的传感器技术获取发动机的数据信息,并通过数据处理、智能推理等算法和模型实现发动机状态监视、故障诊断、趋势分析和寿命管理功能,并将重要告警信息及时反馈给飞行员。

7) 直升机健康与使用监测系统

直升机健康与使用监测系统(health and usage monitoring systems,HUMS)是直升机上监测涉及飞行安全的关键部件的工作状态并进行故障定位的系统。机上系统对关键部件(传动系统、旋翼系统、动力系统、机体等)的状态信息进行实时监测并告警;地面系统对潜在故障进行诊断及分析预测,并提出维修决策建议。

8) 飞行器综合健康管理

飞行器综合健康管理(integrated vehicle health management,IVHM)的概念比 CMS 和 PHM 更为广泛,其应用对象包括航空器、航天器、火箭和导弹等飞行器。IVHM 系统将飞行器各个子系统的状态监测、故障诊断、影响评估和预测及其相应的处理措施和后勤保障的安排等综合为一体，实现了飞行器整体健康状态的了解和自动化管理。IVHM 在航空、航天等领域都有所应用，美国波音公司将其应用于民用客机健康管理，实现飞机状态监视、诊断、预测和验证功能。

9）飞机健康管理系统

飞机健康管理（aircraft health management，AHM）系统是民机 CMS 和军机 PHM 系统的统称。民用客机健康管理系统在 CMS 基础上进行延伸和扩展，主要功能包括对飞机的状态监测、故障诊断、预测、健康评估和维修决策等。飞机结构部件、机电、航电等成员系统是健康管理系统的管理对象，也是健康管理系统数据的主要来源。AHM 系统只通过全权数字式发动机控制（full authority digital engine control，FADEC）接收发动机的状态监测信息，发动机的其他健康管理功能由飞机专用的发动机监测单元（engine monitor unit，EMU）实现。AHM 系统通过收集、处理各个成员系统的健康信息，做出以信息为依据的决策，目的是通过准确、及时地检测初始故障，定位隔离故障和预测剩余寿命，减少检修任务和开展视情维修，在提高可靠性和安全性的同时，提升保障效能和经济效益。

1.1.2 功能和特点

1.1.2.1 系统功能

健康管理系统一般应具备如下功能：状态监测、故障检测、故障诊断、故障隔离、故障预测、健康管理和寿命追踪，并与自主保障系统交联。目前应用较为成熟的健康管理技术体系是视情维修开放体系（open system architecture-condition based maintenance，OSA - CBM）。

健康管理系统主要由数据采集和传输、数据处理、状态监测、健康评估、故障预测、保障决策及接口 7 个部分构成，系统功能逻辑结构如图 1 - 1 所示。

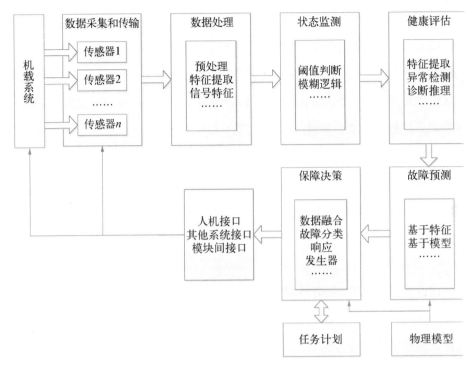

图 1-1　健康管理系统功能逻辑结构

1）数据采集和传输

利用各种传感器探测、采集对象系统的相关参数信息，将收集的数据进行有效的信息转换以及传输等。

2）数据处理

接收来自传感器以及其他数据处理模块的信号和数据信息，将数据信息处理成后续模块可以处理的有效形式或格式。该部分输出结果包括经过滤波和压缩简化后的传感器数据、频谱数据以及其他特征数据等。

3）状态监测

接收来自传感器、数据处理以及其他状态监测模块的数据。其功能主要是比较这些数据与预定的失效判据等，监测系统当前的状态，并且根据预定的各种参数指标的极限值或阈值提供故障报警能力。

4）健康评估

接收来自不同状态监测模块以及其他健康评估模块的数据。主要评估被监测系统、子系统或部件的健康状态,判断是否有参数退化现象,形成故障诊断记录并确定故障发生的可能性。故障诊断应基于各种健康状态历史数据、工作状态以及维修历史数据等进行。

5）故障预测

故障预测能力是健康管理系统的显著特征之一,可综合利用前述各部分的数据信息,评估和预测被监测系统未来的健康状态,包括剩余寿命、可正常工作时间等。

6）保障决策

接收来自状态监测、健康评估和故障预测部分的数据,通过推理决策产生更换、维修等活动的建议和采取相应措施,从而可在被监测系统发生故障之前的适宜时机采取维修措施。

7）接口

主要包括人-机接口和机-机接口。人-机接口包括状态监测模块的警告信息显示以及健康评估、预测和决策支持模块的数据信息表示等;机-机接口使上述各模块之间以及健康管理系统与其他系统之间的数据信息可以进行传递交换。上述体系结构中的各部分之间并没有明显界限,存在着数据信息的交叉反馈。

从物理角度来看,典型的民用客机健康管理系统一般由机载维护系统、地面维护系统和外场便携式维护终端三部分组成;此外,由空地数据链实现机载端与地面站的数据通信。民用客机健康管理系统物理架构如图1-2所示。

1）机载维护系统

机载维护系统的核心是中央维护计算机,主要完成对飞机各个成员系统,包括飞机非航电系统(如发动机系统、燃油系统、供电系统、液压系统等)和航电系统(如导航系统、通信系统、气象雷达系统等)信息的采集、监测、分析和诊断

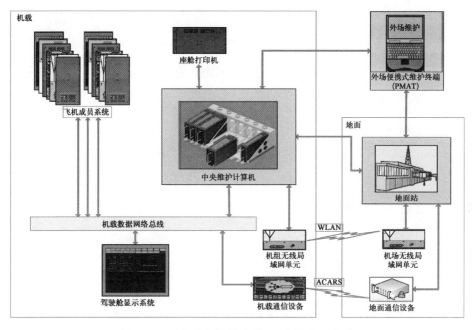

图 1-2 民用客机健康管理系统物理架构

等处理。中央维护计算机通过机载数据网络总线连接各个飞机成员系统、驾驶舱显示系统、座舱打印机和机载通信设备,将机载健康管理功能结合为一个整体。机上各个成员系统的故障信息和状态信息可通过驾驶舱显示系统显示,也可通过座舱打印机打印。记录的飞机故障信息和状态信息还可通过飞机通信寻址与报告系统(aircraft communication addressing reporting system,ACARS)、无线局域网(wireless local area networks,WLAN)等空地通信设备或外场便携式维护终端(portable maintenance terminal,PMAT)下载到地面,供地面分析和外场维修使用。

机载维护系统的主要功能包括参数获取、状态监测、故障诊断、数据加载、构型报告、显示管理等。

(1)参数获取:实时采集通过网络传来的飞机各系统的运行参数和故障数据,并提供给状态监测和故障诊断软件进行处理。

(2)状态监测:采集、计算数据并监测状态,以记录、捕获成员系统的趋势和超限数据、系统参数和生命周期数据。

（3）故障诊断：实时处理飞机各系统的运行参数和故障数据，以实现设备或系统的故障检测、级联故障消除、综合诊断、故障隔离、驾驶舱效应（flight desk effect，FDE）关联、故障报告和故障排故信息索引。

（4）数据加载：加载成员系统的可加载软件和数据。

（5）构型报告：收集和报告飞机系统的软、硬件构型状态。

（6）显示管理：显示信息一般通过多功能显示器（multiple functional displays，MFD）显示，负责提供机上故障信息、告警、注意、提示和建议等信息的显示。

2）地面维护系统

地面维护系统是飞机地面管理和维修中心的一部分。在飞行阶段，地面维护系统通过空地通信链路实时接收机上的监测和诊断结果，负责在地面上对飞机健康信息进行综合管理，包括对飞机进行更加准确的故障分析、故障诊断和故障预测，并根据诊断和预测的结果制订下一步的维修方案和维修计划；此外，还可根据维修中反馈的信息，修改诊断结果和补充维修要求，以保证飞机维修的质量。

地面维护系统的主要功能包括地面实时监控、数据与接口管理、数据回放与分析、综合诊断、趋势分析、寿命管理、维修建议等。

（1）地面实时监控：地面站实时追踪当前飞机的飞行状态与轨迹，并对实时数据进行处理与分析。

（2）数据与接口管理：提供下载、存储飞机飞行历史数据的操作，管理各种报告、建议和算法模型以及接口数据，同时为飞机的设备、零部件建立完善的履历信息库。

（3）数据回放与分析：地面站对下载的飞机历史数据进行回放显示，并进行分析。

（4）综合诊断：通过下载飞机历史数据，结合地面维修知识，采用人工神经网络、支持向量机等智能诊断算法进行深层次的地面综合诊断。

（5）趋势分析：基于飞机历史数据，采用趋势分析算法和模型，对飞机机载设备的健康状态进行深层次的趋势分析和余寿评估。

（6）寿命管理：根据设备健康状态的趋势分析结果，使用里程等数据对设备进行寿命管理。

（7）维修建议：基于地面综合诊断、趋势分析和寿命管理方案，提出设备的维修建议。

3）外场便携式维护终端

维护人员和其他人员通过 PMAT 访问机载维护系统，外场维护应用软件驻留在 PMAT 中，为维护系统的外部用户提供基于 Web 方式的人机交互界面，并通过以太网络或无线网络连接机载、地面应用系统。

PMAT 主要功能包括数据上传、数据下载、显示处理、数据管理、交互式维护等。

（1）数据上传：主要完成机载可加载文件的数据加载操作，包括设置上传方式（通信接口方式、数据通信协议等）、信息类型（配置文件、软件算法等）等，在上传过程中显示上传进度和上传状态信息。

（2）数据下载：主要通过以太网或无线网络通信方式下载机载维护系统生成数据，包括设置下载方式（通信接口方式、数据通信协议等）、信息类型（配置文件、软件算法等）等，在下载过程中显示下载进度和下载状态信息。

（3）显示处理：主要完成实时监控或数据回放功能，实时监控功能实时显示飞机状态信息；数据回放功能包括协议设置、显示设置、显示处理等，PMAT 按照设置的协议方式读取用户选择的历史数据文件并进行解析，随后按照设置的显示方式，显示用户关心的相关数据。

（4）数据管理：主要完成对下载数据的管理，包括数据匹配和数据浏览，提供数据浏览界面，可从文件级对历史数据进行浏览、排序、查找等。

（5）交互式维护：主要完成机载维护系统和地面维护系统的交互式维护功能，提供对机载设备进行交互式维护的操作页面，包括维护页面管理和通信接口管理。

4）空地数据链

空地数据链通过 ACARS 系统、无线局域网链接等方式实现机载维护系统与地面维护系统的实时通信、维护数据下载等空地数据传输功能。

1.1.2.2　技术特点

健康管理系统的主要技术特点包括故障诊断的复杂度高、系统开发难度大。

1）故障诊断的复杂度高

现代民用客机是由发动机系统、空调系统、电源系统、燃油系统、液压系统、通信导航系统及飞行控制系统等许多成员系统组成的复杂系统，每个成员系统又由更低级的子系统构成。系统结构层次多、关联度高，因此故障存在纵向传播性，较高层次系统的故障可能来源于低层次系统故障；在同一层次上，不同系统间在结构和功能上还存在众多的联系或耦合作用，所以故障亦存在横向传播性。因此，在健康管理技术实施过程中，应最大限度地利用传统的故障特征监测技术，并借助各种算法和智能模型监控、诊断、预测和管理飞机的运行状态。所以故障诊断的复杂度高，具体表现为以下几点。

（1）健康管理系统成员系统数量众多、交联关系复杂，需要记录、处理的数据量巨大，数据类型多，处理的技术难度高。

（2）研制健康管理系统必须从整体上规范各个成员系统的测试性、可靠性、安全性的设计，并提升这些性能指标，最好无须增加传感器便可实现系统功能，从已有的传感器获取健康信息。

（3）健康管理系统属于典型的软件密集型产品，借助大量的智能模型和算法实现系统功能。

（4）健康管理系统的人机接口复杂，需针对飞机主显、侧显、PMAT 等进行恰当的显示管理和界面设计。

（5）健康管理系统的通信接口复杂，既包括机载维护系统与成员系统间的机载通信,又包括机载与地面之间的多种空地通信。

2) 系统开发难度大

从开发者的角度来看,健康管理系统可以分为在线应用分系统和离线支持分系统两大部分。在线应用分系统是直接面向用户的应用系统,包括机载、地面两部分,可采用传统的软、硬件系统工程开发模式;离线支持分系统主要面向工程开发人员,它为应用系统提供各种智能推理或推理模型,其开发模式更适合采用知识工程的流程和技术方法。

飞机健康管理的核心技术能力包括诊断增强、预测和维修管理。

1) 诊断增强

诊断增强是相对传统的测试性和机内测试(built-in test,BIT)能力,是以更高的故障诊断能力和非常低的虚警率确定飞机各部件健康状态的技术过程。

系统级和飞机级的所有信息(包括故障信息)都来自成员系统,所以成员系统信息是整个健康管理系统故障诊断的基础和关键,其信息来源的准确性和可靠性直接关系系统级和飞机级故障诊断和隔离的准确性和可靠性,即准确定位到单独的外场可更换单元(line replaceable unit,LRU)或者功能电路,以便维护人员可以迅速找到故障根源,并进行相关维护。

由于各层级采集信息的范围不同,因此故障诊断以及进一步的诊断增强应该满足相应层级的要求,通过信息关联融合和诊断解算程序将故障确定为内部故障、从属 LRU 故障、外部接口故障和服务告警四种故障类型中的一种。

成员级的诊断应根据其失效模式、影响与危害性分析(failure modes, effect and criticality analysis,FMECA)的分析结果以及成品设备的测试性要求开发相应的 BIT,并根据健康管理系统的统一要求上报 BIT 诊断结果,用以提供系统级和飞机级诊断输入。系统级的诊断程序应该包含成员级 BIT 的诊断信息和系统内故障诊断所需的其他信息,以体现故障的关联特性和诊断增强要求。对于需要其他系统提供信息才能确定的故障应进行更高一级的综合诊断。飞机级的诊断程序应该包含成员级 BIT 信息和系统之间故障诊断所需的其他信息,以体现故障的关联特性和诊断增强的要求。

2）预测

预测是通过传感器采集的信息和历史数据,借助各种算法和智能模型预先诊断飞机部件或系统完成其功能的状态,包括确定部件的剩余寿命和正常工作的时间长度。

典型的故障预测包括数据采集、数据预处理、特征提取、状态监测、故障诊断、数据融合、故障预测等环节。

数据的采集与传输体现在传感器的高精度、小型化、集成化、严酷环境适应性、可靠性、高速率传输的传感器网络等方面。

故障诊断与预测都是对客观事物状态的一种判断,其最基本的出发点是判断者采集的信息源。客观事物的发展存在内因与外因两个方面,观察者、被观察对象和观测环境构成了故障预测的完整认知模型。由于信息源不同,因此构成了不同的故障预测方法论,可以采集的信息源如下所示。

（1）被观测对象的直接功能及性能信息(基于故障状态信息)。

（2）被观测对象使用时表现出来的异常现象信息(基于异常现象信息)。

（3）被观测对象使用时所承受的环境应力和工作应力信息(基于使用环境信息)。

（4）预置损伤标尺的状态信息(基于损伤标尺信息)。

3）维修管理

维修管理是根据诊断和预测信息、可用维修资源和使用要求,对维修活动做出适当决策的过程。

健康管理系统代表了一种方法的转变,一种维护策略和概念上的转变,实现了从传统的基于传感器的诊断向基于智能系统预测的转变,从而为在准确的时间,对准确的部位进行准确而主动的维修活动提供了技术基础。健康管理技术也使得事后维修或定期维修策略被视情维修取代。这种转变能够为先进飞机自主保障带来如下提升:

（1）提供系统失效的高级告警。

（2）提供视情维修能力。

（3）为将来的设计、评估和系统分析获得历史数据及知识。

（4）通过维护周期的延长或及时的维修活动提高系统的可用性。

（5）通过缩减检查成本、故障时间和库存，降低全寿命周期的成本。

（6）减少间歇性故障和未发现故障的情况。

可以看出，数据和模型是飞机健康管理的基础，如何基于航空公司已有的数据，建立有效的故障诊断模型、健康评估模型和预测模型，是健康管理技术亟待突破的技术问题，也是工业技术体系需要将专家经验和实践经验相结合的工程化核心问题。

1.1.3　健康管理系统的作用和意义

健康管理系统通过解决"故障是什么""何时会有故障""是否需维修"等问题，使维修人员了解飞机及其部件的健康状态，提前计划和安排后勤维修保障，保持系统正常，将安全风险降至最低，提高任务完成率，对提高飞机的安全性和利用率，同时大幅度降低全寿命周期成本具有至关重要的作用。

据波音公司的初步估计，使用 AHM 可使航空公司节省约 25％的因航班延误和取消而导致的费用。此外，健康管理系统可以帮助航空公司识别重复出现的故障和发展趋势，支持机队长期可靠性计划的实现。

1）提高国产民用客机管理水平

现代科学技术和现代化管理是提高经济效益的决定性因素，也是促使我国民用客机经济走向新的成长阶段的支柱。科学技术的进步和管理水平的提高将从根本上决定我国民用客机工程化建设的进程。民用客机健康管理系统可实现"管好、用好、修好"设备，不仅是保证简单再生产的必不可少的条件，而且对提高航空公司经济效益，推动国民经济持续、稳定、协调发展，有着极其重要的意义。

2）提高民用客机的可靠性与维修性

民用客机产品是一个复杂的技术综合体,要保证产品研制成功并能有效应用,在研制过程中,就必须在可靠性、维修性、安全性、经济性、可生产性和质量控制等方面加以保证。以上各方面技术之间存在密切的相关性,民用客机健康管理技术可以将它们有机地联系在一起,综合运用实验研究、现场调查、状态监测、故障分析、数据积累、维修经验等多种方法和知识,研究系统寿命、系统可靠性以及部件与系统发生故障的机理和发展过程,管理民用客机开发、设计、制造、安装调试和维修使用实施全过程。此外,民用客机健康管理技术的实施过程坚持系统工程观点和工程化理念,支持长期的技术更新、数据存储和经验知识积累,从而实现民用客机的综合健康管理,延长设备寿命,达到提高民用客机系统效能和降低系统寿命周期费用的目的。

3）获得潜在的巨大经济效益和社会效益

飞机维修成本占运营总成本的 20% 左右,是运营成本的重要组成部分。而且飞机维修保障水平直接决定了维修工时和维修效率,与飞机的利用率有密切的关系,提高飞机利用率可增加飞行架次和时间,会带来巨大的经济效益。维修不当或不及时会造成飞机晚点或航班取消,为运营的航空公司带来很大损失。据 GE 公司统计,以波音 747 飞机为例,飞机每延误 1 次,直接经济损失为 1 800 美元;航班每取消 1 次,直接损失约 5 万美元,还不包括为旅客带来的不信任感及巨大的间接经济损失。因此,提高飞机维修效能和保障能力成为提高航空公司盈利水平,适应激烈市场竞争的需要。先进的健康管理系统加速了航空技术的发展,促进运营和维护效益的同步发展,提高航空公司的直接和间接经济效益。通过使用民用客机健康管理技术,预计可以为航空公司带来如下收益:

（1）由于可以及时收集飞机各系统的状态信息而进行深入的故障诊断,因此可以明显提高飞机的安全性。

（2）飞机 CMS 的地面部分可以进行故障和趋势预测,能够减少系统失效次数,延长飞机的使用寿命。

(3) 使航空公司能够避免耗时和高成本的维修延期,有计划地、轻松地解决维修问题,从而减少维修的人工小时数,减少维修成本。

(4) 尽量为乘客避免航班延误和取消,为航空公司节省因航班延误和取消而导致的费用,同时提高了飞机的整体利用率。

(5) 通过帮助航空公司提前识别故障并做出反应,支持机队的长期可靠性。

(6) 在整个机队中应用多个运营商的运营历史数据和知识,一个航空公司的经验可以用来指导另一个运营相同机型的航空公司做出维修决策,从而提高了可靠性和机队效率,支持机队可靠性计划的实现。

(7) 对于航空公司而言,部件拆换率直接影响了航线维修成本、车间维修成本和备件成本,并可能影响航班不正常定期维修成本。降低部件拆换率的有效方法是加强飞机的监测和管理,降低虚警率,从而进一步降低维修成本。

综上所述,健康管理系统的设计、开发与应用对国产民用客机适应国内外贸易发展需要、促进产品进入国际市场,具有十分重大的意义。

1.2 健康管理系统的发展过程

1.2.1 健康管理技术的演变过程

健康管理技术的演变过程正是人类认知和利用自然规律过程的典型案例,即对故障和异常事件从被动反应到主动预防,再到事先预测和统筹管理。

飞机健康管理的概念最早源自 20 世纪 70 年代,主要集中于航空发动机领域。1982 年,F‐18 大黄蜂机队 F404 发动机检测系统用于大黄蜂战机的发动机状态监测,那时没有故障预测功能,只有剩余寿命评估、操作极限监控、传感器失效检测、熄火检测、着陆推力评估、飞行员启动记录等功能。F‐22 在飞行时传输部分数据,落地后采集全部数据,可以通过维修辅助计算机插入接口发送激励信号,采集重点部件的监测数据,属于基于状态监测的健康管理。90年代中期,F-35联合战斗机JSF项目的智能后勤信息系统(autonomic logistics information system,ALIS)在F-22之上又得到了进一步发展,该系统囊括了飞机系统状态监控、健康评估、故障预测、维修计划、后勤保障等若干功能,已经基本上达到了预期的设计目标,实现了状态监测与故障预测,是第一个真正有故障预测能力的健康管理系统。

飞机健康管理技术的发展过程如图1-3所示。

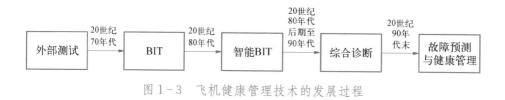

图1-3 飞机健康管理技术的发展过程

1) 从外部测试到BIT(20世纪70年代)

早期的飞机系统比较简单,由彼此独立的模拟系统构成。航电系统为分立式结构,依靠人工在地面上检测和隔离飞机中的问题(外部测试)。随着飞机系统变得复杂,BIT引入飞机中,起初是为了警告飞行员飞机关键部件发生的重要故障,后来又成为支持机械工程师查找故障的助手。

2) 从BIT到智能BIT(20世纪80年代)

为了解决常规BIT存在的问题,美国原罗姆航空发展中心(RADC)在20世纪80年代初率先提出运用人工智能技术改善BIT的效能,以降低虚警率和识别间歇故障,这就是所谓的智能BIT。智能BIT是指采用人工智能及相关技术,将环境应力数据、BIT输出信息、BIT系统历史数据、被测单元输入和输出、设备维修记录等多方面信息综合在一起,并经过一定的推理、分析、筛选的过程,得出关于被测单元状态的更准确的结论,从而增强BIT的故障诊断能力。

3) 综合诊断的提出和发展(20 世纪 80 年代后期至 90 年代)

20 世纪七八十年代,复杂装备在使用过程中暴露出测试性差、故障诊断时间长、BIT 虚警率高、使用与保障费用高、维修人力不足等各种问题,引起美、英等国军方和工业部门的重视。1991 年 4 月,美国颁布军标和指南,把综合诊断作为提高新一代武器系统的诊断能力和战备完好性,降低使用与保障费用的一种有效途径。综合诊断技术将自动测试设备(automatic test equipment, ATE)、技术资料、BIT 等各诊断要素综合集成,向测试、监控、诊断、预测和维修管理一体化方向发展,主要表现在如下几个方面:

(1) 诊断系统复杂性和综合程度日益增加。

(2) 综合诊断系统向基于信息的开放式体系结构发展,诊断数据采用标准通信方式。

(3) 模型成为诊断设计和诊断功能的基础,即基于模型的诊断。

(4) 嵌入式诊断和预测功能日益加强,并出现了专用的诊断系统。

(5) 广泛运用人工智能(机器学习)技术,诊断系统自主能力日益提高。

4) 故障预测与健康管理诞生

20 世纪 90 年代末,飞机维修保障工作重点已由传统的以机械修复为主逐步转变为以信息的获取、处理和传输,并做出维修决策为主。以往的事后维修和定期维修已经无法很好地满足现代飞机保障的要求,在这种情况下,美军引入民用领域的视情维修概念,作为一项战略性的飞机保障策略,其目的是实时或近实时监控飞机状态,根据飞机的实际状态确定最佳维修时机,以提高飞机的安全性和可靠性。

1.2.2　民机健康管理系统的发展过程

在早期的民用客机上,几乎没有用于维修领域的专用设备。设备的可维修性极低,飞机的维修工时长,故障检测及隔离时间在总维修时间中所占的比例较大,平均为 35%。在波音 707、DC‐8 等运输机上,故障检测及隔离时间甚至占了总维修时间的 70%左右,而且 50%左右的设备拆卸是不合理的,严重影响了飞机维修效率及航班正点率。为改善飞机的可维修性,减少故障查找及隔离时间,需要根据设备的使用情况和状态进行视情维修,波音、空客等国际航空公司对民用客机健康管理与综合维护系统的设计与开发技术进行了深入研究,从失效监测及故障检测到机内测试设备(built in test equipment,BITE),从中央故障显示系统(centralized fault display system,CFDS)到 OMS,民用客机健康管理系统的发展经历了四个阶段的演变过程,如表 1-1 所示。

表 1-1 民用客机健康管理系统的演变过程

	机载部分	地面部分	系 统 特 点	代 表 机 型
第一代	机械和模拟系统	无	采用按压测试的方式检测,通过灯的红、绿色提示故障状态	波音 727、传统型波音 737、A300
第二代	数字系统	无	采用 BITE 设备,利用前面板显示器显示故障信息	波音 757、波音 767、波音 737NG、A310
第三代	联合式系统	地面显示查看	采用中央维护计算技术集中处理各系统和设备的故障信息	A320、波音 747-400、MD-11
第四代	模块化系统	地面站实时故障诊断	采用综合的中央维护计算技术和数据链技术集中处理、传输各系统和设备的故障和状态信息	A380、波音 777、波音 787

1) 第一代民机维护系统

第一代民机维护系统以波音 727、A300 等飞机为代表,是 20 世纪 60 年代末、70 年代初的产品。在这些飞机上普遍安装的是模拟式或机械式设备,其机载维护设备一般比较简单、分散,采用分布式故障诊断技术。这些机载维护设备通常通过在设备的控制面板上安装一个"按压测试"测试电门启动,测试的结果简单地使用红灯提示故障状态。这样的机载维护设备只能对整个设备的状态进行判断,几乎不具备故障隔离的能力。实际使用经验表明,这些机载维护设备的应用能够减少故障隔离时间及航班延误次数,但是由于其效率差、故障检测技术简单,因此虚警率和设备误拆率较高。

2) 第二代民机维护系统

第二代民机维护系统以波音 737NG、A310 等飞机为代表,是 20 世纪 70 年代末、80 年代初的产品,实现了对部分重要设备的数字化显示和监测,并支持一定的交互式维护操作。这一代民机在设计中分析了第一代民机维护系统虚警率较高等问题,改进了维修硬件和软件的设计。在设计之初就遵循 ARINC 423《机内测试设备的设计和使用指南》规范,并采用数字化技术,在设备的多个关键点设置了 BIT 检测,能够将故障定位到相关的组件,提高了故障隔离能力,并且具有故障存储器,能够存储一定数量的故障。其故障的诊断和监测通过专用的控制和显示面板进行。

例如波音 757 和波音 767 飞机,其 OMS 通过维修控制显示板(maintenance control display panel, MCDP)直接与三台飞行控制计算机、两台飞行管理计算机和推力管理计算机连接,以完成对这三个系统的飞行故障存储和地面检测功能。MCDP 在飞行中是关闭的,仅在着陆后工作。在飞机着陆后,MCDP 会自动接通,从飞行控制计算机和推力管理计算机中读出故障数据,并将这些数据存储在非易失存储器中,然后断开。维修人员可以根据空勤人员的详细记录,并通过 MCDP 查询各系统的故障信息,包括航班号、驾驶舱效应及故障最严重的装置,进而实施维修工作。

3) 第三代民机维护系统

第三代民机维护系统以 A320、波音 747 - 400 等飞机为代表,采用联合式的数字化系统结构,驻留在独立的专用计算机上,基本实现了对所有子系统的状态监测,并具备了机载实时故障诊断等主要的 OMS 功能。在 A320 飞机上机载维护系统由 4 个部分组成,即飞机综合数据系统(aircraft integrated data system, AIDS)、电子中央监测器(electronic centralized aircraft monitor, ECAM)、数字式飞行数据记录系统(digital flight data recording system,

DFDRS)和 CFDS。CMS 记录由各系统的 BITE 探测到的故障信息。在正常使用时,ECAM 持续显示飞机的监测参数,DFDRS 持续记录飞机系统参数。当探测到飞机系统有不正常的情况时,ECAM 显示不正常的参数或功能,并通过 CFDS 形成 ECAM 的警告。

在这一代 OMS 中,起重要作用的设备是 CFDS。CFDS 的核心是中央故障显示接口组件(central fault display interface unit,CFDIU),CFDIU 与飞机各系统的 BITE 连接,接收和处理各系统 BITE 的信号。当飞机系统产生故障时,通过 CFDS 生成相应的报告。这些报告可以用机载打印机打印出来,也可以通过维修控制和显示单元(maintenance control and display unit,MCDU)显示出来,供维护人员进行故障诊断和隔离时使用。

4) 第四代民机维护系统

第四代民机维护系统以 A380 和波音 787 等飞机为代表,采用先进的 BIT 技术,状态监测、故障诊断等方面的性能有了明显提高,并具备了一定的视情维修支持能力,驻留在通用计算平台上,实现了 CMS 和航电系统的高度集成,采用综合的 CMS 和数据链技术集中处理、传输各系统和设备的故障和状态信息,并与地面健康管理系统通信,实现地面实时诊断功能。与第三代民机维护系统相比,第四代民机维护系统中用飞机状态监控系统(aircraft condition monitoring system,ACMS)取代了 AIDS,用 CMS 取代了 CFDS。

CMS 的核心组件是中央维护计算机(central maintenance computer,CMC),一般有两个 CMC,在正常情况下 CMC1 处于工作状态,CMC2 处于热备份状态。CMC 通过数字信号和离散信号与飞机各系统的 BITE 连接,可以接收和处理飞机上 70 多个系统的 BITE 数据。如果飞机上安装有 ACARS,则 ACARS 可以将 CMS 生成的维护报告以及由 ACMS 生成的飞机状态参数和发动机参数,以数据链的形式发送到地面维护基地,形成飞机和发动机的远程实时故障诊断系统。如果飞机上安装有多功能磁盘驱动组件,则可以下载

CMS 生成的报告和 ACMS 监控到的飞机和发动机数据,在维修基地的普通计算机上对特定的故障进行更加深入的分析和研究。

1.2.3 健康管理系统的应用现状

目前,美国及欧洲的主要航空发达国家均十分重视民用客机健康管理系统的研究与应用,健康管理系统朝着更加综合化、智能化、网络化和标准化的方向发展,并逐步成为新研飞机的必备系统之一。例如,波音公司已将飞机健康管理技术应用到民用航空领域,开发了 AHM 系统。AHM 系统已在法国航空公司、美利坚航空公司、日本航空公司和新加坡航空公司的波音 777、波音 747 - 400、A320、A330 和 A340 飞机上得到大量应用,提高了飞行安全和航班运营效率。2006 年,这套系统进一步扩大应用于国泰航空公司、阿联酋航空公司和新西兰航空公司。航空无线电公司(Aeronautical Radio Incorporate,ARINC)与 NASA 兰利研究中心合作,研制了与 AHM 系统类似的飞机状态分析与管理系统(aircraft condition analysis and management system,ACAMS),其功能在 NASA 的波音 757 飞机上成功地进行了飞行试验演示验证,该套系统已申请了美国专利。此外,NASA 正在考虑采用 Qualtech 系统公司开发的综合系统健康管理(integrated system health management,ISHM)方案对航天飞机进行健康监控、诊断推理和最优查故,以求减少危及航天任务安全的系统故障的发生。

1) 空客公司的 A380 维护系统

A380 维护系统可以为以下活动提供支持:① 飞机服务;② 航线维护、定期维护和非定期维护;③ 飞机构型和重构监控。

A380 维护系统架构如图 1 - 4 所示,由 OMS 和地面运营中心共同实现。其中,OMS 由三个子系统组成。

(1) CMS:识别、集中和存储机载系统的失效。

(2) ACMS:支持预防性维护和深度调查。

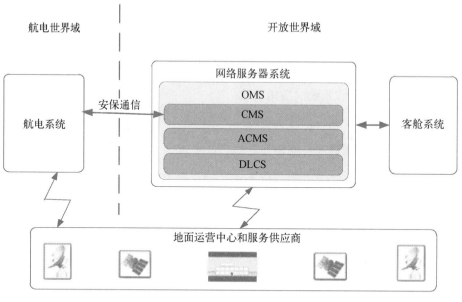

图 1-4　A380 维护系统架构

（3）数据加载和构型系统（data loading and configuration system，DLCS）：管理数据加载和机载设备的构型。

A380 机载维护系统并未驻留在综合模块化航电系统（integrated modular avionics，IMA）中，而是驻留在机载信息系统（onboard information system，OIS）的网络服务器系统（network server system，NSS）中，基本实现了与 OIS 的功能融合。

2）波音公司的 AHM 系统

波音民用航空服务公司及其客户联合开发了 AHM 系统。波音公司的电子使能工具和服务的相关产品主要包括电子飞行包（electronic flying bag，EFB）、AHM 和维修性能工具箱。AHM 系统是实现民用客机健康管理的典型系统，可以收集飞行中的数据，并通过 MyBoeingFleet.com 网站将其实时传送给地面维修人员，以便在飞机降落前准备好零备件和资料，进而更为有效地提高航线维修效率，同时还可以帮助用户确定一些重复出现的故障和性能趋势，支持机群长期可靠性计划的实现。AHM 系统架构如图 1-5 所示。

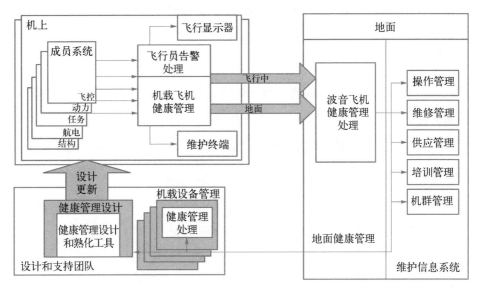

图 1-5　波音公司的 AHM 系统架构

2007 年,波音公司的机组告警系统(crew alerting system,CAS)推出新的 AHM 模块,扩大了信息提供的范围。系统的状态监控装置在收集到飞机的数据后,与系统的性能进行对比,当被监控系统(如辅助动力装置、发动机滑油、胎压、液压界面等)接近运营极限时会发出告警。日本航空公司 JAL 从 2004 年第二季度起就参与了该系统的研发,2008 年年底成为首家全面采用波音 AHM 系统的航空公司。新加坡航空公司是第一家采用波音 AHM 系统的航空公司,并于 2007 年 11 月与波音公司签署了 AHM 和综合航材管理服务协议。

3) 庞巴迪公司的飞机健康管理系统

庞巴迪公司于 2009 年 6 月推出 iflybombardier.com 网站,作为一个先进的交互式客户门户网站,其减少了飞机的维修时间,提高了 CRJ 系列和 Q 系列飞机客户的运营效率。维修人员和决策者通过该网站可以更快捷、详尽地查询数据,从而快速隔离故障,采取正确的方案解决问题。庞巴迪公司的 iflybombardier.com 门户网站还提供飞机故障诊断解决方案、飞机性能分析、在线技术请示和数字化数据导航 4 种新的服务项目。这些新型的诊断和分析工具可以将 CRJ 和 Q 系列飞机的维修资源提升至新水平。

2015 年 5 月 12 日,庞巴迪公司宣布携手普惠公司,为 C 系列飞机开发了一项数据管理服务,该服务是能实时记录和传输飞机数据的庞巴迪 AHM 系统的一个组成部分。AHM 系统将推进飞机远程故障诊断,为维修和机组人员提供有效和准确的诊断工具。

AHM 系统是 C 系列飞机设计、地面系统及支持工具的一个组成部分,由机载系统和地面系统两部分组成。在飞机上,AHM 系统在飞行过程中收集各系统的运行和性能数据,拥有大容量记录传输能力的健康管理单元负责管理飞机所有系统的故障信息,为航空公司提供高度自定义的飞机数据管理方法;在地面上,AHM 系统对传回的机上数据执行更为详尽的分析,以支持广泛的运行决策。

4)巴西航空工业公司的飞机健康分析和诊断排故软件

巴西航空工业公司于 2006 年 6 月,为 E170 和 E190 飞机推出了基于网络的飞机健康分析和诊断排故(aircraft health analysis and diagnosis,AHEAD)软件,其首位用户是美国低成本的捷蓝航空公司。

AHEAD 软件可自动向地面传送飞机系统发出的告警信息,在飞行过程中持续监控飞机的健康状况。航空公司接收到飞机的健康信息后会形成故障识别报告,并采取纠正和预防措施。软件支持实时发送告警和维修信息,其中包括在飞行过程中生成但没有在驾驶舱显示的信息,为改进故障分析和确定其发展趋势,进行提前判断,AHEAD 的系统趋势预测功能如图 1-6 所示。同时,AHEAD 还可提供个性化的报告,包括每个机队的信息、故障类型和故障分析等,AHEAD 的机队监测功能如图 1-7 所示。巴西航空工业公司称,使用 AHEAD 可以明显提高飞机的技术签派率,非计划停场降低了 40%。

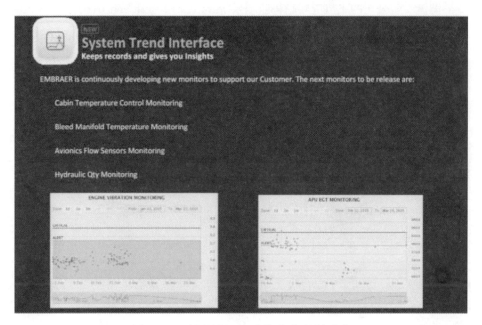

图 1-6　AHEAD 的系统趋势预测功能

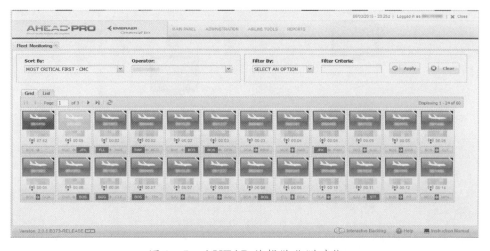

图 1-7　AHEAD 的机队监测功能

5）湾流宇航公司的飞机健康趋势监测系统

湾流宇航公司的飞机健康趋势监测系统(aircraft health and trend monitoring system，AHTMS)自动向公司高级产品的服务和支持机构报告飞机在飞行过程中，或在地面上遇到的问题。AHTMS在飞行过程中持续采集飞机系统性能数据，持续管理及分析飞行数据，集合了动力系统、航空电子系统、机电系统等飞机系统的健康信息，该信息通过无线网络或者蜂窝数据传输方式传送至地面服务网络。飞机数据传输方式和AHTMS运行方式如图1-8和图1-9所示。

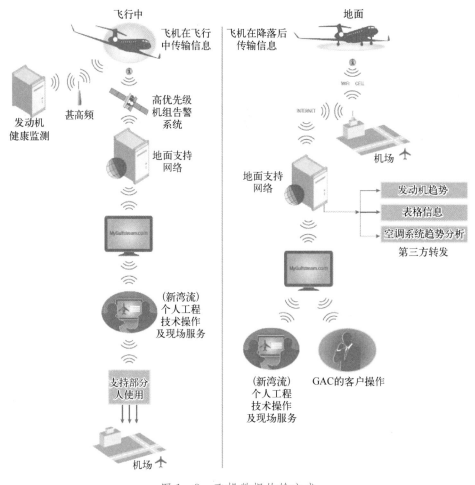

图 1-8　飞机数据传输方式

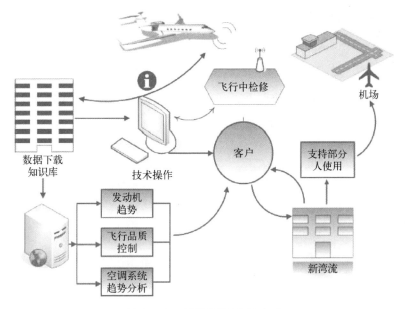

图 1-9　AHTMS 运行方式

近几年来,国际标准化组织(International Standardization Organization,ISO)和电气电子工程师学会(Institute of Electrical and Electronics Engineers,IEEE)等许多国际组织和机构还专门组建了联盟来推动健康管理相关标准的研发和推广。例如,由波音公司等 50 多家公司和组织组成的机载信息管理开放系统联盟就一直致力于开放系统的使用与维护信息的标准化研发,制定和发布了 OSA - CBM,这为健康管理系统设计提供了指导。各种飞机健康管理技术专业实验室和学术团体开展了较为丰富的研讨会,美国桑迪亚国家实验室与美国能源部、国防部、工业界和学术界合作建立了故障预测与健康管理技术创优中心,支持健康管理技术的开发、试验和确认;美国马里兰大学成立了故障预测与健康管理技术联合会,致力于电子产品预测与管理方法的研究和培训;美国密歇根大学和辛辛那提大学等联合工业界成立的智能维护系统中心、佐治亚理工学院智能控制系统实验室、宾夕法尼亚州立大学应用研究室实验与旋翼机创优研究中心等,皆致力于健康管理技术相关理论与技术的研究工作。2005 年 11 月,NASA 举办了首届"国际宇航综合系统健康工程和管理"论坛,全面梳理了复杂工程系统中传统的安全性和可靠性工程方法与新兴的健康管理技术之间的关系,强调了健康管理技术领域中工程实践、服役实践与管理实践之间的紧密耦合关系。

总之,飞机健康管理技术已成为国内外新一代民用客机实现视情维修的一项核心技术,是21世纪提高复杂系统"五性"(可靠性、维修性、测试性、保障性和安全性)和降低寿命周期费用的一项非常重要的前沿技术。

1.3　系统的使用及典型场景

民机的健康管理系统由三部分组成,分别是位于机载侧的机载健康管理系统、位于地面侧的地面健康管理系统以及通信数据链,下面分别加以介绍。

(1) 机载健康管理系统包括遍布各机载系统的传感器、BITE 以及 OMS。其中,OMS 是机载健康管理系统的核心,负责完成故障处理、测试、数据加载等主要功能;还负责故障历史记录、输入监测、构型报告、维修-失效数据关联、报告生成等次要功能。

(2) 地面健康管理系统实时收集和处理飞机在飞行中的 ACARS 数据,并自动对数据进行监控和分析,决定并做出飞机系统和主要部件的当前和计划维护工作安排;同时,根据维护工作级别提出可靠的放行建议。地面健康管理系统还可以识别飞机潜在的故障风险,将故障后维修变为主动的、有计划的、有针对性的、及时的预防性维修项目。它能够及时给出正确的排故方案和可靠的放行指南,使飞机在确保安全的前提下放行,降低航班延误的发生率,提高航班正点率。

(3) 通信数据链包括三种方式:① ACARS 系统实时空地传输故障报告、参数报告等;② 无线局域网链接,维护人员可以使用 PMAT,通过机务无线局域网单元(crew wireless LAN unit, CWLU)访问 OMS,机场信息管理人员可以通过 WiFi 和航站无线局域网单元(terminal wireless LAN unit, TWLU)访问 OMS;③ 有线连接,维护人员可以使用 PMAT,通过以太网或者飞机上专用的 PMAT 插座访问 OMS。

　　波音公司的波音 787 飞机和空客公司的 A380 的健康管理系统是最能代表技术发展水平的两个典型的健康管理系统。下面以波音公司的健康管理系统为例,介绍一下系统使用及典型场景。

1.3.1　波音公司健康管理系统概览

　　2006 年,波音公司为了配合波音 787 客机的交付运行推出了"金色关怀(Gold Care)"服务项目,旨在向航空公司客户提供全方位的航材管理和维修服务,帮助客户实现更加高效、可靠、安全和舒适的运营目标,其技术体系架构如图 1-10 所示。

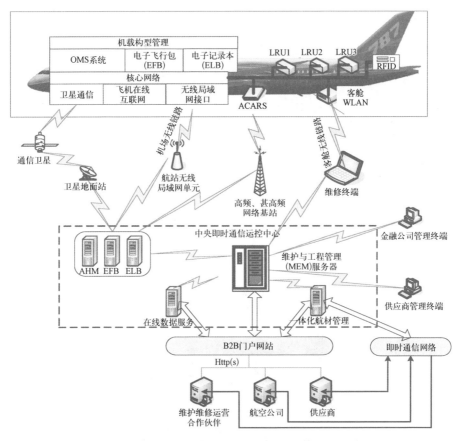

图 1-10　波音公司"金色关怀"项目的技术体系架构

在"金色关怀"服务项目中,位于机载侧的 OMS 和位于地面侧的 AHM 系统构成了项目的核心,通过精准定位故障根因和提前识别故障,为维护人员提供详细可靠的维护消息,提高维护工作的效率;并通过分析运营历史数据和知识,生成单机及机队长期运行趋势,指导维护人员做出预防性处理措施,支持机队的长期可靠性。下面将分别介绍两个系统的主要使用场景。

1.3.2 波音 OMS 使用场景

波音公司的机载健康管理系统一般由 OMS、各类维护终端、各类机载显示屏和打印机、飞机-地面通信单元构成。不同机型的机载健康管理系统设计方案存在少许差异,下面以波音 787 飞机为例介绍。

波音 787 飞机的机载健康管理系统由驻留于公用计算资源(communal computing resources,CCR)机柜的主体功能软件和电子飞行包、地面测试开关、驾驶舱下视显示屏组成,外围的打印机和维护终端便携式电脑通过核心网络访问服务器访问机载健康管理系统,系统架构如图 1-11 所示。

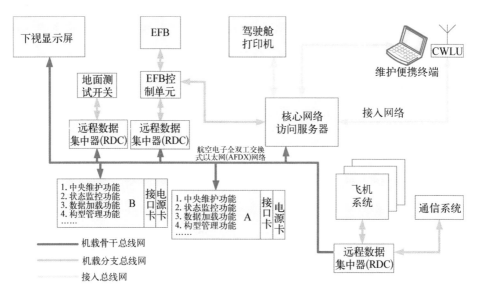

图 1-11 波音 787 飞机的机载健康管理系统架构

1.3.2.1　OMS 主体功能软件

OMS 的主体功能软件包括中央维护计算功能（central maintenance computing function，CMCF）、飞机状态监控功能（aircraft condition monitoring function，ACMF）、机载数据加载功能（onboard data loading function，ODLF）、机载存储管理（onboard storage module，OSM）功能和测试功能。

CMCF 是 OMS 的核心，包含如下三部分功能：

（1）接收和处理故障。

（2）显示和存储维护消息。

（3）实现 FDE 与维护消息的对应。

CMCF 的工作过程为机载成员系统发现故障时，将故障报告发给 CMCF，CMCF 处理故障报告，找到对应的维护消息；当产生 FDE 消息时，机组显示告警功能将 FDE 发送给 CMCF，CMCF 将 FDE 与维修消息关联，最后完成故障隔离。地面维护人员利用维护消息进行排故。驾驶舱提供显示开关，可以在下视显示屏或 EFB 上显示 CMCF 运行结果。地面维护人员可以通过维护便携终端的 CMCF 主菜单使用 CMCF 各项功能。图 1-12 所示为 CMCF 工作过程。

CMCF 同时支持航线维修和扩展维修，可通过维护访问终端（maintenance access terminal，MAT）的菜单项进行选择。其他的菜单项包括另外一些特定的维修功能、在线帮助、生成报告等。在左右两个飞机信息管理系统（airplane information management system，AIMS）中分别运行两套独立的 CMCF，通常一个处于运行状态，另一个处于备份状态。

除了 CMCF，OMS 的其他功能还包括如下几方面：

（1）ACMF 主要收集和分析飞机系统性能，维护人员利用 ACMF 可以分析飞行品质和变化趋势。

（2）ODLF 可供维护人员为机载系统安装及删除软件，OSM 可供维护人员查看安装于机载文件服务器上的软件。

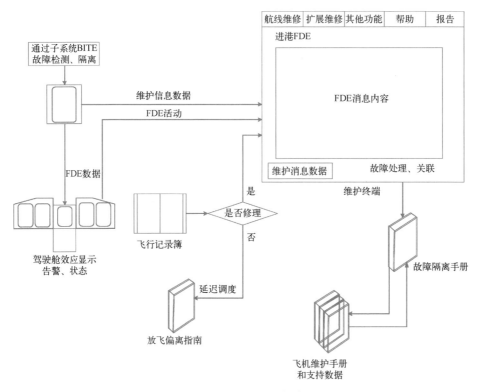

图 1-12 CMCF 工作过程

（3）CMCF、ACMF、ODLF、OSM 等功能与飞机系统之间的数据交互通过机载骨干总线数据网进行。

1.3.2.2 维护终端

波音公司的机载健康管理系统的维护终端通常有 MAT 和 PMAT 两种，由于 PMAT 使用方便，因此波音 787 客机上全部使用 PMAT 访问 OMS。此外，维护人员还可以通过驾驶舱的多功能显示屏访问 CMCF 的部分功能。下面分别介绍 MAT 和 PMAT 的构成和使用。

MAT 广泛用于波音 777 客机，MAT 外形与显示界面如图 1-13 所示，它包含 6 个 LRU：MAT 底盘、MAT 显示屏、MAT 光标控制器、MAT 软盘驱动器、MAT 硬盘驱动器和 MAT 闪存。

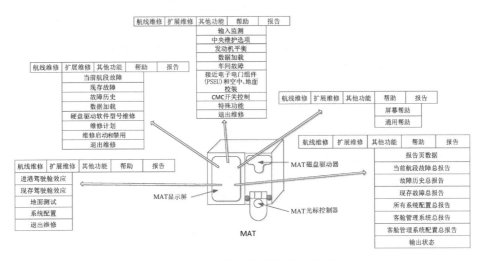

图 1-13　MAT 外形与显示界面

1) MAT 底盘

MAT 底盘是 MAT 主体硬件,它容纳了所有的 MAT 组件,并为组件提供交互接口。MAT 底盘包括一个 133 MHz Pentium(tm)处理器,上面运行人机接口软件,该软件称为维护终端软件(maintenance terminal function,MTF),安装在 MAT 闪存里。MAT 底盘后面有电源连接插头和光纤插头,通过光纤可以接入航电局域网。MAT 底盘有亮度控制功能,可调节 MAT 的显示亮度,也可通过光传感器实现自动调节。MAT 底盘上的四个螺钉将 MAT 固定在第二观察员 P18 面板上。

2) MAT 显示屏

MAT 显示屏是一个 1 024×768 像素的液晶显示器,它为维护人员进行机载维护任务提供了一个图形用户界面,如图 1-13 所示。MAT 显示屏有一个加热器,当温度低于−10℃时,在接通电源后,需要花费 2.5 min 显示器方可显示完全。

3) MAT 光标控制器

MAT 光标控制器(cursor control device,CCD)是用户移动显示器内光标的工具,CCD 装有一个轨迹球,用手指移动轨迹球,即可移动 MAT 中的光标。

4）MAT 软盘驱动器

MAT 软盘驱动器使用户能够将软件和数据加载到飞机系统中，并从飞机系统下载数据。软盘驱动器采用标准的 3.5 英寸双面、高密度、磁性软盘，软盘的容量为 1.44 MB。当软盘驱动器工作时，旁边的发光二极管亮起。按下软盘驱动器旁边的按钮，从软盘驱动器中弹出软盘。

5）MAT 硬盘驱动器

MAT 硬盘驱动器可存储 LRU 软件并加载软件到飞机系统中。硬盘驱动器的大小是 340 MB。硬盘驱动器是一个外场可更换模块（line replaceable module，LRM），当硬盘加载数据或进行修理时，可拆卸硬盘驱动器。硬盘驱动器盖上装有防篡改螺钉。

在 CMCF 中的拓展维护菜单栏中选择"HARD DRIVE SOFTWARE PART NUMBER MANAGEMENT"选项，可实现如下功能：

（1）将软件编号添加到硬盘驱动器。

（2）从硬盘驱动器中删除软件编号。

（3）在硬盘驱动器中显示软件编号。

（4）核查软件编号。

6）MAT 闪存

MTF 软件存储在 MAT 闪存中。在 MAT 主菜单显示中选择"SELF LOAD"，可将 MTF 加载到 MAT 闪存中。闪存也是一个 LRM，当需要上传数据或修理时，可以拆卸 LRM。

PMAT 包含两类，一类是专门定制的小型计算机设备，其外形如图 1-14 所示，为了方便携带和使用，外配一个工具箱，工具箱里除了主机外还有连接线、电源、使用手册等物品。波音 777 客机使用这种定制终端较多，该终端通过专用的连接线访问 OMS，在波音 777 客机上有 4 个 PMAT 的连接插座，分别位于前起落架井的 P40 面板、主起落架的 P56 电子服务面板、水平安定面蜗杆服务接入门、驾驶舱的 P18 面板。

图 1－14　PMAT 主机外形　　　　图 1－15　通用笔记本电脑

另一类是通用笔记本电脑,如图 1－15 所示,该笔记本电脑安装了维护工具软件包,波音 787 客机全部使用这种维修笔记本电脑进行维修工作。该笔记本可以通过以太网口或者无线局域网访问 OMS。

PMAT 的功能菜单与 MAT 类似,可参考图 1－13。

1.3.2.3　故障处理功能

故障处理功能是机载维护系统的主要功能,其包含的子功能有 6 项:输入处理、抑制和特殊情况 BITE、级联效应消除、合并、维护消息和 FDE 关联、维护消息和 FDE 存储。

故障处理功能使用可加载诊断信息(loadable diagnostic information, LDI)库,LDI 是用故障处理功能处理故障的规则集合,它包括以下内容:飞机构型、LRU(之间)关系、故障报告抑制条件、报告或不报告故障的 LRU、维护消息定义和关联信息。

故障处理功能的输入信息包括飞机系统故障报告、来自主显示系统的 FDE 和其他离散信号。故障处理的目标是隔离引发一系列 LRU 告警的失效根源,将失效信息与可应用的 FDE 相关联,这些信息供机务人员排故时参考。故障处理功能不处理暂时的故障或飞机处于正常状态时产生的非错误故障报告,其处理过程如图 1 - 16 所示。

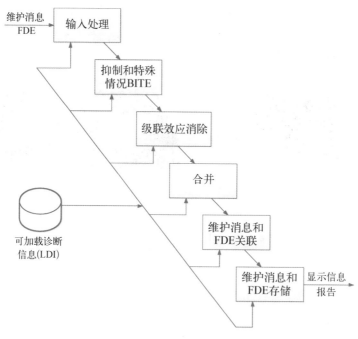

图 1 - 16 故障处理过程

下面逐一介绍故障处理功能的 6 项子功能。

1)输入处理

CMCF 输入处理子功能每秒可以处理多达 5 000 个故障报告,每秒可以接收多达 25 000 个故障。当输入处理子功能每秒接收超过 5 000 个故障报告时,将先存储报告,稍后进行处理。CMCF 输入处理子功能还可以识别故障报告是否正确,以及发送故障报告的 LRU 当前是否处于激活状态。

2)抑制和特殊情况 BITE

故障处理功能会移除下列飞机在正常状态下产生的报告:飞机首次上电

时、发动机起动时、飞机关闭电源时、发动机关机时。

故障处理功能还可以为不能监测故障的 LRU 生成故障报告。

3）级联效应消除

级联效应消除子功能的目的是排除不是由 LRU 本身故障引起的,而是由其上游 LRU 故障引起的故障报告,避免机务人员在排故时处理那些非根因故障。

4）合并

合并功能将由同一个根因引起的故障报告关联到同一条维护消息上,并将该信息提供给机务人员用以排故。

5）维护消息和 FDE 关联

CMCF 将激活的维护消息与激活或锁定的 FDE 和维护备忘录(maintenance memos,MOs)相关联。CMCF 的 LDI 里包含维护消息和 FDE 之间的逻辑关系。当发生 FDE 并且 CMCF 接收到与 FDE 相关的维护消息时,CMCF 将 FDE 与消息关联起来。如果 FDE 或 MOs 同时处于活动状态或锁定状态,则 CMCF 将维护消息和两者关联起来。CMCF 还将激活的维护消息与激活的 MOs 相关联。

CMCF 从下列总线上接收飞机系统维护消息和维护备忘录消息:ARNC 629 总线、ARNC 429 总线、机载局域网络。

波音 777 飞机的主显示系统包含约 1 800 个 FDE,飞机系统可以提供约 200 个 MOs 和约 15 000 条维护消息。CMCF 可为维护消息和历史故障导致的 FDE 或 MOs 建立 5 000 条关联逻辑,可为维护消息和现存故障导致的 FDE 或 MOs 建立 5 000 条关联逻辑。

6）维护消息和 FDE 存储

CMCF 维护一个历史故障数据库,包含故障或维护消息数据、FDE 数据和 MOs 数据。

在历史故障数据库中,每个维护消息的故障信息都包括消息号,ATA 章节号,故障特征描述,维护活动,间歇故障,间歇故障发生次数,飞行阶段,日期和时间,相关的 FDE、MOs、维护页面快照(maintenance page snapshot,MPS),航段号和设备 ID。

CMCF 可以在历史故障存储器中存储 1 000 条维护消息,并为现存故障保留 2 000 条维护消息。

在历史故障数据库中,每一个 FDE 和 MOs 都包括文本、等级和水平、故障报告手册(fault report manual,FRM)代码、活动、日期和时间、飞行阶段。

CMCF 可为至多 100 个 FDE、100 个 MOs 和 50 个 MPS 提供关联存储数据。单个航段的一个故障 CMCF 只存储一个关联数据。CMCF 为尽可能多的航段存储历史故障数据,并且管理着历史故障数据库中的航段号,当前航段号标记为 0。

1.3.3 波音 AHM 系统使用场景

AHM 系统是波音公司设计的一个基于云端的信息服务项目,可以帮助航空公司避免从头开始建设健康管理的地面系统,波音公司通过 MyBoeingFleet.com 网站使航空公司维护和工程运营人员了解机队健康和运行状态。AHM 系统收集飞行中的飞行信息和数据,通过网站实时将数据转发并展现给地面维护人员。AHM 系统可以在飞机到达停机位之前通知维护人员所发生的故障和对应的相关数据,地面维护人员可以提前准备备件、工具以及相关的资料和方法,以快速进行所需的维修或维护。AHM 系统也可以使航空公司识别反复发生的故障和趋势,以进行预防性维护和维修。波音 AHM 系统架构如图 1 - 17 所示。

AHM 系统的工作流程及主要功能如下:

(1)实时采集飞行过程中的飞机数据。

(2)解析报文数据,按照定制的规则监控客户关注的事件。

(3)航空公司工作人员利用 AHM 系统提供的故障分析、维修建议、客户化报告和处理选项等功能,干预影响派遣和进度的事件。

（4）通过以上工作减少飞机延误、取消和空中返航的情况，减少非计划维修，提高维修效率。

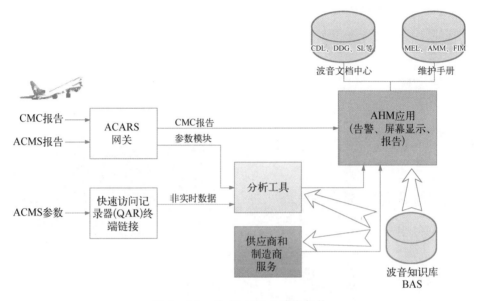

图 1-17　波音 AHM 系统架构

AHM 系统接收和生成的所有数据一般可以保存 1 年，1 年之后部分重要数据应存档以备查，应存档的数据包括故障报告、航段数据、ACARS 报告、快照报告、ACMS 报告。

对于使用 AHM 系统的用户，其可以提供用户定制服务，根据用户需求定制数据和获取数据的方式，用户在网站上注册后可以获得电子邮件告警通知服务。AHM 系统同时提供用户权限管理服务，由系统权限管理员新增、删除和修改用户权限，用以决定用户可以访问的 AHM 系统功能。一般 AHM 默认以下人员的角色：分析工程师、工单工程师、维修控制员、维修计划员、机械师、只读人员。

AHM 系统的故障信息包括以下几类：FDE 信息、维护信息、现存 FDE 信息、现存维护信息，以及 ATA 100 的章节故障。通常所有人员都可以查看维护信息和 FDE 信息。

AHM系统属于浏览器和服务器架构应用系统,不需要安装专用的客户端,需要使用AHM系统的人在世界各地都可以通过浏览器登录 MyBoeingFleet.com 网站,输入ID和密码后单击"登录",然后选择"Airplane Health Management"即可进入AHM系统主页面,如图1-18所示。

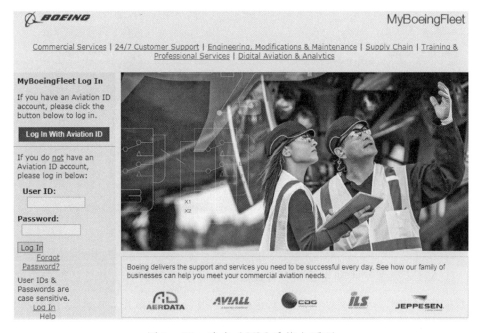

图1-18 波音AHM系统主页面

登录后的主页面一级菜单选项包括机队状态、活动项目、工作项目、历史项目,以上四个功能菜单也是AHM系统最主要的功能,能够满足航空公司对飞机监控和维修的大部分需求。图1-19所示为AHM系统故障处理流程。下面分别介绍这四个主要菜单功能的使用。

1.3.3.1 机队状态

机队状态的主页面如图1-20所示,用户可以根据飞机类型、机队、飞机标识号、优先级、出发地和到达地等选项筛选出所关注的飞机。在所关注的飞机列表里,一般每一架飞机的列字段都包括飞机标识号、详细信息-Info(可展

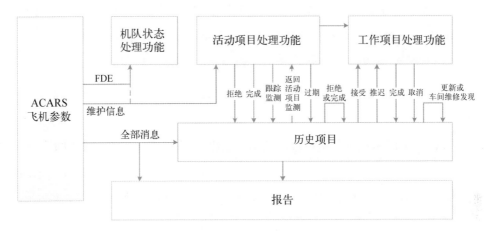

图 1-19　AHM 系统故障处理流程

开)、航班号、起飞时间、出发地、到达地、ACARS 数据发送时间、OOOI 时间[①]、告警状态(可展开)等。其中,最重要的字段信息包括两个,一个是详细信息字段(可展开),另一个是告警状态字段(可展开)。

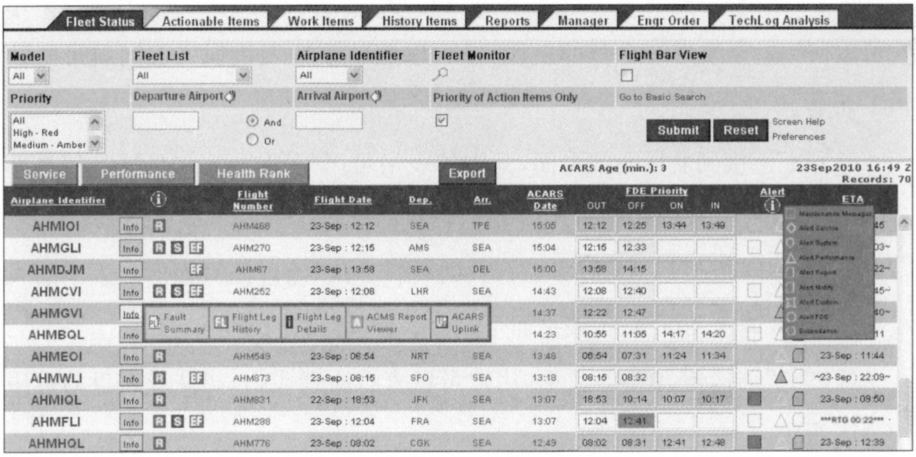

图 1-20　机队状态主页面

---

① OOOI 时间:指滑出时间(OUT departure from the gate)、起飞时间(OFF take off)、落地时间(ON touchdown)和停靠时间(IN parked at gate)。

详细信息字段包括故障摘要、航段历史、航段详细资料、ACMS 报告和 ACARS 上行数据等。详细信息字段后面有多个可点击图标，下面进行简要介绍。

（1）"R"链接到指定飞机或航班的研究页面，用户可以研究指定飞机在不同航段的 FDE 和维护消息。

（2）"PLF"链接到最近航段的故障总结报告，包括 FDE 消息、非 FDE 关联的维修消息、AHM 系统产生的告警，其中非 FDE 关联的维修消息分成不同类，可以归为活动项目和其他项目。报告大多数来源于 ACARS，点击报告中的消息可以链接到故障项目明细页面。如果 AHM 系统没有收到 ACARS 报告，或者收到的 ACARS 报告里没有 FDE 或维护信息，则"PLF"都会给出相应的提示。

（3）"S"链接到快照报告浏览页，用户可以查看所选飞机、机队或航班的 AHM 格式的快照报告。

（4）"FL"链接到航段历史页，展示了最近 3 个月该架飞机的所有航段。用户可以研究远至最近 6 个月的航段，并可以比较该架飞机执飞不同航班时的 PLF 报告。

（5）"i"链接到航段明细页面，其中的表格可以打印，点击 ACARS 信息部分的报告类型列可以弹出 ACARS 输入的对话框。

（6）"U↑"链接到 ACARS 上行页面，用户可以通过该页面向列表中的飞机发送消息，请求飞机报告，该页面可以显示最近发出的请求消息。

（7）"A"链接到 ACMS 页面，用户可以查看所选飞机、机队或航班的可用 ACMS 报告。

飞机的告警状态通过不同的图形和颜色来区分告警信息的类别和优先级。图形代表告警消息的类型，其中圆形代表 FDE 消息，方形代表维护消息，三角形代表性能告警，菱形代表服务告警，气球形代表系统告警。颜色代表消息的优先级，红色代表高优先级，意味着会引发 FDE 的一种状态，需要立即分析处理;橙色代表中优先级,意味着异常的操作或系统状态,代表近期分析和可能需要处理;黄色代表低优先级,意味着异常的操作或系统状态,代表长期分析和可能需要处理;无色代表不满足 AHM 系统报告规则的状态。蓝色小旗表示与电子记录本相关的故障。

1.3.3.2　活动项目

活动项目的主页面如图 1-21 所示,活动项目是 AHM 系统筛选出来的,有可能转化为工作项目的故障。在活动项目主页面上,我们同样可以通过搜索选项筛选出所要关注的故障条目,搜索选项通常有机型、机队、飞机标识号、航班号、ATA 章节号等。

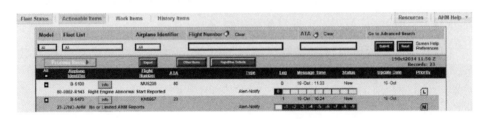

图 1-21　活动项目主页面

活动项目的搜索结果包含以下字段信息:机型、机队、飞机标识号、航班号、ATA 章节号、详细信息(可展开);此外还有高级选项,包括优先级、故障类型、隐藏明细复选框、处于工作项目状态复选框、FDE 码和维护信息码等,通过以上搜索选项,用户可以更精确地筛选出所关注的故障。

关于活动项目中的按键"R""PLF""FL""i""U↑""A"的详细信息可参考 1.3.3.1 节。

对于筛选出来的故障记录,工作人员可以通过处理选项进行处理,通常的选项如下:

(1) 接受,表示该故障转移至工作项目。

(2) 拒绝,表示该故障不需要干预。

（3）完成，表示该故障已经处理完成。

（4）部分完成，表示该故障部分处理完成。

（5）监视，表示该故障保留，继续监视。

每一条故障记录的字段都包括飞机标识号、详细信息（可展开）、航班号、ATA章节号、故障类型、故障历史条、航段号、故障报文时间、状态、日期和优先级等。其中，最重要的两个字段是详细信息（可展开）和故障历史条，详细信息（可展开）与机队信息菜单里的功能相同，下面介绍故障历史条。

故障历史条由十个小方格组成，代表了十个航段的故障情况，如果无故障则方格为空白，如果有故障则方格内用蓝底黑色阿拉伯数字标示故障航段号。拖动方格总共可以显示最近100个航段的故障情况，航段号按照时间远近依次显示，最左边的显示最近一个航段的故障情况。

点击故障记录可以进入查看详细故障信息，点击故障历史条里的航段数字，可以进一步查看故障详细信息。

1.3.3.3 工作项目

工作项目显示用户从活动项目移动过来的，已经接受待处理的、推迟处理的、部分处理完成的故障。用户可以对工作项目显示的故障执行更新状态、取消处理、部分处理和全部处理操作。当故障从活动项目移至工作项目后，AHM系统将抑制该故障引起的所有告警信息，直到该故障取消处理或者完成处理并转移至历史项目。

工作项目的搜索选项除了机型、机队、飞机标识号、航班号和ATA章节等基本选项外，还有高级选项，包括优先级、故障类型、隐藏明细复选框、最低设备清单（minimum equipment list，MEL）项目复选框、发现日期、更新日期、持续日期、FDE码和维护信息码等。通过以上搜索选项，用户可以更精确地筛选出所关注的故障。

在工作项目的搜索结果列表里一般包含下列字段：飞机标识号、航班号、详细信息（可展开）、ATA章节号、故障类型、航段号、消息时间等。

关于工作项目中的按键"R""PLF""FL""i""S""U↑""A"的详细信息可参考 1.3.3.1 节。

对于工作项目的搜索结果,用户可以单击"Export"按键存储为.csv 格式的文档;此外,单击"Repetitive Defects"可以显示选定航班中某故障重复出现的次数。

1.3.3.4　历史项目

历史项目主页面如图 1-22 所示,包含了各类工作人员经过处理后从工作项目转移过来的,或从活动项目直接转移过来的所有条目,这些故障在历史项目中存档以备后续查阅。这些条目包括如下几类:

(1) 活动项目里未经处理的标记为"new""new-monitor"或者"new-ground fault"的条目。

(2) 由用户设置为需要继续监测状态的活动项目条目。

(3) 活动项目里的过期条目。

(4) 工作项目里处理完成、更新完成或者被用户取消的条目。

(5) 不符合进入活动项目的标准,但需要周期性监测的条目。

(6) 由 AHM 系统管理员设置为"拒绝-免打扰"的条目。

图 1-22　历史项目主页面

历史项目的搜索功能包含普通搜索选项,包括机型、机队、飞机标识号、航班号、ATA 章节号;高级搜索选项还有优先级、故障类型、隐藏明细复选框、消息状态、MEL 项目复选框、发现日期、更新日期、持续日期、FDE 码和维护信息码等。

历史项目的搜索结果页面的列字段包括飞机标识号、航班号、ATA 章节号、消息类型、航段、消息时间、消息状态、更新时间、优先级。

关于历史项目中的按键"R""PLF""FL""i""S""U↑""A"的详细信息可参考 1.3.3.1 节。

对于历史项目的搜索结果，用户可以单击"Export"按键存储为.csv 格式的文档；此外，单击"Repetitive Defects"可以显示选定航班中某故障重复出现的次数。

1.4　相关标准规范介绍

民用客机的健康管理技术是融合状态监测、故障诊断、故障减缓、寿命预测、健康评估以及维护策略编排等众多功能的综合技术体系。其中的每项功能都经历了漫长的发展过程，其重要的研究成果汇总后形成了一系列标准。这些标准对指导健康管理系统的设计与开发具有重要的意义。

这些标准按照编制机构划分，包括 ISO 相关标准、ARINC 相关规范、IEEE 相关标准和 SAE 相关规范。本节将对上述标准和规范的内容及相互之间的逻辑关系进行阐述。

1.4.1　ISO 相关标准

ISO 颁布了与健康管理相关的 11 部标准，这些标准形成了状态监测与诊断(CM&D)标准体系，该体系以 ISO—17359—《机器状态监测与诊断》为总纲，分别从不同方面阐述了机器状态监测与诊断的全过程，其逻辑关系如图 1 - 23 所示。值得注意的是，本标准体系所指机器为机械与电气设备，并不涉及电子设备的状态监测与诊断。

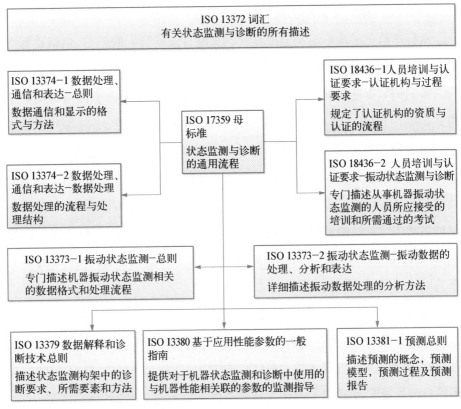

图 1-23　ISO 健康管理相关标准逻辑关系

下面对上述标准的内容做简要阐述。

1) ISO 17359 母标准

该标准描述了制订状态监测方案的通用流程,并详细描述了关键步骤,是制订故障诊断、预测方案的主要参考,是整个状态监测与诊断(CM&D)标准体系的母标准。它引入了状态监测活动针对失效模式根本原因的概念,并描述、设立了告警准则、进行诊断和预测的一般方法,以及改善诊断结论和预测置信度的一般方法。上述概念及方法在该系列的其他标准中进一步阐述。

2) ISO 13372 词汇

本标准给出了机器状态监测与诊断中常用的术语。

3）ISO 13373-1 振动状态监测——总则

本标准给出了基于振动的机器状态监测与诊断的一般原则，包括机器振动状态监测程序；机器振动状态监测的数据处理和分析程序；关于机器振动状态监测的数据通信格式和方法；表达和显示机器振动状态监测所用的数据格式。

4）ISO 13373-2 振动状态监测-振动数据的处理、分析和表达

本标准推荐了处理和表达振动数据和分析振动信号的步骤，用于监测旋转机械和执行诊断。不同的应用场合采用不同的技术步骤，包括用于监测特定机器动力学特征的信号增强技术和分析方法。这些方法大都可用于其他机器类型，包括往复运动机器。标准还给出了评估和诊断中使用的参数格式。

5）ISO 13374-1 数据处理、通信和表达——总则

本标准定义了一个有关状态监测与诊断的数据处理与通信的统一软件规范，允许各种此类软件在无特定平台和硬件协议的情况下对机器状态监测数据和信息进行处理、交换以及表达。该标准推荐使用可扩展标记语言（XML）定义电子文档结构。

6）ISO 13374-2 数据处理、通信和表达——数据处理

本标准提供了若干开放的状态监测与诊断软件体系结构的基本要求，以便在无特定平台或硬件协议的情况下，状态监测与诊断软件也能够通过各种软件包得以处理、传送和显示。

7）ISO 13379 数据解释和诊断技术总则

本标准介绍了状态监测与诊断中常用的诊断程序、技术方法和诊断方法。

8）ISO 13380 基于应用性能参数的一般指南

本标准描述了通过测量机器性能、状态、安全性相关的参数，实现机器状态的记录、鉴定、评估和诊断的一般原则和步骤。这些步骤主要是监测机器运行，包括监测所有必要的，与机器运行相关的部件和子系统。

9) ISO 13381－1 预测总则

本标准提供了预测过程实施的指导原则，目的是为 CM&D 系统的用户和厂商给出机器故障预测的定义，便于用户确定预测所需的数据、特征参数等，规划合适的预测方法，为将来系统开发和培训引入预测的概念等。

10) ISO 18436－1 人员培训与认证要求——认证机构与过程要求

本标准名称为《机器的状态监测与诊断　人员培训及认证的必要条件　第1部分：认证团体及认证程序的必要条件》。本标准规定了对从事机器状态监测与诊断工作的人员进行认证的程序；同时，规定了执行认证过程的团体所必须具备的基本条件。

11) ISO 18436－2 人员培训与认证要求——振动状态监测与诊断

本标准是认证及测验非破坏性机器状态监测及振动分析的个人诊断能力的方法，依照在振动分析中的认证估计，由委任的团体确定个人技术能力认证的必要条件。

1.4.2　ARINC 相关规范

ARINC 是美国航空无线电公司的简称，由四家航空公司共同投资组建，该公司由联邦通信委员会授权，负责独立于政府之外的唯一协调管理和认证航空公司的无线电通信工作。在 ARINC 制定的规范中与健康管理系统相关的内容如下所示。

1) ARINC 604——机内测试设备的设计和使用指南

本规范主要描述通用原理、基本指南以及有关 BITE 设计和使用的详细推荐。标准提供了一个较好的、在 BITE 设计者和使用者之间相互交流的协议，以达到 BITE 效能、费用和复杂度的关键因素之间最合适的平衡。ARINC 604 描述了 CFDS，该系统具有从中心位置（座舱显示）介入独立的 LRU BITE 的能力。CFDS 用来累计出错数据，把这些数据显示给维修人员，并且在安装可置换单元体后实施诊断测试和验证测试以辅助故障诊断。CFDS 由航空电子分系统的 BITE 部分、一个中心显示单元体和一个接口单元体组成。

2）ARINC 624——机载维护系统设计指南

本规范描述了 OMS 设计和使用的通用性原则和推荐范例。OMS 集成了失效监测、故障诊断、BITE、BITE 访问和 ACMS 众多功能,过去被看作 AIDS。本标准进一步描述了 OMS 生成机载维护文档的功能和相关功能集成的需求,并描述了 OMS 的构成要素,包括 CMC 及与其对接的所有成员系统。

1.4.3　IEEE 相关标准

IEEE 制定的与健康管理相关的标准如下所示。

1）IEEE 1232——所有试验环境中的人工智能交换和服务

该标准是人工智能应用于系统测试与诊断领域的国际标准,定义了测试和诊断环境的数据交换和标准软件服务。该标准提供了诊断推理机和诊断知识数据表达器之间的标准接口。此外,该标准还给出了一套形式化的数据和知识规范,帮助系统实现检测相关的诊断信息交换,有助于移植智能系统检测和诊断所使用的知识库。

2）IEEE 1522——试验能力与诊断能力特性和度量的试用标准

该标准由 IEEE 的诊断和维修控制（D&MC）小组编制,定义了测试性和诊断性指标和特性,该定义用于评价或预测产品测试性设计的效果。该标准中的指标和特性的定义基于 IEEE 1232 定义的测试和诊断相关规范信息模型建立。该标准规定的故障检测率和隔离率与一般测试性规范中定义相同,特别之处如下：① 该标准提供了利用 IEEE 1232（AI - EASTATE）所定义模型的信息以及对指标的计算方法（信息描述方法）；② 定义了检测和隔离领域的其他一些指标,有助于更好地描述检测和隔离的效果；③ 给出了产品全生命周期的各阶段进行完整的诊断分析与设计的参考方案。

3）IEEE 1636.1——维修信息采集和分析软件接口试用标准

该标准通过可扩展标记语言（XML）交换测试结果和会话信息,便于两个自动检测系统元件间交互其测试结果。这个标准可以方便地获取存储设备和数据库中的数据，便于在线和离线分析。制定该标准的主要目的如下：① 定义一个 XML 实体文档结构，用于交换或存储相关测试会话事件，测试执行或设备校验产生的结果数据；② 提供一个标准的自动测试信息交换语法；③ 测试结果数据可以通过自动测试设备、测试执行软件或其他方式生成。

1.4.4　SAE 相关规范

SAE 是国际自动机工程师学会，SAE 所制定的规范广泛用于各个行业，相当一部分已作为美国国家标准。与健康管理相关的有 10 个规范，ARP 6803 和 ARP 6275 是全机综合健康管理系统的规范，ARP 6461 是固定翼飞机结构健康监测的规范，ARP 5783 是直升机 HUMS 的规范，ARP 5120、AIR 5909、AIR 5871、ARP 1839 和 ARP 1587 是发动机预测与健康管理的规范，AIR 5317 是辅助动力装置健康管理的规范。本节重点介绍 ARP 6803 和 ARP 6275 两个总体性规范。

1) ARP 6803——IVHM 概念、技术和实施概述

该规范提出了 IVHM 的概念、技术和实施相关的顶层描述，该规范不提供详细的实施步骤，仅说明了一般性的实施要点的潜在效益。该规范是 IVHM 系列规范的总纲，图 1 - 24 描述了整个规范体系，其中的部分规范尚在编制过程中。

企业在使用 IVHM 系统作为一种产品支撑战略时，决策者必然会考

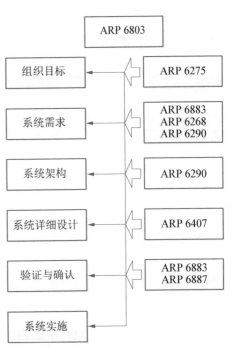

图 1 - 24　SAE 健康管理相关规范体系

虑商业目标与应用前景、系统架构与设计、相关技术成熟度、使用环境、支撑工具等方面,本规范讨论了上述 IVHM 相关的基本要素。

2) ARP 6803——使用 IVHM 系统的成本效益测算

本规范提出了一种通过分析成本效益确定应用 IVHM 系统的投资回报的计算方法,描述了分析成本效益所使用的工具和方法的复杂性以及在军机和民机应用中的不同。该规范的使用对象为对健康管理系统理解不深,但需要进行成本核算的人员。预测是健康管理系统的一个重要功能,用来计算有效剩余寿命(remaining useful life, RUL),因此健康管理有时也称为 PHM,而 IVHM 一般指机队级别的健康管理,并不一定包含预测功能。需要指出的是,ARP 并非标准,仅用于帮助相关人员执行健康管理系统成本效益核算。

1.5　小结

本章首先给出了民用客机健康管理系统的相关概念,在明确健康管理系统功能和技术特征的基础上,阐述了健康管理系统的作用和意义;其次对健康管理技术的演变过程和民用客机健康管理系统的发展过程进行详细介绍;再次从系统使用的角度描述了典型飞机型号的健康管理系统应用场景;最后总结了已有的健康管理系统相关标准。

参考文献

[1] 金德琨.民用飞机航空电子系统[M].上海:上海交通大学出版社,2012.

[2] 刘恩朋,杨占才,靳小波.国外故障预测与健康管理系统开发平台综述[J].测控技术,2014,33(9):1-4.

［3］付昕.民用飞机中央维护系统研究［J］.科技创新导报,2012(27)：110.

［4］周林,赵杰,冯广飞.装备故障预测与健康管理技术［M］.北京：国防工业出版社,2015.

［5］HESS A，CALVELLO G，DABNEY T. PHM：a key enabler for the JSF autonomic logistics support concept［C］//Aerospace Conference，Proceedings. IEEE，2004.

［6］俞凯,徐志兵,郝顺义.新型飞机的故障诊断维修体系研究［J］.现代电子技术,2013(23)：9－15.

［7］VACHTSEVANOS G，LEWIS F，ROEMEr M，et al. Intelligent Fault Diagnosis and Prognosis for Engineering Systems［M］. Hoboken，New Jersey，USA：John Wiley & Sons，Inc.，2006.

［8］姜兴旺,景博,张劼,等.综合飞行器故障预测与健康管理系统研究［J］.航空维修与工程,2008(5)：37－40.

［9］PECHT M G. Prognostics and Health Management of Electronics［M］. Hoboken，New Jersey，USA：John Wiley & Sons，Inc.，2008.

［10］李春生,张磊,张雷.飞机健康实时监控技术现状［J］.中国民用航空,2013(10)：65－67.

［11］彭宇,刘大同.数据驱动故障预测和健康管理综述［J］.仪器仪表学报,2014,35(3)：481－495.

［12］梅晓川,陈亚莉.航空飞行器维修技术发展综述［J］.航空发动机,2009,35(6)：53－57.

［13］JING D J，WANG H F. Evolution of Aircraft Maintenance and Logistics Based on Prognostic and Health Management Technology［M］.Springer Berlin Heidelberg：2014.

［14］周德新,杨磊.波音777飞控系统故障诊断专家系统的设计［J］.计算机测量与控制,2013,21(1)：7－9.

［15］王光秋,陈黎.民机前沿技术［M］.北京：航空工业出版社,2017.

［16］The Boeing Company. Boeing 777 – 200/300 Aircraft Maintenance Manual ［G］. 2016.

［17］The Boeing Company. My Boeing Fleet［DB/OL］. https：//www.myboeingfleet.com/ ReverseProxy/Authentication.html.

［18］任占勇.航空电子产品预测与健康管理技术［M］.北京：国防工业出版社,2013.

2

系统构成

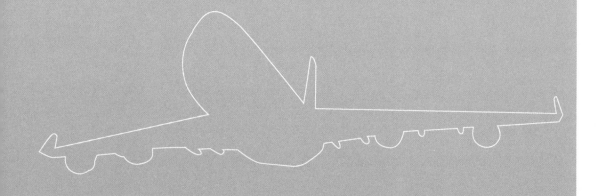

　　本章概述了民用客机健康管理系统的主要用户、系统组成、接口、功能实现,阐明了机载子系统、地面子系统的构成和设计要求,介绍了波音 787 和 A380 飞机的两种典型维护系统的组成和特点。

2.1　健康管理系统的主要用户

　　民用客机健康管理系统的用户主要有三大类：① 主制造商;② 航空公司,包括国际航空公司、南方航空公司、东方航空公司、厦门航空公司等;③ 第三方用户,包括供应商、局方、机场等。

　　民用客机健康管理系统三大类用户的使用角色和承担的职责分别如图 2-1～图 2-3 所示。

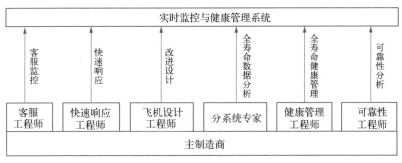

图 2-1　主制造商使用健康管理系统的角色和承担的职责

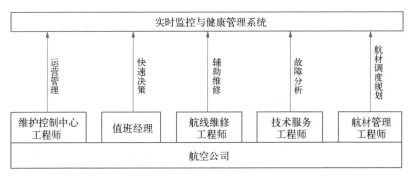

图 2-2　航空公司使用健康管理系统的角色和承担的职责

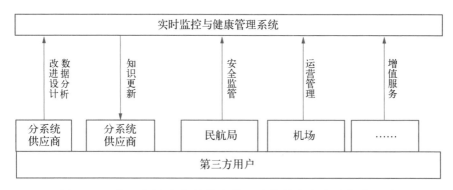

图 2-3　第三方用户使用健康管理系统的角色和承担的职责

1）主制造商

主制造商通过健康管理系统整合各项服务项目,融合成一个有机的整体,实现快速响应、运营监控和全寿命健康管理。

2）航空公司

航空公司通过健康管理系统涵盖机务、运行等各方面服务,实现可靠性应用、机务工程应用、航线维修应用和飞行安全应用。

3）第三方用户

通过健康管理系统可以为第三方用户提供安全监管、运营管理等增值服务,实现如下功能:

（1）为分系统供应商提供数据分析工具,改进分系统设计。

（2）提供分系统知识更新接口,提高知识库的鲁棒性。

（3）为民航局提供安全监管服务。

（4）为机场提供运营管理服务。

（5）为个人用户等提供更多增值服务,如航空公司评估。

民用客机的运营通常由航空公司进行,因此航空公司希望借助民用客机健康管理系统,全方位地支持航空公司的运营。

航空公司希望通过健康管理系统对所运营的民用客机予以支持的范围如图 2-4 所示。

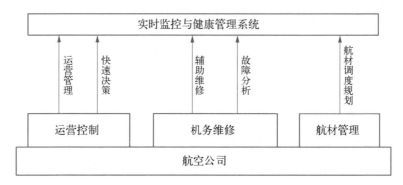

图 2-4　健康管理系统对民用客机运营的支持范围

因此,民用客机健康管理系统又名"实时监控与健康管理系统",顾名思义,主要功能包含两部分:实时监控和健康管理。实时监控通常通过主制造商在研制时宿驻、嵌入民用客机进行;而健康管理通常由航空公司在地面上进行。因此,民用客机健康管理系统的基本组成至少包括机载子系统和地面子系统两部分。

2.2　系统概述

2.2.1　功能、组成及使用流程

通常,民用客机健康管理系统的主要功能如下:通过机上数据采集系统获取飞机关键信息(覆盖 30 余个机载分系统,涵盖 4 000 余个参数);利用空地链路(实时 ACARS 及航后 WiFi),结合各种算法和智能模型来实时监控、诊断及预测影响飞机安全的各项事件及故障信息,并根据资源和运行的管理要求,对维护及服务做出智能和适当的决策,提前采取保障措施。

根据民用客机健康管理系统使用需求和功能需求,它应具有如下能力。

(1) 状态监控:包括数据采集功能、数据处理功能、在线告警功能、数据存

储与管理功能。

（2）故障诊断：包括故障检测、故障隔离、综合诊断。

（3）预测剩余使用寿命和性能下降趋势。

（4）健康管理：包括健康评估功能，数据加、卸载和技术状态管理功能，维护决策功能，机队健康管理功能。

民用客机健康管理系统功能细化及相互关系如图 2-5 所示。

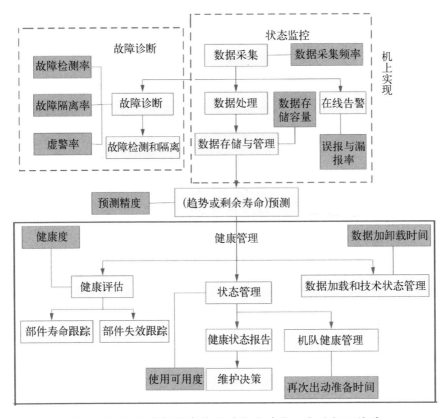

图 2-5　民用客机健康管理系统的功能细化及相互关系

根据第 1 章中民用客机健康管理系统的系统定义、系统定位以及上述系统三大类用户的使用需求，可将民用客机健康管理系统的总体结构归纳于图 2-6 中。

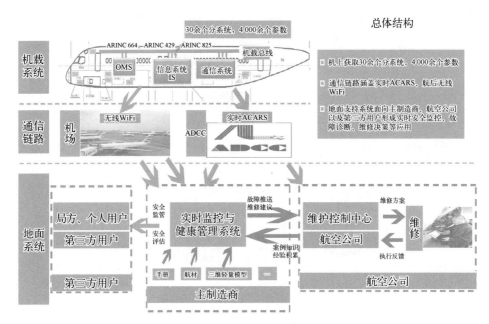

图 2-6　民用客机健康管理系统总体结构

图 2-7 展示了民用客机健康管理系统的使用流程,该使用流程以国内航空公司现有的在线机群健康管理系统使用为基础,以未来投入航线的 C919 大型客机对健康管理系统的使用为例,描述民用客机健康管理系统的使用流程说明如下。

(1) 主制造商(角色 1)生产、制造民用客机,含健康管理系统机载子系统的研制。

(2) 主制造商(角色 1)将生产、制造的民用客机(含健康管理系统机载子系统)卖给航空公司(角色 2),发生民用客机(含健康管理系统机载子系统)的权属转移。

(3) 航空公司(角色 2)运营所购买的民用客机(含健康管理系统机载子系统)。

a. 起飞前主要依托健康管理系统机载子系统进行地面通电检查。

b. 在飞行过程中,主要依托健康管理系统机载子系统实时监控客机的飞

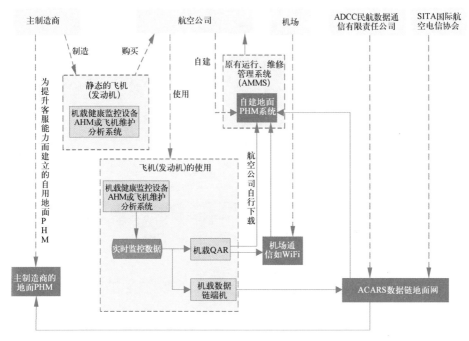

图 2-7　民用客机健康管理系统的使用流程

行状态和工作状态、机组的操作状态,探查外界飞行环境的状态(包括客机的
部件、参数、警戒值等),即采集数据,用以确定客机的飞行是否处于健康
状态。

　　c. 在线警告、报告或提醒机组人员(或自动)对客机本体进行功能(或性能)
的恢复管理或降级使用。

　　d. 客机在线故障检测及故障隔离。

　　e. 客机将采集的数据记录在机载快速存取记录器(quick access recorder,
QAR)中,并利用机载数据链端机将客机状态信息实时下传至民航数据通信有
限责任公司(Aviation Data Communication Corporation,ADCC)和国际航空
电信协会(Society International De Telecommunication Aero-nautiques,
SITA)(角色3)的 ACARS 数据链地面网。

　　f. 客机落地后的常规检查。

g. 客机落地后,航空公司(角色2)或机场方面(角色4)可下载数据或通过机场 WiFi 将机载 QAR 中的数据导出。

(4) ADCC 和 SITA(角色3)将 ACARS 数据链地面网所获得的实时客机状态数据实时推送至航空公司和主制造商。

(5) 航空公司在一定程度上依托主制造商提供的相关数据和技术,开发(或由主制造商提供)客机健康管理系统地面子系统用于接收 ACARS 数据链地面网所推送的数据。

(6) 客机健康管理系统地面子系统可作为航空公司整个飞机维修管理系统(aircraft maintenance management system,AMMS)的一部分。

(7) 民用客机(发动机)的主制造商也会建立自己的客机健康管理系统地面子系统(用于提供智能化的客服),接收 ACARS 数据链地面网所推送的数据。

(8) 航空公司的客机健康管理系统地面子系统将机场方面(角色4)WiFi 导出的机载 QAR 数据导入,进行分析、诊断、评估、预测,并给出维修决策或维修工卡、调度指令。

(9) 航空公司(角色2)对飞机实施维修活动,使其恢复到该有的状态。

(10) 出动前的地面通电检查。

(11) 重复(3)。

(12) 客机定检及评估。

(13) 单机或机队的健康状态评估。

2.2.2　实现途径

传统上,空客公司、波音公司等国外民机公司主要依靠两种途径实现飞机健康维护系统(非本书所定义的健康管理系统):

(1) 依靠其供应商(如泰雷兹、霍尼韦尔)直接提供飞机健康维护系统。

(2) 依靠第三方集成商进行飞机健康维护系统的集成,供应商按集成商要求的性能参数和对象提供成员系统。

第二种途径实现的一般系统的 OMS 被国外民机公司作为黑盒子集成在飞机层面,具有 CMS 和状态监控功能。

2.2.3　基本组成及构型

2.2.3.1　基本组成

为满足民用客机健康管理系统的使用以及实现其功能需求,民用客机健康管理系统从结构组成上来说包括三个部分:健康管理系统机载子系统、数据服务子系统和健康管理系统地面子系统。

其功能的实现依赖于三个组成部分的相互协调配合,三个组成部分各自实现的功能如下所示。

1) 健康管理系统机载子系统

通过有限的传感器收集飞机相关系统和结构的信息,能够进行故障检测和初步故障诊断。

2) 数据服务子系统

通过空地实时数据链路,在飞行过程中实时传输关键参数和信息;通过地面无线网络,在飞机落地后传输大量数据信息。

3) 健康管理系统地面子系统

在机上系统进行初步故障诊断的基础上,利用接收到的数据和信息,进行实时监控与健康管理应用。地面健康管理系统属于实时和事后处理系统,负责完成对机载健康管理系统提交的数据、信息和结论进行综合、仿真、评估、决策和优化。对于机载健康管理系统所需的与维修管理、备件供应和人员培训等有关的需求,做出恰当、及时、决策性的响应;同时将有用的信息通过联合分布式信息系统反馈给飞机设计系统,并在同型号飞机之间共享。其主要功能如下所示。

(1) 实时监控能力:实时显示飞机位置、状态和故障信息。

（2）增强的故障诊断能力：更高的故障检测率、隔离率和更低的虚警率。

（3）预测能力：评估飞机的实际状况，通过模拟故障演变，预测失效并确定部件失效的时间，预测部件剩余寿命。

（4）健康管理能力：基于故障诊断和预测信息，进行智能的、准确的决策，为飞机维护提供支持。

2.2.3.2　系统构型

根据民用客机健康管理系统的功能需求及组成，可以确定民用客机健康管理系统的系统构型，如图 2-8 所示。

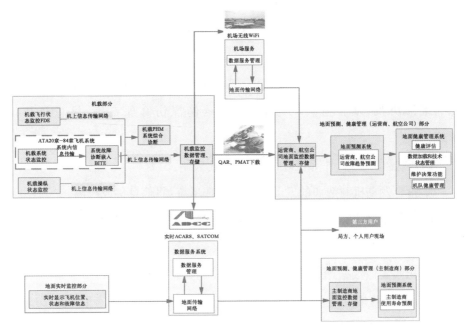

图 2-8　民用客机健康管理系统的系统构型

民用客机健康管理系统的系统构型说明如下：

（1）以机载系统为监控对象和信息来源。飞机机载系统既是健康管理的对象，又是健康状态信息的源头，因此，机载系统具备能够表征的状态，是实现民机健康管理技术的基本条件。

（2）以无线信息技术为数据传输手段。在整个系统中，采用两种形式的信息传输手段，即飞行过程中的空地实时数据传输和飞机在地面上时的地面数据传输。

（3）形成实时监控、故障诊断、健康预测、健康管理四大功能。

a. 实时监控包括飞机使用及航行动态监控（飞行小时、飞行位置、飞行速度等）、FDE 故障显示、超限显示、签派放行限制显示、趋势分析及显示、勤务管理。

b. 故障诊断包括系统自检测报告、故障检测（按严重程度排序）、故障隔离、增强的故障诊断能力。

c. 健康预测包括失效时间预测、失效后果对系统和飞机的影响分析、剩余寿命预测。

d. 健康管理包括飞机健康评估、飞机构型信息应用、性能监控、基于性能的维修决策、基于机会的维修决策、结构损伤修理支持、信息及知识管理。

（4）整合调用内、外部资源，实现集成化应用。

a. 整合发动机制造商的发动机健康管理系统，将信息集成应用。

b. 链接至数字化技术出版物，方便用户快速获取信息资料。

c. 通过综合信息门户平台统一接入。

d. 积累大量数据，形成知识库。

（5）形成两条主线应用：快速响应、全寿命健康管理。基于民机健康管理系统，整合各项客户服务项目，将各个客户服务系统融合成一个有机的整体，形成如下两条主线应用。

健康管理系统应该与快速响应系统紧密结合。在飞机出现突发事件时（如故障、超限、损伤等），健康管理系统将信息顺畅地传递给快速响应专家，并在第一时间做出响应，在短时间内出具权威性的解决方案。这就要求把快速响应值班大厅建设成技术问题会诊大厅，要求快速响应系统的相关专家具备很强的技术能力和技术权威性。在快速响应系统专家给出建议后,航材系统应该具备迅速查询的能力,能够查找相关部件的仓储情况,并要求能在第一时间调动相关航材部件,启动物流运输。

健康管理系统应具备对飞机全寿命周期的健康管理能力,针对每一架飞机的运行数据及运行状况进行全寿命周期内的管理,并及时为客户提供系统退化趋势、维护建议、维护效果评估、系统健康状态保障信息等。同时为设计提供航线飞机的故障信息,为设计改进提供依据。此外,通过长期积累分析,得出相关报告,支持航材库存优化、培训优化、整理形成强大的知识库资源等。

2.2.4 系统各组成部分实现功能说明

2.2.4.1 机载子系统实现功能及功能之间的相互关系

机载子系统所支持的功能主要有状态监控功能和故障诊断功能,包括数据采集、数据处理、数据存储与管理、在线告警、故障检测和故障隔离等。

机载子系统实现功能说明如下:

(1) 飞机状态监控功能主要指采集、记录飞机或飞机部件使用的健康数据(包括飞机状态参数信息、ACMF 状态信息、飞机系统和发动机的性能和趋势信息等)。最初的研发目的是用于发动机,现在能够为系统供应商和飞机主制造商运行所有的状态监控功能。可通过 OMS 作为综合与关联不同系统 BITE 的结果的一种工具,以便集中存取和显示。通过 BITE 和机载维护规程准确地报告和隔离故障,减少不必要的更换。其存储的信息包括故障信息、维护信息、机载系统诊断信息等。

a. 数据采集功能由多种飞机传感器、数据采集卡、数据传输总线等组成,主要完成数据的采集、转换以及传输工作,提供使健康管理系统得以实施和运行的数据。飞机传感器可以集中管理,通常称为传感器综合;也可以由各系统自行管理,功能共享。传感器要采用飞机功能所需的,对于健康管理尽可能不使用专用传感器是发展趋势,这样不仅降低了成本,而且也可避免由特定传感器引起的可靠性问题。

b. 数据处理、存储与管理功能。数据处理部分接受来自传感器以及其他数据处理模块的信号和数据,并将数据处理成后继的状态监测、健康评估和故障预测等部分处理要求的格式。具有数据处理功能的模块包括虚拟数据记录器、ACMS 和 OMS,它们兼具数据存储与管理功能。数据处理部分是健康管理系统机载子系统的核心。

c. 在线告警功能主要通过告警系统实现。告警系统的设计应满足 CS 1309 关于安全性和将相关信息显示给机组的要求。对于不必要的信息,若不是即刻需要的、短期执行的或不需要飞行员注意的信息,则不会在航班上显示。

(2) 故障诊断的功能包括故障检测、故障隔离和综合诊断,主要由各成员系统的 BIT 或健康管理系统机载子系统的综合诊断完成。成员系统负责完成其组成硬件和软件成员的分系统故障诊断,每个成员系统提供有关其所包含的 LRU 或 LRM 的状态故障代码,将故障和健康状态,特别是影响成员系统预定功能的情况报告给 PHM 系统。健康管理系统的机载子系统通过成员系统的特征参数进行综合诊断,排除成员系统之间的故障。

a. 故障检测和故障隔离功能的实现主要依托 OMS。OMS 通过成员系统完成内部的初步检测和隔离。CMC 进行数据综合,与 FDE 关联,以及对 LRU 或接口进行适当的补充故障隔离。

b. 综合诊断借助系统模型、状态特征、信息融合技术,精确地检测和隔离系统、部件或子单元的故障和失效状态,超出了传统测试性和 BIT 能力。这个功能建立在民用飞机层面,基于成员系统的状态特征进行综合诊断。

为实现上述功能,机载子系统包括状态监控(含嵌入式诊断)、机上信息传输网络、综合诊断以及数据管理和存储等组成部分。

机载子系统部分实现功能及功能之间的关系如图 2-9 所示。

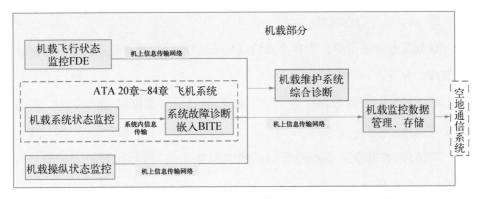

图 2-9　机载子系统部分实现功能及功能之间的关系

2.2.4.2　数据服务子系统实现功能说明

数据服务子系统是指在地面上建立的,负责收集状态监控参数(包括机载的、地面雷达监控的),管理并分发数据到相关需求方的部分。因此,数据服务子系统承载的功能如下:① 空地数据互传及响应功能;② 数据服务管理功能;③ 机场数据服务功能。

1) 空地数据互传及响应功能

以无线信息技术为数据传输手段,采用两种形式的信息传输手段,即实时空地数据链路和卫星通信数据,在飞行过程中提供数据传输途径。

空地数据互传及响应功能的特征定义如下:在飞行过程中,基于甚高频(VHF)、卫星通信(SATCOM)等通信手段,建立 ACARS 等空地双向数据链路,通过 ACARS 实时传输关键参数和信息。有选择性地实时传输飞机的故障信息、事件信息、飞机状态参数信息等。其特点是带宽有限,费用较高,传输量不大,传输的主要数据内容包括中央维护功能(central maintenance system,CMF)报文、ACMF 报文、电子记录本(electronic log book, ELB)数据。上传的数据包括选择和决定的相关参数(从主制造商到飞机)。下载的数据包括维护信息(从飞机到主制造商和航空公司维护控制中心)、状态监控数据(从飞机到地面状态和维护系统)、飞行数据及着陆前的报告(从飞机到主制造商,生成建议后再到航空公司维护控制中心)。

2）数据服务管理功能

数据服务管理主要负责将来自机载状态监控系统、地面雷达监视的信息进行管理和分发。

数据服务管理和分发包括飞机数据的预处理、分类存储、备份、缓存、分发推送等服务。

现阶段，数据服务管理由专门的组织机构负责，国际民航组织主要依托SITA；中国民航局依托 ADCC。

3）机场数据服务功能

在飞机落地后，通过地面无线网络或人工传输的方式，将飞机上的大量机载记录数据传输至地面，充分获取飞机的各类信息。其特点是非实时、费用低、带宽大、传输量大。传输的主要数据内容包括 CMF 航后报、维护信息、ACMF 状态信息、QAR 数据、ELB 数据、机载系统诊断信息等。

现阶段，该功能由机场方面负责实现，包括建立 WiFi 网络，推送数据到各航空公司等。因此，数据服务子系统通常包括空地数据互传及响应系统、数据服务管理系统和机场数据服务系统，用以支持上述功能的实现。数据服务子系统实现功能如图 2 - 10 所示。

2.2.4.3 地面子系统

地面子系统分为两部分：一部分部署于飞机主制造商；另一部分部署于航空公司。

主制造商的健康管理系统地面子系统主要实现实时监控、预测、技术状态管理、健康评估、高级诊断等功能，航空公司的健康管理系统地面子系统主要实现数据装载和卸载、维修决策和机队健康管理的功能。

健康管理系统地面子系统实现功能如图 2 - 11 所示。

主制造商的健康管理系统地面子系统通过 ACARS 从 ACMS 实时获取飞机状态参数信息，结合预测算法和预测模型库，对飞机寿命件进行趋势、失效和寿命预测，预测的结果用于指导航空公司地面健康管理系统的维护决策。

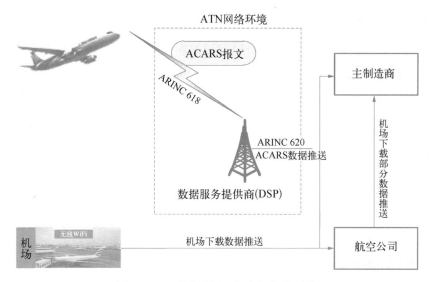

图 2-10　数据服务子系统实现功能

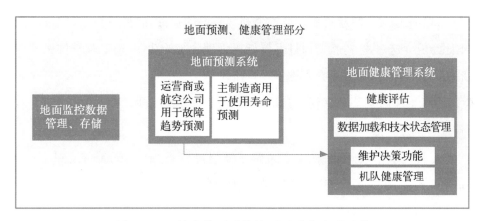

图 2-11　健康管理系统地面子系统实现功能

　　航空公司的地面健康管理系统通过 ACARS 从飞行数据记录器实时获取飞行状态数据,通过门户平台提供给主制造商,从 OMS 获取维护信息用于维护决策。根据维护信息、机队健康管理的建议、主制造商地面健康管理系统的预测和高级诊断结果进行维修决策,统一调配维修资源,提高效率和精确度。

　　航空公司通过 WiFi 从 ACMS 获取 ACMF 状态信息(飞机系统、发动机的性能和趋势信息等);从虚拟数据记录器获取 QAR 数据、ELB 数据;从 OMS 获取机载系统诊断信息。根据事件信息、故障信息、QAR 数据、ELB 数据、飞行状态数据和机载系统诊断信息进行高级诊断,诊断结果用于指导航空公司地面健康管理系统的维护决策。通过 ACMF 状态信息进行飞机健康评估,评估结果为预测、技术状态管理和航空公司地面健康管理系统的机队健康管理提供指导。技术状态管理通过航空公司地面健康管理系统的数据加、卸载功能实现更新。

2.2.5 系统与用户的接口

从民用客机健康管理系统的用户角度分析(见 2.1 节),航空公司对健康管理系统的需求与提供民用客机的多家主制造商不一致,区别如下所示。

(1) 维修对主制造商来说是一个利润丰厚的业务,属商业行为,主制造商不愿意放弃这一业务,希望通过发展健康管理系统的功能,提供基于健康管理系统的实时服务,使自己介入更多维修业务。

(2) 对于航空公司来说,维修策略的不同使其对维修的态度可能会有所不同。

a. 传统航空公司也普遍是保养与维修经营者(maintenance and repair operator,MRO),因此健康管理业务较为均衡。

b. 低成本运营商外包航线维修,因此支持健康管理和寿命监控。

(3) 对于 MRO 本身,目前正在通过持续适航管理组织(Continuous Airworthiness Management Organization,CAMO)平衡自己的业务。CAMO 更倾向于健康管理系统的发展,因为 CAMO 需要提供飞机运行性能和传统维修工作的保证。寿命监控可以改善维修计划,从而降低维修的间接费用,如设施和备件库存成本等。

民用客机健康管理系统的研发最终是为了实现航空公司的需求,这方面的需求与原始设备制造商是一致的,这些原始设备制造商的需求主要来源于行业发展以及战略驱动。在原始设备制造商中,主制造商与供应商(包括系统和设备)会有所不同。

因此,民用客机健康管理系统与航空公司、主制造商等的外界接口会有一些差异。如前所述,民用客机健康管理系统对外界的接口包括三部分:与航空公司的接口;与主制造商的接口;与第三方如适航管理局方、MRO 的接口等。

2.2.5.1　民用客机健康管理系统与航空公司的接口

从商业角度来说,民用客机健康管理系统的目标是尽可能多地减少飞机全寿命周期成本(life cycle cost,LCC)。目前整体 LCC 包括购置成本和持有成本,而持有成本又包括(直接)经营费用(燃油、机组费等)和(直接)维修费用。即使扣除燃油费,持有成本也基本不变。维修费用由预防性维修费用、航线维修费用和修复性维修费用组成。

因此,对于航空公司而言,降低运营成本是其追求的目标。机组费用和维修费用是其可控的部分。

通过健康管理系统支持航空公司民用客机的运营,健康管理系统将对航空公司提供四类支持。

(1) 实时提供主最低设备清单(master minimum equipment list,MMEL),支持航空公司对飞机的运营管理。

(2) 提供维修决策支持,支持航空公司维护控制中心(maintenance control center,MCC)对飞机系统的修复性维修。

(3) 通过结构寿命监控,在不为此增加专用传感器的情况下,提出减少和简化预防性维修的建议,尤其是 C 检。

(4) 通过动力装置专用的 HUMS 支持动力装置的维修。

健康管理系统支持航空公司对民用客机的运营如图 2-12 所示,分述如下。

1) 民用客机运营管理支持

民用客机健康管理系统对航空公司的支持首先是对飞机的运营支持,通常

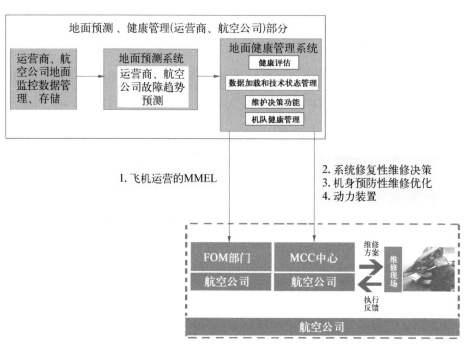

图 2-12　健康管理系统支持航空公司对民用客机的运营

健康管理系统(地面预测和健康管理部分)需要给出 MMEL 清单,帮助航空公司的飞行运营管理部对民用客机进行运营管理。通过健康管理系统给出的 MMEL 清单,给出民用客机的五种状态,如表 2-1 所示。

表 2-1　民用客机的五种状态

序号	MMEL 标示	涵　义	解　　释
1	GO	带故派遣	允许系统带故飞行
2	GO IF (m)	有维修条件派遣	如果飞机在系统故障时被派遣,则需要执行相关的维修活动(即使其工作)
3	GO IF (d)	带延迟条件派遣	在规定的过站延迟内执行了针对系统故障相关的维修活动,该飞机可以在系统故障时派遣
4	GO IF (o)	对飞行员操作限制派遣	该飞机在系统故障时可以被派遣,但飞行员操作受限制
5	NO GO	不派遣	飞机由于系统故障不能被派遣

2）针对系统的维修决策

民用客机的系统大多是根据视情维修的，如果系统失效则可能造成民用客机的停运。民用客机的系统通常要求有一些冗余，主要是为了安全。当然，冗余也增加了民用客机运营的可操作性，即允许民用客机带故飞行。

在前文中，通过健康管理系统（地面预测和健康管理部分）给出了民用客机的运营支持，当然，健康管理系统（地面预测和健康管理部分）也需要给出失效系统的修复性维修策略，包括如下几方面：按照维修手册提供维修方案；提出维修步骤；输出维修工卡等。

很明显，如果在故障发生前就能确定可能发生的故障，则会极大地提升民用客机的使用可靠性。

3）对机身的预防性维修支持

对于机身（结构和系统安装）部分来说，主要的维修任务按照维修大纲进行。通常分为 A 检和 C 检，在 3～6 个月之间的进行 A 检，在 18～36 个月之间的进行 C 检。对于检查任务最繁重的 C 检来说，可以将其所检查的项目或内容分解到超过 2 个月的航后检查中。无论是 A 检还是 C 检，其检查内容、持续时间和复杂程度都会导致成本增加。

目前按照规章要求，不允许对机身做真正的视情维修，所以对于机身来说，健康管理系统的目标是减少和简化预防性维修，主要是通过预先维护减少纠正措施的需求，以避免重大修理。

应进行结构寿命监控和结构健康监控（structure health monitoring，SHM）。结构寿命监控不需要任何特定的传感器，数据依托民用客机原有状态产生；而结构健康监控可能需要特定的传感器或数据。

结构健康监控也意味着额外的维护，因为在一般情况下，SHM 失效会使民用客机的经营中断。

目前，对于机身来说，健康管理系统的目标是减少和简化预防性维修，主要是针对 A 检和 C 检，可以做到：① 视情将 C 检的项目分布到航后维修中；

② 视情减少 A 检或 C 检的检查内容。

4）对动力装置维修的支持

动力装置有点特殊,可以将其看作一个系统,除了涡轮机的部分部件是寿命件,需要进行预防性维修之外,整个系统都可视情维修。除了视情维修,还可对整个发动机进行翻修,意味着发动机彻底大修,更换寿命件,再重新安装到机翼上。所以,动力装置的维修包括两部分:视情维修,含预防性维修的定检;翻修。

对于民用客机来说,发动机是一个有特定适航认证过程的项目,独立于民用客机的适航认证。由于存在这种特异性,因此发动机制造商已经开发出 HUMS 功能,并在发动机适航认证的过程中鉴定。

通常,发动机制造商开发出的 HUMS 监控的使用参数包括发动机连续工作时间;热机循环,由空闲到全功率再到空闲;动力调整参数,如扭矩、核心转速、增压比等;环境条件,如温度、盐雾或者灰尘等。

因此,动力装置内嵌的 HUMS 作为整个健康管理系统(机载子系统)的一部分,提供基于视情的一切技术支持,包括按照维修手册提供维修方案;提出维修步骤;输出维修工卡等。

2.2.5.2 民用客机健康管理系统与主制造商的接口

对于主制造商和发动机制造商而言,其一直希望参与民用客机的维修服务,希望通过发展健康管理系统的功能,提供基于健康管理系统的实时服务而使自己介入更多维修业务。

民用客机健康管理系统与主制造商之间的接口关系如图 2-13 所示。

主制造商通过健康管理系统可以在线按小时支持航空公司民用客机的维修,支持航空公司对民用客机的使用进行管理。健康管理系统将提供给主制造商两类信息:飞机状态监控数据和使用寿命的初步预测。而主制造商则通过嵌入地面预测和健康管理(主制造商)部分的客服门户网站实时提供两类服务:修复性维修建议和预防性维修建议。

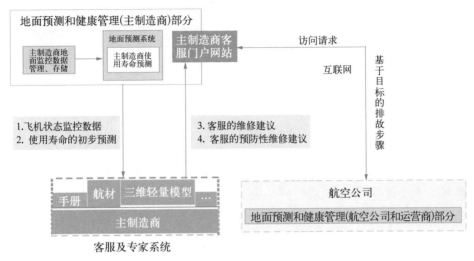

图 2 - 13　民用客机健康管理系统与主制造商之间的接口关系

2.2.5.3　民用客机健康管理系统与第三方的接口

民用客机健康管理系统与第三方的接口包括与适航管理局方的接口、与 MRO 的接口、与个人用户的接口。

民用客机健康管理系统与第三方的接口关系如图 2 - 14 所示。

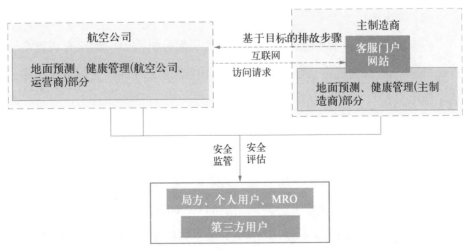

图 2 - 14　民用客机健康管理系统与第三方的接口关系

如果第三方为 MRO,则航空公司和主制造商还需提供大修和翻修期的方案等。

2.3 机载子系统

根据 2.2.4.1 节,民用客机健康管理系统机载子系统承担的功能包括 2 个大项 7 个小项,如下所示。

1)状态监控

(1)数据采集功能。

(2)数据处理功能。

(3)在线告警功能。

(4)数据存储与管理功能。

2)故障诊断

(1)故障检测。

(2)故障隔离。

(3)综合诊断。

健康管理系统机载子系统管理的对象为民用客机构型中的所有功能系统以及机体结构,称为成员系统;同时,健康管理系统机载子系统也宿驻在上述成员系统中。

2.3.1 机载子系统的成员系统

现如今,民用客机的构型均参照了美国航空运输协会、欧洲宇航与防务工业委员会、美国宇航工业委员会共同制定的 S1000D 标准,本书所指的民用客机构型均按照 S1000D(2.3 版)标准中 8.2.5 节的描述,以下所有章节均是这样。

按照 S1000D(2.3 版)标准的 8.2.5 节,民用客机的构型包括三个部分:航空器、机体系统、动力装置。

对于民用客机健康管理系统机载子系统的成员系统来说,成员系统只包括两部分:机体系统和动力装置。

2.3.1.1　机载子系统的基本成员系统组成

民用客机健康管理系统机载子系统涉及的基本成员系统覆盖整个民用客机,包括 ATA 章节中的几个部分。

(1) 第 20 章～第 49 章的机体系统部分。

(2) 第 51 章～第 59 章的飞机结构部分。

(3) 第 60 章～第 69 章的螺旋桨/旋翼部分。

(4) 第 70 章～第 84 章的发动机部分。

其中,第(1)部分以及第(2)部分的部分内容为本书的重点;第(3)部分涉及的螺旋桨/旋翼部分非本书民用客机的主流,所以不做赘述;第(4)部分为发动机部分,对于民机来说,发动机的健康管理通常都是单独实现的,为发动机健康管理。民机发动机的客服通常由发动机制造商直接提供,而与飞机主制造商无关,如罗·罗公司提供给波音 777 飞机的发动机。

综上所述,与机体系统以及与机体系统相关的需要进行健康管理的有下述系统章节。

(1) 空调系统(ATA 第 21 章)。

(2) 自动飞行系统(ATA 第 22 章)。

(3) 通信系统(ATA 第 23 章)。

(4) 电源系统(ATA 第 24 章)。

(5) 防火系统(ATA 第 26 章)。

(6) 飞行操纵系统(ATA 第 27 章)。

(7) 燃油系统(ATA 第 28 章)。

(8) 液压系统(ATA 第 29 章)。

（9）防冰和防雨系统（ATA第30章）。

（10）指示和记录系统（ATA第31章）。

（11）起落架系统（ATA第32章）。

（12）照明系统（ATA第33章）。

（13）导航系统（ATA第34章）。

（14）氧气系统（ATA第35章）。

（15）气动系统（ATA第36章）。

（16）集成模块化航空电子系统（ATA第42章）。

（17）客舱系统（ATA第44章）。

（18）信息系统（ATA第46章）。

（19）辅助动力装置（ATA第49章）。

（20）货舱和附件舱系统（ATA第50章）。

（21）舱门系统（ATA第52章）。

2.3.1.2　成员系统对健康管理的需求

机载子系统的成员系统对健康管理系统的需求如表2-2所示。

表2-2　机载子系统的成员系统对健康管理系统的需求

序号	成　员　系　统	ATA章节号	对健康管理系统的需求
1	空调系统	21	监控
2	自动飞行系统	22	诊断、实时监控
3	通信系统	23	诊断
4	电源系统	24	监控
5	防火系统	26	预防性检查
6	飞行操纵系统	27	诊断、实时监控
7	燃油系统	28	监控
8	液压系统	29	监控

续　表

序号	成 员 系 统	ATA章节号	对健康管理系统的需求
9	防冰和防雨系统	30	预防性检查
10	指示和记录系统	31	诊断
11	照明系统	33	诊断
12	导航系统	34	诊断
13	氧气系统	35	监控
14	气动系统	36	监控
15	辅助动力装置	49	单独直接监控
16	货舱和附件舱系统	50	使用监控
17	舱门系统	52	使用监控
18	动力装置	70～84	发动机制造商独立HUMS

2.3.2　机载子系统的功能分布

民用客机健康管理系统机载子系统所承担的2个大项7个小项功能,是建立在现有民用客机ATA章节基础上,尤其是建立在现有民用客机航电基础平台之上的,主要原因是适航不支持新系统。因此,健康管理系统机载子系统的功能主要来自如下系统章节。

(1) 通信系统(ATA第23章)。

(2) 指示和记录系统(ATA第31章)。

(3) 集成模块化航空电子系统(ATA第42章)。

(4) 中央维护系统(ATA第45章)。

(5) 信息系统(ATA第46章)。

2.3.2.1　通信系统支持的健康管理系统机载子系统功能

健康管理系统机载子系统提供向地面传送数据的能力,用于提前启动和准备必要的维护措施;同时,机载子系统也应能接收地面上传的数据和请求。

民用客机健康管理系统机载子系统传送至地面的数据包括故障数据、历史故障数据、ACMS 报告以及其他适当的飞机维护状态数据;从数据链路到机载子系统之间的上传信息包括特定的数据请求、特定的状态监控报告和其他适当的机载子系统功能。

数据链路作为机载子系统的一个外部通信接口终端,由通信系统(ATA 第23 章)支持。机载子系统向数据链路提供格式合适的数据,接收和解释来自数据链路上传的消息。

2.3.2.2　指示和记录系统支持的健康管理系统机载子系统功能

指示和记录系统(ATA 第 31 章)将提供用户指示和故障状态的视觉和听觉警告、用户输入、信息输出的功能。

1)用户指示和故障状态的视觉和听觉警告

民用客机健康管理系统机载子系统的用户指示和故障状态的视觉和听觉警告应可以提供用户健康管理系统机载子系统功能的结果显示,以及故障状态的视觉和听觉警告的程序,包括机载子系统功能结果的显示,可以综合到与任何具体系统无关的中央显示系统中。

2)用户输入

民用客机健康管理系统机载子系统的用户输入功能提供了用户选择机载子系统功能的最大灵活性,需要软件控制选择过程的某些形式(如菜单)。用户输入应提供一种输入字母和数字即可的简易方法。

为了减少操作员观察的困难,输入设备和显示单元应组合在一起或彼此靠近。

3)控制和显示装置

控制和显示装置是机载健康管理系统的主要控制和显示单元。操作员通过控制和显示装置可以查看当前和历史的故障信息,启动飞机、系统或者 LRU

的特定测试,并且可以查看执行过的所有测试的结果。

4) 信息输出(机载打印机)

一旦需要时,机载打印机即可在工位上打印出选定的图表或维护规程以支持民用客机的维护。打印机也可以作为民用客机机载健康管理系统 ACMS 功能的一个输出通道。打印机应能复制显示给操作员的所有文字及图形的屏幕画面。

2.3.2.3　集成模块化航空电子系统支持的健康管理系统机载子系统功能

集成模块化航空电子系统(ATA 第 42 章)将提供用户健康管理系统机载子系统的信息处理能力和信息传输管理能力。

1) 信息处理

健康管理系统机载子系统的信息处理能力为用户进行诊断处理等。

2) 信息传输管理

用于进行数据传输的管理,包括机载信息传输管理与外界(地面数据链)的管理。

2.3.2.4　中央维护系统支持的健康管理系统机载子系统功能

中央维护系统(ATA 第 45 章)支持的健康管理系统机载子系统功能如下所示。

1) 与成员系统的交联和维护

成员系统(ATA 第 20 章～第 49 章)与健康管理系统机载子系统(或其中的中央维护系统)的接口是通过 ATA 第 45 章完成的,不论这种接口是直接的还是经过通信网关的。一些系统或 LRU 没有与机载子系统(或其中的中央维护系统)直接相连的接口,但它们通过其他的 LRU 或系统报告故障和失效,根据这个报告的效果,它们被视为与机载子系统(或其中的中央维护系统)有直接相连的接口。

2) 与健康管理系统机载子系统其他部分的接口

与其他飞机系统的接口如下:

（1）控制和显示装置。

（2）数据链路。

（3）软件加载、数据加载、数据备份。

3）结构的交联和维护

指结构中（ATA 第 50 章～第 59 章）与机载健康管理系统（或其中的中央维护系统）有接口的部分，不论这种接口是直接的还是经过通信网关的。

在这里主要特指 ATA 第 52 章（舱门系统）和 ATA 第 50 章（货舱和附件舱系统），尤其是 ATA 第 50 章（货舱和附件舱系统）可以作为结构（SHM 功能适用）或系统进行管理。

4）动力装置的交联和维护

指动力装置（ATA 第 70 章～第 84 章）与机载健康管理系统（或其中的中央维护系统）有接口的部分，不论这种接口是直接的还是经过通信网关的。

例如以"每小时飞行"来计算，意味着发动机在整个阶段都需要使用健康管理功能。机队管理功能作为飞机功能的一部分，但发动机组可以独立进行管理，特别是在其管理分包给原始设备制造商（original equipment manufacture，OEM）或一个专门的 MRO 的情况下。

2.3.2.5　信息系统支持的健康管理系统机载子系统的功能

信息系统（ATA 第 46 章）提供用户存储维护信息的功能以及检索的功能。

1）维护信息系统

支持所有的机载维护系统功能、维护技术和所有地面维护活动的机载飞行信息系统。

2）用于检索维护信息的控制器

提供检索维护信息系统储藏的数字信息的那些组件，例如集中存储器的控制器等。

2.3.3 机载子系统的组成及构型

按照 2.2.2 节机载子系统功能分布,民用客机健康管理系统机载子系统的组成应包含在 S1000D(2.3 版)的第 23 章"通信系统"、第 31 章"指示和记录系统"、第 42 章"集成模块化航空电子系统"、第 45 章"中央维护系统"和第 46 章"信息系统"中。

通常,民用客机健康管理系统机载子系统的组成如下所示。

(1) 每个成员系统 LRU 的故障监测与 BITE 的硬件及软件按需实现完善的高水平故障检测和隔离。

(2) 健康管理系统机载子系统计算机以及总线通信等。

(3) 控制、显示设备或驾驶舱的维护访问终端。

(4) 专用的数据或信息记录装置。

(5) 监视 FDE 所需的接口。

(6) 维护信息系统(机载维护文档数据)。

(7) 驾驶舱打印机等。

(8) 与数据链路之间的接口。

(9) 数据加载和配置管理系统。

(10) 驾驶舱中的事件按钮。

(11) 外接的远程维护访问终端或其接口。

具体的民用客机健康管理系统机载子系统的组成及构型如图 2-15 所示。

健康管理系统机载子系统功能层次结构是以第 42 章"集成模块化航空电子系统"为核心,由第 23 章"通信系统"、第 31 章"指示和记录系统"、第 45 章"中央维护系统"、第 46 章"信息系统"组成,具体组成说明如下。

1) 第 42 章"集成模块化航空电子系统"提供的组成和功能

(1) 通用计算机模块宿驻健康管理软件,用于机载健康管理系统的核心管理。

(2) 缓存主要用于通用计算机模块的临时数据缓存,包括中央维护系统接

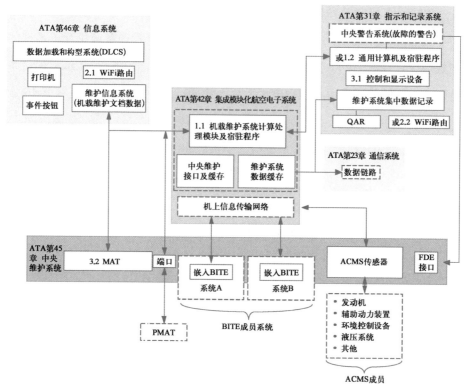

图 2-15 民用客机健康管理系统机载子系统的组成及构型

口及缓存、健康管理系统数据缓存。

（3）网络组成主要指民用客机机载数据总线，这个主要依托集成模块化航空电子现有的或既定的机载数据总线。

（1）和（2）共同完成机载健康管理系统的数据处理任务，与第 31 章"指示和记录系统"中的通用计算机二者选其一。

2）第 23 章"通信系统"提供的组成

数据链路，即依托民用客机原有的空地通信数据链系统等。

3）第 31 章"指示和记录系统"提供的组成

（1）记录器用于民用客机机载健康管理系统的数据集中记录。

（2）通用计算机及其宿驻健康管理软件主要用于机载健康管理系统的数

据处理及管理。

(3) 中央警告系统主要依托民用客机现有的或既定的中央警告系统进行诊断检查等告警。

(4) QAR 用于将健康管理系统集中记录的数据导到地面健康管理系统中。

(5) WiFi 路由用于在飞机落地后通过机场的 WiFi 网络自动将健康管理系统集中记录的数据传送到地面健康管理系统。

通用计算机及其宿驻软件与第 42 章的(1)、(2)可以二者选其一；WiFi 路由可以放在第 46 章中。

4) 第 45 章"中央维护系统"提供的组成

(1) 与机体系统(ATA 第 20 章～第 59 章)的接口和系统 LRU 中故障检测相关的 BITE 的硬件、软件，按需实现完善的高水平故障检测和隔离。

(2) MAT 对维护信息系统(指机载维护文档数据，包含在第 46 章中)进行维护访问等。

(3) FDE 接口主要作为启动民机机载健康管理系统在线诊断的通道。

(4) 可选择的一个或多个远程 MAT 及其机上端口。

5) 第 46 章"信息系统"提供的组成

(1) 维护信息系统主要指专门存储用于检索的机载维护文档数据，支持所有的机载维护系统功能、维护技术和所有地面维护活动的机载飞行信息系统。

(2) DLCS 主要用于更新维护信息系统的机载维护文档数据，加载飞行所需的数据，进行本机的构型配置管理(包括功能系统组成、部件号等)；上传用于各种航电系统的数据库和软件；下载 CMS 和 ACMS 报告。此外，DLCS 还提供航电系统设备的硬件和软件的技术状态及其历史。

(3) 打印机主要用于按照故障分析手册(trouble shooting manual，TSM)进行故障隔离后打印出故障代码。

（4）事件按钮用于 ACMS 进行飞行状态监控，并在机载健康管理系统集中记录数据时标定特殊事件，包括时间标定、特殊记号标定等。

（5）WiFi 路由用于在飞机落地后通过机场的 WiFi 网络自动将健康管理系统集中记录的数据传送到地面健康管理系统。WiFi 路由可以放在第 46 章中。

2.3.4　机载子系统的交联关系

民用客机健康管理系统机载子系统有两个特点：

（1）民用客机健康管理系统机载子系统是全机性的系统，健康管理的对象是整个飞机，与所有的系统都有交联。

（2）民用客机健康管理系统机载子系统目前为止不单独存在，而是融合在 ATA 第 23 章、第 31 章、第 42 章、第 45 章、第 46 章中。

因此，上述特点决定了民用客机健康管理系统机载子系统交联关系比较复杂，本书只做简单描述，包括如下两方面：

（1）机载子系统内部交联关系。

（2）机载子系统与 ATA 机体系统的交联关系。

2.3.4.1　机载子系统内部交联关系

机载子系统的内部交联关系如图 2 - 16 所示，说明如下。

（1）机载子系统的控制和显示设备完成用户输入功能，提供给用户选择机载子系统的功能，定制嵌入计算机中的功能模块、记录的参数以及诊断的阈值等。

（2）MAT 提供用户地面测试的交互以及访问机载维护规程等。

（3）机载计算机通过总线通信系统自动完成成员系统的信息收集并进行诊断，管理通信系统的信息存储流向等。

（4）数据加载和构型系统与 MAT 协同，通过数据加载卡加载数据，并存储单机构型数据等。

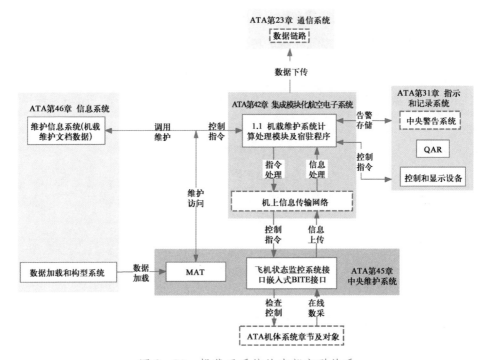

图 2-16　机载子系统的内部交联关系

2.3.4.2　机载子系统与 ATA 机体系统的交联关系

健康管理系统机载子系统与 ATA 机体系统的交联接口类型分成四类。

(1) 使用在线监控,并进行诊断。这类系统包括空调系统(ATA 第 21 章)、飞行操纵系统(ATA 第 27 章)、燃油系统(ATA 第 28 章)、液压系统(ATA 第 29 章)、起落架系统(ATA 第 32 章)、氧气系统(ATA 第 35 章)、气动系统(ATA 第 36 章)等。

(2) 与航空电子一样进行诊断,这类系统包括自动飞行系统(ATA 第 22 章)、通信系统(ATA 第 23 章)、指示和记录系统(ATA 第 31 章)、导航系统(ATA 第 34 章)、集成模块化航空电子系统(ATA 第 42 章)、信息系统(ATA 第 46 章)等。

(3) 内部进行诊断和监控,并将监控参数传给健康管理系统机载子系统,这类系统包括电源系统(ATA 第 24 章)、照明系统(ATA 第 33 章)等。

(4) 以内部的 BITE 为主,以机载子系统使用监控为辅,这类系统包括防火系统(ATA第26章)、防冰和防雨系统(ATA第30章)等。

ATA机体系统与机载子系统的接口如表2-3所示。

表2-3　ATA机体系统与机载子系统的接口

序号	接　口　状　态	成员系统(ATA章节号)	机载子系统
1	通过在线监控进行诊断	空调系统(21)	ATA 第 42 章"集成模块化航空电子系统" ATA 第 45 章"中央维护系统" ATA 第 46 章"信息系统"
		飞行操纵系统(27)	
		燃油系统(28)	
		液压系统(29)	
		起落架系统(32)	
		氧气系统(35)	
		气动系统(36)	
2	与航空电子一样进行诊断	自动飞行系统(22)	
		通信系统(23)	
		指示和记录系统(31)	
		导航系统(34)	
		集成模块化航空电子系统(42)	
		信息系统(46)	
3	内部进行诊断和监控,并将监控参数传给机载子系统	电源系统(24)	
		照明系统(33)	
4	以内部 BITE 为主,以机载子系统使用监控为辅	防火系统(26)	
		防冰和防雨系统(30)	
5	单独直接监控	辅助动力装置(49)	
6	使用监控	货舱和附件舱系统(50)	
		舱门系统(52)	
7	发动机制造商独立 HUMS	动力装置(70~84)	

1) 通过在线监控进行诊断的接口

(1) 空调系统(ATA第21章)。

(2) 飞行操纵系统(ATA第27章)。

（3）燃油系统（ATA 第 28 章）。

（4）液压系统（ATA 第 29 章）。

（5）起落架系统（ATA 第 32 章）。

（6）氧气系统（ATA 第 35 章）。

（7）气动系统（ATA 第 36 章）等。

通过在线监控进行诊断的成员系统的特点如表 2－4 所示。

表 2－4　通过在线监控进行诊断的成员系统的特点

序号	成员系统 （ATA 章节号）	系　统　特　点
1	空调系统（21）	不具备完整的重要功能，本身作为传感器、活门和电子的混合，该系统应由机载子系统中的 ACMS 使用监控并诊断
2	飞行操纵系统（27）	飞行操纵系统作为一个完整的系统进行管理，拥有大量传感器，全系统可由机载子系统中的 ACMS 使用、监控并诊断
3	燃油系统（28）	机电（泵和阀门电机）和液压（泵和阀门执行器）的混合应用。传感器通常数量众多，完全电子化管理是非常复杂的，应有复杂的诊断和预后方案用于管理该设备
4	液压系统（29）	机电的混合（如电动泵）和液压应用系统。某些监控存在于特定的设备，如液压冲压涡轮液压罐和增压系统中
5	起落架系统（32）	系统复杂，几乎使用全范围健康管理功能。该系统的结构部分诸如起落架腿和主体可进行健康管理
6	氧气系统（35）	氧气与安全问题息息相关，它可以看作是 ATA 第 21 章和 ATA 第 26 章的混合
7	气动系统（36）	类似于空调系统（ATA 第 21 章）

通过在线监控进行诊断的交联关系如图 2－17 所示。

2）与航空电子一样进行诊断的交联

与航空电子一样进行诊断的接口如下：

（1）自动飞行系统（ATA 第 22 章）。

（2）通信系统（ATA 第 23 章）。

（3）指示和记录系统（ATA 第 31 章）。

（4）导航系统（ATA 第 34 章）。

（5）集成模块化航空电子系统（ATA 第 42 章）。

（6）信息系统（ATA 第 46 章）等。

图 2-17 通过在线监控进行诊断的交联关系

与航空电子一样进行诊断的成员系统的特点如表 2-5 所示。

表 2-5 与航空电子一样进行诊断的成员系统的特点

序号	成员系统 （ATA 章节号）	系 统 特 点
1	自动飞行 系统（22）	在今天,通常作为航空电子包的一部分组成,其功能由软件实现,与航空电子包共用一个平台。它也可以含有一些用于备份的特定传感器和用于飞机经典飞行控制的激励器
2	通信系统（23）	大部分设备都是电子设备的一部分；一些高频部件、天线等可以作为磨损件进行管理,从而可以采用特殊的寿命监控功能,如卫星高功率（放大器）单位或高频天线转向装置

续　表

序号	成员系统 （ATA章节号）	系　统　特　点
3	指示和记录 系统(31)	大多是基于数码电子产品和软件的航空电子设备,主要采用诊断功能和一些预测功能,如故障寄存这些冗余管理
4	导航系统(34)	大部分设备都是电子设备的一部分,因此接口同 ATA 第 31 章
5	集成模块化航空 电子系统(42)	类似于指示和记录系统（ATA 第 31 章）
6	信息系统(46)	类似于指示和记录系统（ATA 第 31 章）

与航空电子一样进行诊断的交联关系如图 2‐18 所示。

图 2‐18　与航空电子一样进行诊断的交联关系

3）内部进行诊断和监控并将监控参数传给机载子系统的交联

内部进行诊断和监控并将监控参数传给机载子系统的接口如下:

（1）电源系统（ATA 第 24 章）。

(2) 照明系统(ATA 第 33 章)等。

内部进行诊断和监控并将监控参数传给机载子系统的成员系统的特点如表 2-6 所示。

表 2-6　内部进行诊断和监控并将监控参数传给机载子系统的成员系统的特点

序号	成员系统 （ATA 章节号）	系　统　特　点
1	电源系统(24)	应用于发电机，尤其适用于整体传动发电机(固定频率发生器)，可以预见的有使用监控和寿命监控的机电应用。对于配电，它是机电(如继电器和电力电子)或航空电子(如传感器和电子)之间的混合。高的配电系统和冗余的高级别的复杂性使大多数应用都集中在高级诊断技术中
2	照明系统(33)	与电源系统(ATA 第 24 章)一样

内部进行诊断和监控并将监控参数传给机载子系统的交联关系如图 2-19 所示。

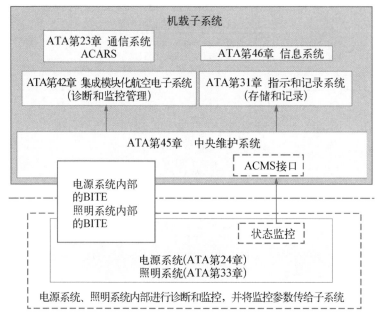

图 2-19　内部进行诊断和监控并将监控参数
传给机载子系统的交联关系

4) 以内部 BITE 为主,以机载子系统使用监控为辅的交联

以内部 BITE 为主,以机载子系统使用监控为辅的接口如下:

(1) 防火系统(ATA 第 26 章)。

(2) 防冰和防雨系统(ATA 第 30 章)等。

以内部 BITE 为主,以机载子系统使用监控为辅的成员系统的特点如表 2-7 所示。

表 2-7　以内部 BITE 为主,以机载子系统使用监控为辅的成员系统的特点

序号	成员系统 (ATA 章节号)	系　统　特　点
1	防火系统(26)	包含的电阻链或电容链的火环是非常敏感的,容易出现故障。应有复杂的诊断和预后方案用于管理该设备。使用监控和寿命监控用于非常特殊的设备,如火灾抑制装置
2	防冰和防雨系统(30)	与防火系统(ATA 第 26 章)一样

以内部 BITE 为主,以机载子系统使用监控为辅的交联关系如图 2-20 所示。

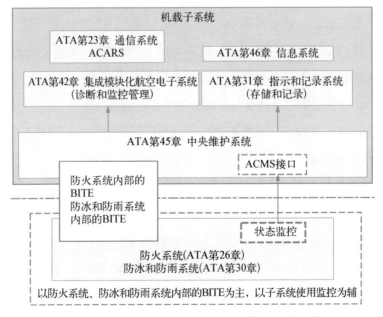

图 2-20　以内部 BITE 为主,以机载子系统使用监控为辅的交联关系

2.3.5 机载子系统适航要求

2.3.5.1 健康管理系统适航要求概述

目前仍考虑将健康管理系统作为咨询系统,所以健康管理系统不涉及飞行安全,研制功能以研制保证等级(development assurance level,DAL)E级来审定。目前还没有关于健康管理系统对飞机系统和机体合格审定的影响相应的规章,主要参数是结构或系统安全性评估的影响。

健康管理系统作为一种集成化的 AHM 系统,会对飞机的维修措施、寿命、安全性、可靠性及可用性产生影响,因此从其设计之初,就必须考虑其适航性,形成基于适航的设计保障体系。同时,作为飞机上的一个系统,健康管理系统在飞机上的安装和防护等方面,必须至少满足现有的关于飞机部件、设备及系统的相关适航条件。今后,随着健康管理系统的不断发展,可能会产生针对健康管理系统的某些特定的适航规章。

在初始适航方面,健康管理对系统的影响主要需要关注的标准有涉及健康管理功能的 CS 25.1309 解释材料,涉及健康管理系统研制以及健康管理功能研制的 ARP 的使用;健康管理对机体的影响需关注的标准主要有涉及健康管理功能机体的 CS 25.302 解释材料、健康管理功能机体的 CS 25.571 解释材料、与健康管理相对的 MSG3 过程。

2.3.5.2 健康管理系统机载设备研制过程中的适航保证

健康管理系统作为一项新研技术,需对其研制过程进行严格控制,形成质量文件体系,保证其适航需求。

1) 健康管理机载软件研制的适航要求

健康管理系统的机载软件必须首先满足适航要求。文件 RTCA/DO-178B[《航空器系统软件的认证》(现已升级为 RTCA/DO-178C)]规定了航空器软件的适航标准,它紧密结合商用飞机的联邦采办规定(Federal Acquisition Regulations,FAR),该文件也可以应用于其他航空器软件的认证。

为保证健康管理机载软件符合适航性要求,在与健康管理相关的机载软件的设计过程中,应遵循如图 2-21 所示的设计保障体系。

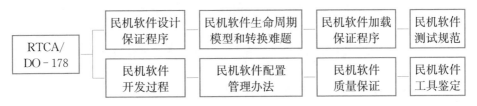

图 2-21　健康管理机载软件基于适航的设计保障体系

2) 健康管理机载硬件研制的适航要求

健康管理系统的硬件应满足 RTCA/DO-254 的规定。RTCA/DO-254 保证飞机制造商和电子设备供应商的产品质量满足适航要求,同时保证可更换模块单元、专用集成电路以及可编程逻辑器件在每一个制造过程中的质量都可靠。

健康管理系统机载硬件的设计过程应遵循如图 2-22 所示的设计保障体系。

图 2-22　健康管理机载硬件基于适航的设计保障体系

3) 健康管理机载系统研制的适航要求

健康管理系统的适航标准应参考 ARP 4754A 及 MIL-HDBK-516B 进行,并将做法以文件的形式固化在质量体系的程序文件或作业文件中,以形成设计保障体系,如图 2-23 所示。健康管理系统安全性评估应按照 ARP 4754A 和 ARP 4761 中推荐的安全性评估进行分析与评估,应该注意如下问题:

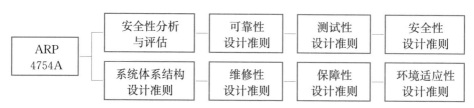

图 2-23 健康管理系统机载系统基于适航的设计保障体系

（1）低级失效危害的功能是否会影响安全关键功能。

（2）为防止可能同时对多个功能产生有害影响的单点故障和可预见的失效组合，是否采取保护措施。

（3）系统架构中安全性相关功能以及对飞机功能分配和宿驻应用施加的限制条件。

（4）系统健康监控、资源管理和故障管理能力。

2.3.5.3 健康管理系统安装、防护等适航要求

健康管理系统作为飞机的一个新研系统，必须满足适航条款中如下通用要求，以满足其适航性。

1）健康管理设备功能和安装

（1）每项健康管理设备的安装必须符合下列要求：

a. 其种类和设计与预定功能相适应。

b. 用标牌标明其名称、功能或使用限制，或这些要素适用的组合。

c. 按照对该设备规定的限制进行安装。

d. 在安装后功能正常。

（2）电气线路互连系统必须符合 CCAR-25 部的 H 分部的要求。

2）健康管理设备、系统及安装

（1）凡航空器适航标准对其功能有要求的设备、系统及安装，其设计必须保证在各种可预期的运行条件下都能完成预定功能。

（2）飞机系统与有关部件的设计，在单独考虑以及与其他系统一同考虑的情况下，必须符合下列规定：

a. 发生任何妨碍飞机继续安全飞行与着陆的失效状态的概率为极不可能。

b. 发生任何降低飞机能力或机组处理不利运行条件能力的其他失效状态的概率为不可能。

（3）必须提供警告信息，向机组指出系统的不安全工作情况并能使机组采取适当的纠正操作。系统、控制器件和有关的监控与警告装置的设计必须尽量减少增加危险的机组失误的可能。

（4）必须通过分析，必要时通过适当的地面、飞行或模拟器试验，表明符合（2）的规定。这种分析必须考虑下列情况：

a. 可能的失效模式，包括外界原因造成的故障和损坏。

b. 多重失效和失效未被检测出的概率。

c. 各个飞行阶段和各种运行条件对飞机和乘员造成的影响。

d. 对机组的警告信号所需的纠正动作，以及对故障的检测能力。

（5）在表明电气系统和设备的设计与安装符合规定时，必须考虑临界环境条件。中国民用航空规章规定具备的或要求使用的发电、配电和用电设备，在可预期的环境条件下能否连续安全使用，可由环境试验、设计分析或参考其他飞机已有的类似使用经验表明，但适航当局认可的技术标准中含有环境试验程序的设备除外。

（6）必须按照 CCAR - 25.1709 条的要求对电气线路互连系统进行评估。

3）健康管理系统闪电防护

（1）对于其功能失效会影响或妨碍飞机继续安全飞行和着陆的每种电气/电子系统的设计和安装，必须保证在飞机遭遇闪电环境时，执行这些功能的系统的工作与工作能力不受不利影响。

（2）对于其功能失效会影响或降低飞机能力，或飞行机组处理不利运行条件能力的各种电气/电子系统的设计与安装，必须保证在飞机遭遇闪电环境之后能及时恢复这些功能。

（3）必须按照遭遇严重闪电环境来表明对于闪电防护准则的符合性。申请人必须通过下列办法设计并验证飞机电气/电子系统对闪电影响的防护能力：

a. 确定飞机的闪击区。

b. 建立闪击区的外部闪电环境。

c. 建立内部环境。

d. 判定必须满足本条要求的所有电气/电子系统及其在飞机上或飞机内的位置。

e. 确定系统对内部和外部闪电环境的敏感度。

f. 设计防护措施。

g. 验证防护措施的充分性。

4）健康管理高强辐射场（high intensity radiation field，HIRF）防护

（1）除（4）规定的以外，对于其功能失效会影响或妨碍飞机继续安全飞行和着陆的每个电气/电子系统在设计和安装时都必须符合如下要求：

a. 当飞机暴露于 CCRA-25 部的附录 L 中描述的 HIRF 环境 I 时，其功能不会受到不利影响。

b. 当飞机暴露于 CCRA-25 部的附录 L 中描述的 HIRF 环境 I 时，系统能够及时地自动恢复其功能的正常运行，除非系统的这种功能恢复与该系统其他运行或功能要求冲突。

c. 当飞机暴露于 CCRA-25 部的附录 L 中描述的 HIRF 环境 II 时，系统不会受到不利影响。

（2）对于其功能失效后会严重降低飞机性能或飞行机组对不利运行条件的反应能力的电气/电子系统在设计和安装时，应当表明这些功能的设备暴露于附录 L 中描述的 HIRF 设备测试水平 1 或 2 时，系统不会受到不利影响。

（3）对于其功能失效后会降低飞机性能或飞行机组对不利运行条件的反应能力的电气/电子系统在设计和安装时，应当表明这些功能的设备暴露于附录 L 中描述的 HIRF 设备测试水平 3 时，系统不会受到不利影响。

(4) 在 2012 年 12 月 1 日前,如果其功能故障后会妨碍继续安全飞行和着陆,则对电气/电子系统进行设计和安装时,在符合如下要求时可以不用满足上述的规定:

a. 系统先前已经符合 2011 年 12 月 7 日前颁发的 CCAR - 21.16 规定的专用条件。

b. 自从表明符合专用条件后,系统的 HIRF 抗干扰特性没有改变。

c. 提供以前表明符合专用条件的数据。

5) 健康管理系统电子设备

(1) 在表明无线电和电子设备及其安装符合 CCAR - 25.1309(a)和(b)条的要求时,必须考虑临界环境条件。

(2) 无线电和电子设备的供电必须遵守 CCAR - 25.1355(c)条的要求。

(3) 无线电和电子设备、控制装置和导线必须安装成在任一部件或系统工作时,对中国民用航空规章所要求的任何其他无线电和电子部件或系统的同时工作不会有不利影响。

(4) 电子设备必须设计和安装成当发生电源供电瞬变或其他原因导致的瞬变时,不会导致重要负载不工作。

2.4　地面子系统

根据前文所述,民用客机健康管理系统地面子系统分为两部分:一部分部署于飞机主制造商;另一部分部署于航空公司。

主制造商的健康管理系统地面子系统主要实现的功能包括预测、技术状态管理、健康评估和高级诊断等。

航空公司的健康管理系统地面子系统主要实现的功能包括数据加、卸载,维修决策和机队健康管理等。

国内目前正在研制民用客机 C919,其维修性、可靠性、经济性是贯穿其设计、制造和使用等环节的关键指标。传统飞机在系统的维护、维修方面,以定期维护和事后维修为主,采用多、勤、细来预防系统故障,遇到故障则临时安排相应的维修任务,往往时间不够,导致飞机停场维修,耗费了大量时间和成本,这种方式不仅耗费资源,而且效率低下。

在民用客机 C919 的研制过程中,引入健康管理系统地面子系统正是改变这种现状的核心技术。民用客机 C919 健康管理系统的研制以地面子系统为核心,反向对机载子系统提出要求。

因此,健康管理系统地面子系统的定位更关乎民用客机的使用效率。

2.4.1　地面子系统要求

现代在线民用客机已经装备了先进的机载数据采集系统、数据管理系统、OMS,也已具备空地数据传输的通信系统。在民用客机的运行过程中会产生大量的信息和数据,这些信息和数据可经 ACARS 等采集并向地面传输,这些信息随着时间的推移越来越多。但是这些信息和数据目前并没有得到充分有效的利用,如果能够有效地利用现有的相关维护资源如中央维护计算机系统(central maintenance computer system,CMCS)产生的维护信息和 ACMS 产生的飞机实时状态参数报文及参数记录文件,结合智能诊断、预测分析,综合历史维护经验,则能及时有效地掌握飞机的健康状况,发现和报告飞机潜在故障趋势及已经发生的故障,提前制订维修方案,极大减少非例行工作量所占比例,从而提高维修效率,减少飞机运行和维护的费用,同时提高飞机的利用率和飞行安全性,实现对飞机进行全系统的健康管理,实现预防性维护和视情维修工作。这就是民用客机健康管理系统地面子系统所需要追求的目标。

民用客机健康管理系统地面子系统的定位主要有两点:

(1) 解析 ACARS 向地面下传的大量信息和数据,供民用客机在运行过程中进行地面指挥管理。

（2）解析民用客机落地后下载的维护信息及参数记录。

a. 全方位地支持航空公司对民用客机的使用及运营支持。

b. 供主制造商以原有民用客机技术状态为基础进行延寿管理及远程客服。

c. 供第三方用户获取相应的解析数据。

2.4.1.1　地面子系统的功能要求

民用客机健康管理系统地面子系统的最终目的是实现对民用客机健康状况及时、有效、准确的把握，并以此为基础实现预防性维护和视情维修。因此，民用客机健康管理系统地面子系统主要实现如下基本功能。

1）地面实时监控功能

在地面上，通过数据服务子系统及机载数据链实时获取飞机的运营状况，包括重要故障信息及重要系统参数信息。

2）高级诊断功能

能根据故障信息（无论是实时监控的还是航后报告的）自动分析判断出故障的根源，并提出排除故障的方案。

3）数据加、卸载及技术状态管理功能

能实现航后飞行数据记录器数据及中央系统数据的下载、译码、管理功能，这些数据是进行健康状况分析和预测，标识出潜在故障隐患的基础。

4）健康评估、预测和机队健康管理功能

能对飞行数据、中央维护信息进行译码和分析，并评价当前设备处于其健康退化过程中的正常状态、性能下降状态还是功能失效状态，标识出潜在的故障隐患；预测设备未来的健康状态，即研究设备能否正常完成下一次任务的功能要求，以及研究设备的剩余寿命；通过分析飞机参数的状态变化趋势，结合系统原理特性，得到系统的健康状况，以期在尚未发生故障或者事故时，提前标识潜在的风险，提高安全性，在飞机的全寿命周期内提供一个健康状态监控平台，进而实现对单架飞机乃至全机队的健康状态的管理。具有人工干预的能力，能提供纠正措施，启动纠正问题的措施，在来不及的情况下则启动故障保护的措施。

5）维修决策功能

根据故障诊断、健康状况分析预测的结论，评价故障的影响，结合运营计划、定期维修计划等，提出视情维修方案。

民用客机健康管理系统地面子系统功能的架构和功能之间的数据交联关系如图 2-24 所示。

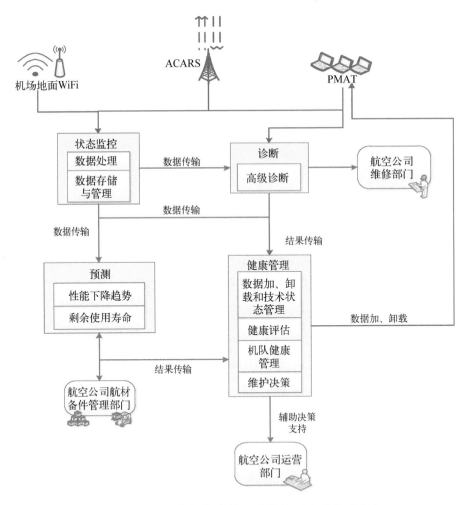

图 2-24　民用客机健康管理系统地面子系统功能的
架构和功能之间的数据交联关系

2.4.1.2　地面子系统的性能要求

按照前文所述民用客机健康管理系统地面子系统的功能要求,民用客机健康管理系统地面子系统的性能要求至少包括如下方面。

(1) 数据存储容量。

(2) 故障隔离率。

(3) 预测精度。

(4) 数据加、卸载时间等。

1) 数据存储容量

健康管理系统应有足够的存储空间,用来存储在多次飞行中从各个系统传送来的状态数据,数据应包括 FDE、失效 LRU 的部件号和序列号、机载维护文档、航班编号、飞行阶段、飞机标识、故障发生的时间、电源中断状态、其他飞行参数(高度、空速、姿态数据等)。此外,健康管理系统还应有足够的存储空间存储失效 LRU 的软件、硬件配置识别以及航线特有的数据。未来的健康管理系统数据存储容量应该不少于 4 万个参数。

2) 故障隔离率

民用客机健康管理地面子系统性能的故障隔离率等同于 GJB 451A 与 GJB 3385 中确立的定义。通常对于一个或多个组装可拆卸配件的,由健康管理系统检测到的所有故障,健康管理系统都应当给出百分比表示的故障隔离率。故障隔离是指一旦有故障被检测到并报告后,甄别可能发生失效的候选单元的能力。在这种情况下,将故障隔离到单个在线可更换件的百分比是一个合适的度量。对于维修与操作来说,这个参数非常重要。故障隔离率是飞行器的某类故障可以清楚隔离的个数占该类故障总数的百分比。

3) 预测精度

预测精度反映了预测值和真实值的接近程度,精度是剩余寿命落入的区间的狭窄指标,反映预测值的聚集程度,精度在 0~1 范围内取值,用 1 表示较高的精度,0表示最低的精度。较窄的置信范围和更紧凑的预测将有一个更高的精度值。

精度基于大量试验预测值的方差定义,涉及置信水平以及试验中的预测值分布。因为如果预测值聚集在真实值周围,那么与预测算法相关的精度就很高;如果预测值散布在输出范围周围,那么精度就会很低。在精度的定义中也将考虑预测算法的置信区间的平均宽度,因为一个较窄的置信区间拥有更好的精度。图2-25显示了预测值的分布与精度的关系。

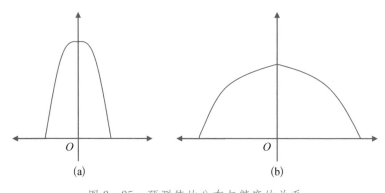

图2-25　预测值的分布与精度的关系
(a)较高的精度输出　(b)较低的精度输出

使用预测时机及置信度、预测距离等参数描述故障预测水平。预测时机与相应的置信度一起描述了故障预测水平。预测时机与实际发生故障时间的差距称为预测距离,也是描述故障预测水平的关键参数,反映了故障预测是否足够及时,以便预留足够的维修保障准备时间。

在预测模型中定义及实施性能度量时,从维修角度考虑,需要估计正失效的组件的剩余有效使用寿命,并分配趋势曲线的不确定性。通过这种分配能够提供给维修者最早和最迟的维修时间(基于逐渐增加的风险)和当维修活动延迟后的相关风险因素;从决策角度考虑,需要估计完成整个任务剖面中所分配的置信水平,需要知道预期的操作和环境状况、其他偶然情况等,或

者需要期望的置信水平、估计元件失效时间的估计方法。这样,故障预测曲线
(故障预测过程的输出)需要根据一个时域分布(静态/威布尔或可能度/模糊)
进行调整,这个分布能够提供一个不确定范围。这个分布在每个时间点的积分
值就是完成任务的置信水平(或给定的期望置信水平),或者正失效的元件的失
效时间。

4) 数据加、卸载时间

数据加、卸载所用的通道为专用以太网,它支持的传输速率为 100 Mb/s。
因此,加、卸载所用的时间通常能满足要求。

具体来说,在进行加、卸载时,根据需要加、卸载内容的多少以及总线的形
式不同,时间不定,在通常情况下,加、卸载时间不应超过 5 min。

2.4.2   地面子系统的使用部署

国内民用客机健康管理始于航空公司对飞机的健康监控,如南方航空公司
通过解读和研究原厂家飞机实时监控系统,开发了自己的飞机远程实时监控系
统,在数据的地面应用、与其他系统衔接和信息综合利用方面有较大突破。该
系统是整个 AMMS 中的一部分,南航开发的飞机远程实时监控系统,结合了
公司的航材、工程文件、生产控制、维护经验、运行控制等方面的情况,使其功能
更加综合化和客户化。此外,该系统还可以利用飞机机载健康监控设备的客户
化功能和地面研发的远程实时监控系统,自行设定和改变飞机实时监控部件、
参数、警戒值等。

中国国际航空公司对健康管理系统的使用也是建立地面子系统对
ACARS 和 QAR 中的飞行数据进行解码、分析,获取航路飞机的安全状况,并
提供与发动机状态监控软件的接口,监控发动机趋势。

实际上,国内外航空公司大多使用飞机制造商提供的地面子系统,通过
ACARS 实时监控飞机状态。除此之外,个别有实力的航空公司也独立开发了
用于地面监控和分析的地面子系统。

综上所述,航空公司是首先使用健康管理系统地面子系统的,航空公司地面子系统的使用有三个特点:

(1)民用客机健康管理系统地面子系统面向航空公司的单机和机队,如图 2-26 所示。

(2)航空公司按机型进行健康管理系统地面子系统使用部署,或与主制造商进行开发,如表 2-8 所示。

(3)通常,把健康管理系统地面子系统作为航空公司整个 AMMS 中的一部分(或组成部分)。

图 2-26 面向航空公司单机和机队的健康管理系统

表 2-8 民用客机健康管理系统在国内的使用情况

航空公司	监 控 机 型	使 用 系 统	空地数据链地面基站
国　航	波音 747-400、波音 777	AHM	ADCC
	波音 737NG	AHM(但需要改装,正在准备阶段)	SITA
	A320、A330	AIRMAN	

续　表

航空公司	监控机型	使用系统	空地数据链地面基站
东　航	波音 747-400	AHM	
	A320、A330、A340	AIRMAN	
南　航	波音 747-400、波音 777	自主开发的远程监控系统（AMMS）	
	A320、A330		
	A380	AIRMAN（网络系统）	
海　航	A320、A330、A340	AIRMAN	
西部航空	A319、A320	AIRMAN	
深　航	A320	AIRMAN	
上　航	—	—	
国货航	波音 747-400	AHM	
厦　航	—	—	
银河货运	—	—	
顺丰航空	—	—	
首都航空	A320	AIRMAN	
山东航空	—	—	
昆明航空	—	—	
吉祥航空	—	—	
邮　航	—	—	
华夏航空	—	—	
东海航空	—	—	
西藏航空	A319	AIRMAN	
川　航	A320、A330	AIRMAN	

在 2014 年 3 月的马航 MH370 失联事件中,英国罗·罗公司通过监控 MH370 发动机,对失事飞机的搜救工作起到了一定的作用,从而推动了主制造商(发动机制造商)对运营飞机实时监控的需求。国内正在研发的大型客机 C919 在设计过程中已考虑并使用了 ACMS,中国商飞客服中心研发了用于地面监控和分析的地面子系统,部署于商飞客服的快速响应中心;同时,厦门航空公司建立了健康管理系统地面子系统,用于对厦航的波音系列飞机进行健康管理。

因此,民用客机健康管理系统地面子系统的使用部署如下所示。

(1) 航空公司按机型进行配置健康管理系统地面子系统,即一种民用客机机型配置一套系统,通常由航空公司、主制造商等联合定制;如果是相同主制造商的不同机型,则可用同一套。

(2) 主制造商根据自己的情况部署数据接口和通信接口。

(3) 第三方用户根据自己的使用情况,由工业部门按机型提供。

综上所述,民用客机健康管理系统地面子系统有两种主要的使用构型:一部分部署于飞机主制造商,主要用于客户服务以及寿命及趋势监控;另一部分部署于航空公司,主要用于运营、维护支持等。

2.4.3 地面子系统构成

2.4.3.1 概述

为保证实现民用客机健康管理系统地面子系统的功能和最终目的,健康管理系统地面子系统通常包括三部分,分别是地面实时监控模块、地面故障诊断与维修决策模块和地面健康管理模块。

民用客机健康管理系统地面子系统的组成架构及信息流向关系如图 2 - 27 所示。

在民用客机健康管理系统地面子系统中,地面的实时监控、故障诊断和健康管理是实现手段,维修决策支持和机队健康管理是健康管理系统的最终结

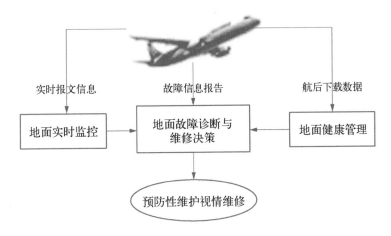

图 2-27　民用客机健康管理系统地面子系统的
组成架构及信息流向关系

果,实现视情维修则是健康管理的最终目标。

2.4.3.2　地面子系统架构及组成定义

民用客机健康管理地面子系统三部分的功能逻辑架构组成如图 2-28 所示。

1) 地面实时监控模块

在整个系统架构设计中,将地面实时监控模块定义为实时获取航行中飞机各类运营状态的信息处理平台,实现实时掌握飞机状态的功能。地面实时监控模块的数据来源于飞机在运行过程中实时下传的各类 ACARS 报文,通过对报文的接收和解码,得到飞机的实时故障信息、关键参数信息以及实时航行动态信息等。通过这一模块,航空公司和飞机制造商可以及时有效地掌握民机的实时运营状况,并在出现某些等级的严重故障信息时,在飞机降落之前提前组织力量诊断故障的可能来源,分析排故方案,调配维修人员、地面工具及航材资源,提前做好充分的准备,以便在飞机降落后第一时间内迅速解决故障问题,最大限度地减少停场维修的时间,从而提高效率,节约成本。

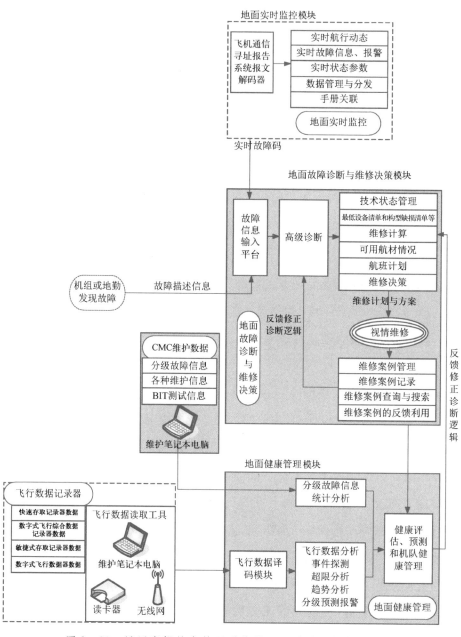

图 2-28 民用客机健康管理系统地面子系统逻辑架构组成

地面实时监控模块主要由地面实时监控软件子模块、地面数据管理子模块、空地数据链路及飞行报告管理子模块组成。机载系统是信息流的源头,在无线通信带宽以及通信网络的经济性制约下,先进的编码与实时传输技术是提高系统效能与经济性的保证。因此,机载系统如何对信息进行编码和实时传输是地面实时监控技术需要首先研究的内容。此外,地面实时监控模块的建模、测试等相关技术的应用研究也必不可少。地面实时监控模块的使用如图 2-29 所示。

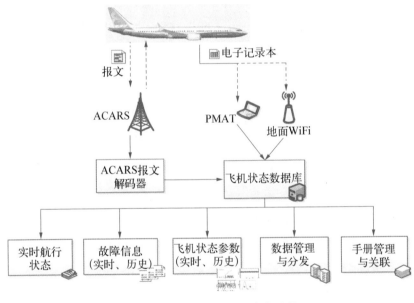

图 2-29　地面实时监控模块的使用

2）地面故障诊断与维修决策模块

在整个系统架构设计中,将地面故障诊断与维修决策模块定义为故障信息处理及维修工作安排的智能分析决策支持平台。

本模块包含高级诊断子模块和维修决策子模块。高级诊断子模块的处理对象为各种形式的故障信息,通过多种人工智能逻辑推理算法,给出可能的维修方案,提高诊断和维修的效率。这一子模块的数据来源包括两类,即实时监控获得的故障信息和机组或地勤人员报告的故障信息。维修决策子模块的驱动数据主要分为两类,一类是高级诊断专家系统得到的故障诊断结论,也可以是人工诊断得到的结论;另一类是地面健康管理模块分析得到的系统潜在故障信息。维修决策支持子模块在有上述两类驱动信息输入时,结合 MEL、构型缺损清单(configuration defect list,CDL)、航班计划、定期维修计划、可用航材情况等信息,进行综合考虑,以决定是否安排维护维修工作、什么时候进行等问题。

通过故障诊断与维修决策模块,综合分析得到预防性维护维修方案,最终实现视情维修。同时通过数据管理,不断丰富知识数据库的内容,使系统不断丰富、成长。

高级诊断基于获取的信息、历史航班数据、实时飞行数据和已有的诊断知识,针对确定的监控对象,建立相应的状态分析和诊断模型,通过一定的分析算法,对故障进行定位、定性和定因,并给出相应的排除故障的方法。通过高级诊断算法,辅助排故人员分析,提高消除故障的效率,大大缩减高级诊断过程,节约时间成本。其中高级诊断分析算法是研究重点之一,合理的高级诊断分析算法是提高故障诊断准确程度和效率的重要保证。本研究可以从基于手册信息自动链接、基于系统原理的人工智能自动分析、基于历史案例数据挖掘等几个方面入手展开。

根据诊断的结果,可采取不同的维修策略,排除系统故障,恢复系统的使用功能。基于实现视情维修的目标,在展开前述研究工作的基础上,还需要展开维修决策方法的研究。根据飞机设计研制、运营使用与维修的要求,需要对其维修任务进行规划设计,包括航线和送修的工作,如一些来自维修方案的工程指令是定时维修任务,可以根据一些智能决策方法确定其维修时间、维修等级、维修程度等内容,也可用马尔科夫决策模型等方法结合机会维修建模方法,来决策多部件的维修程度和维修范围。这些使用阶段的维修任务决策支持方法,不仅可以根据实际状态决定维修任务的种类、工作的间隔等,而且有助于改进初始的维修方案,从而实现维修任务的闭环控制。

在健康管理系统中,维修决策支持是健康管理系统的最终结果,实现视情维修则是健康管理的最终目标。维修决策支持技术需要解决以下问题:维修任务的形式化描述;确定健康管理的决策模型;选择决策模式;根据健康管理任务,确定决策类型;定义一种度量机制,确定不同决策的优先级。

地面故障诊断与维修决策模块的使用如图 2-30 所示。

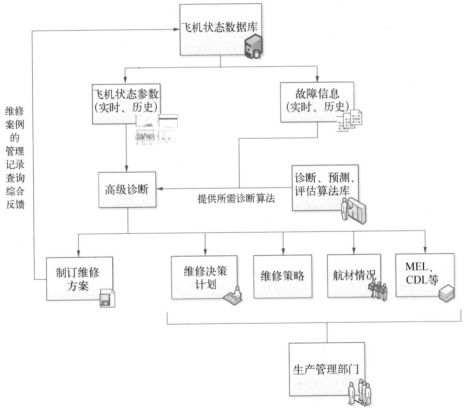

图 2-30 地面故障诊断与维修决策模块的使用

3) 地面健康管理模块

由于空地实时通信链路的通信费用较高,因此无法全面传送飞机各系统的实时参数、各种警告级别的 ACMS 报文、CMCS 故障信息以及维护数据。这些数据保存在飞机的飞行记录器及 CMS 中，通过航后下载获得这些数据，对于分析、掌握飞机的健康状态，是非常有益的数据源。

在整个系统架构设计中，将地面健康管理模块定义为日常各类飞行数据的处理、分析、统计和预测平台，能处理每日所有航班的飞行数据。通过数据分析，得到飞机的运营安全状态和可靠性，并通过分析飞行参数的变化趋势及超限分析，实现对潜在故障隐患的预测。

地面健康管理模块的数据主要来源于航后下载数据，即飞行记录器数据和 CMS 维护数据。通过对这类数据的译码和分析统计，自动探测预定义的飞行事件，并分级预警。同时通过对飞机参数的状态变化趋势分析，结合系统原理特性，得到系统的健康状况，以期在尚未发生故障或者事故时，提前标识潜在的风险，提高安全性，在飞机的全寿命周期内提供一个健康状态监控平台，进而实现对单架飞机乃至全机队的健康状态管理。

基于对飞机关键系统和发动机信息的监控以及趋势分析，预测其状态演化，进而分析及预测飞机的健康状态趋势。这方面的研究重点是健康状态趋势分析和预测的分析方法，需要充分研究飞机系统原理，确定影响飞机系统健康状况的关键参数，并掌握标识故障隐患的分析算法。此外，分析算法还需要在实践中经历长时间的检验和修正。

在飞机运营之后，一些重要系统和动力装置就会产生可靠性、状态和故障数据。寿命预测一般有两种方法：一种是从传统的可靠性工程角度出发，基于失效历史数据，由不同失效模式下的寿命规律进行剩余寿命预测；另一种是基于失效物理模型，进而预测特定状态下的条件剩余寿命。此外，更全面的方法是混合了失效物理模型和寿命数据的方法，可以同时基于可靠性、状态和故障信息预测剩余寿命。

技术难点和风险主要在于飞机所需状态监控参数及报警阈值设定、飞机性能预测和结构剩余寿命预测技术的可实施性、健康管理数据库的构建等。

2.5　典型系统

以下介绍波音 787 飞机和 A380 飞机的维护系统。

2.5.1　波音 787 飞机的维护系统

2.5.1.1　机组信息系统和维护系统的体系结构

波音 787 的机组信息系统和维护系统是一种提供机载功能与地面部分无缝链接的网络化基础设施。如图 2 - 31 所示，它驻留在波音 787 飞机的神经中枢——通用核心系统（common core system，CCS）中，提供一种符合 RTCA/DO - 178B 标准中 D 级和 E 级的软件应用程序计算环境。

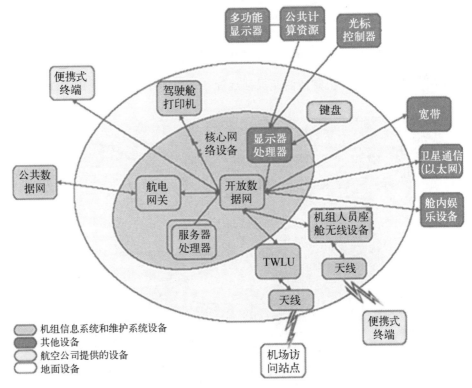

图 2 - 31　波音 787 飞机机组信息系统和维护系统网络化基础设施

由原史密斯公司(现已并入 GE 公司)开发的 CCS 是波音 787 飞机的神经中枢系统。CCS 由公用数据网络(communal data network，CDN)、CCR 机柜和远程数据集中器(remote data concentrator，RDC)组成(见图 2-32)。其中 CDN 采用开放式工业接口标准 ARINC 664 的光纤以太网，连接了所有需要与 CCS 互相通信的系统。CDN 由罗克韦尔·柯林斯公司提供给史密斯公司，是机组信息系统(crew information system，CIS)的一个组成部分。它包括位于 CCR 机柜内部和遍布整个飞机的网络开关；CCR 集中在 2 个机柜中，采用了基于 ARINC 653 标准的开放式系统架构(见图 2-33)，其中装有处理和电源控制模块(插卡)以及网络开关。该机柜还可以安装由波音公司规定的第三方提供的特定应用软件模块，机组信息系统和维护系统软件就是其中的一个特定应用软件模块。使用 CCS 减少了 100 多个 LRU，取代了多部计算机，由此减少了成本；RDC 分布于飞机的多个部位，数量近 20 个，取代了传统的专用信号线路，将来自远端传感器和受动器的数字和模拟信号集中起来送至网络上，具有数字网关的功能，使飞机制造商能灵活地配置航空电子系统。使用 RDC 有利

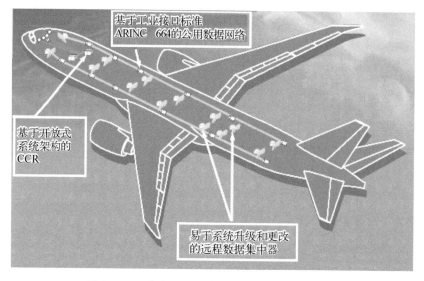

图 2-32　波音 787 飞机的通用核心系统架构

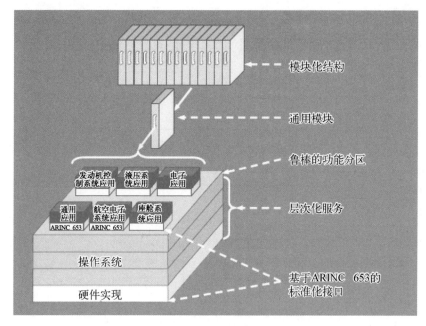

图 2-33 波音 787 飞机的 CCR

于器件分离,使子系统、传感器和作动器的布线和重量大大减少,提高了系统可靠性,同时易于系统升级和更改。

波音 787 飞机的机组信息系统和维护系统由霍尼韦尔公司提供。在 CIS 中宿驻了各种不同的标准应用程序,包括维护系统(maintenance system, MS)、EFB、数据加载器、波音机载软件的电子分发程序、CIS 服务程序、驾驶舱打印机程序和 TWLU。其中,MS 部分由 OMS 构成,具体包含综合数据装载和技术状态报告、故障预测、电子化维护手册、飞机与地面站之间无线数据传输、飞机和地面之间处置方法联动等功能。它从波音 777 飞机上采用的霍尼韦尔公司提供的 CMCF 和 ACMF 发展而来,如图 2-34 所示。CMC 综合了来自飞机上所有系统的维修信息,帮助隔离故障,为维修技师提供排故方向。CMC 和 ACMF 是宿驻在通用核心系统中的软件包。

此外,航空公司可以选装如 CWLU、波音公司提供的 Connexion、电子维护手册和飞机健康管理功能模块。为提高系统可用性和提供容错型的大容量存

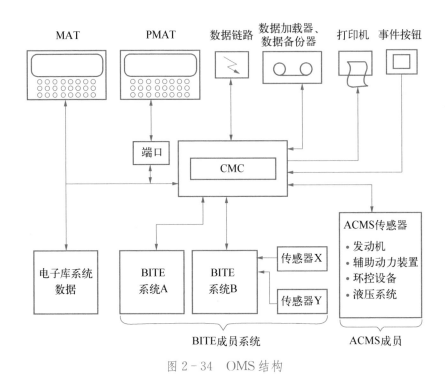

图 2 - 34　OMS 结构

储,可增加第二个机组信息系统和维护系统文件服务器。运营商也可以选择增加计算资源,定制软件应用程序。

2.5.1.2　机组信息系统和维护系统的关键特性

与波音 747 - 400 飞机基于逻辑方程的诊断相反,波音 777 飞机和波音 787 飞机的 CMC 采用霍尼韦尔公司获得专利的基于模型的诊断技术,驱动故障处理过程和地面测试,以及向维修技师提供文字信息显示。以飞机内部成员系统故障模型和飞机内各 LRU 的关联为根据,对每种故障状态的可观测征兆进行编码。飞机上的每个系统都负责监测和报告,这些发出报告的系统也称为"成员系统",这些系统利用本架飞机通用的标准协议与 CMC 通信。该协议提供故障报告、技术状态报告和地面测试指示。

模型信息包含在独立加载的诊断信息数据库中。可加载的诊断信息专用加载数据库通过诊断模型开发工具(diagnostic model development tool,

DMDT)生成，DMDT 通过采集真实数据以及飞机接口控制文件(interface control document，ICD)和失效模式与影响分析(failure modes，effect analysis，FMEA)建立飞机失效模型，保证了建立的飞机失效模型真实有效。飞机系统集成商通过将失效系统的输出与受影响的系统输入建立联系以完成该模型。

ACMF 是一种工程工具，旨在为发动机和总线建立趋势监测和筛选程序。ACMF 提供用于触发定制数据报告的可编程方法。报告触发器可以利用与逻辑单元综合的 ICD 信号加以限定，逻辑单元按照预先限定的速率和时间在触发事件之前和之后收集样本数据。

产生的报告可以就地存储在 CIS 硬驱中，也可以通过 ACARS 或可用的宽带通信路径(如 Gatelink、Connexion 或 Swift64 卫星)下传。

报告可利用地面软件工具(ground based software tool，GBST)定义，该工具为航空公司可修改信息(aircraft modifiable information，AMI)的确定提供基本框架，它具有内嵌功能，可支持 CMC 内的编程功能。

上述系统为飞机通信系统、航空公司应用程序和信息系统提供接口，它们采用一种有效的开放式体系结构，易于扩展，且易于适应运营商当前和未来的需求。

2.5.1.3　与以往系统的显著不同

波音 787 飞机的 OMS 在波音 777 飞机的 CMC 和 ACMF 的基础上，利用 CIS 的资源实现飞机机载维护功能，并将诊断和预测功能扩展到地面系统。

MS 还提供数据加载和技术状态管理功能。数据加载器支持将数据载荷(运行软件)嵌入适当的航空电子系统中。借助该项功能，可以将飞行管理软件中新增部分加载上去。技术状态管理功能跟踪波音 787 飞机的每个系统所采用的软、硬件版本。

MS 的控制与显示以基于 Web 的技术作为主要接口，ARINC 661 接口作为备用接口。操作人员可以在飞机上使用便携式计算机实现信息显示和维护系统控制,座舱显示器可以作为备份设备满足基本功能。维护系统可以链接到飞机电子维护手册,可以随时获取操作程序的详细资料而不用离开飞机。

波音 787 飞机采用 TWLU 作为基本的配置,为飞机提供了一个低成本的上传和下载数据的 Gatelink 连接路径。在飞机入库前,维护人员就可以通过无线网络获取飞机的数据。通过波音 787 飞机可选的 CWLU,维护人员可以使用无线便携计算机在飞机附近实现所有的维护系统控制和功能显示。

CIS 是一种应用软件网络,包括 EFB 和保密的机务无线局域网。CIS 实际上是装在飞机上的一种服务器基础设施,确保飞机内联网的网络安全。柯林斯公司提供核心网络机柜;霍尼韦尔公司提供与硬件和软件的无线局域网接口,以便当飞机接近航站楼时通过无线方式卸载信息(一种类似于过去所谓的 Gatelink 的登机门链路)。当前 Gatelink 用于民航乘客发送 E-mail 之类的事务,这是首次实现由维修技师带一个无线笔记本电脑(配装 WiFi 卡)在飞机周围巡视即可与飞机交互传送维修信息。飞机机务人员的 CWLU 可与航空公司终端中的一种无线局域网基础设施联合使用,通过无线方式上载飞行计划信息、座舱库存和乘客信息,而无须通过物理方式向飞机传送信息。还可以借助 ACARS 与飞机通信,这种方式成本太高。CWLU 是一个采用商用无线标准 IEEE 802.11 的系统,霍尼韦尔公司已将其范围扩展到 $300\sim400\ \mathrm{ft}$($91\sim122\ \mathrm{m}$),这样飞机不用"入库"就能建立连接。CIS 主要是一组商用现成方案,它不是按照飞行关键系统的航电标准设计的。EFB 作为波音 777 飞机的一个选项,现在已成为波音 787 飞机的标准配置。

维修系统的主要接口是一个商用货架产品 PC 机,该机采用一种典型的 Web 浏览器界面。不像波音 777 飞机,这些装置没有取得适航证或没有安装在飞机上。为方便起见,运营商可以选择在飞机上装载一台膝上型电脑。

在维修系统控制和显示的主要手段（即膝上型电脑）不可用的情况下,驾驶舱中的一台显示器可以提供准备飞机离港所必需的最少功能。

波音 787 飞机的基础是 TWLU,它提供飞机方面与 Gatelink 的连接。Gatelink 为飞机上、下传数据提供一种有效的手段。当飞机停在乘机门处时,采用商用无线标准（如 IEEE 802.11）可以使运营商以电子信息的方式访问飞机。

备选的 CWLU 提供的能力是在飞机附近利用无线膝上型电脑完成所有可用的维修系统控制和显示功能。CWLU 系统提供必要的保密功能,便于多个用户同时使用。

以前的维修系统提供诸如故障隔离、拆卸和更换等参考程序。波音 787 飞机的维修系统将提供与飞机电子维修手册的链接,使相关人员不用离开飞机就能立刻访问详细的程序,这将增进后续的适当维修活动。

波音公司将部署其软件电子分发（ARINC 666）的落实工作。通过现有的宽带连接,利用波音软件电子分发功能上传可加载软件。在软件上传并存储在飞机中后,机械师可以将其安装到适当的 LRU 中。

以往对于参数数据的收集,要么由航空公司修改信息定义,要么由航空公司定义。现在,可以远程定义参数数据,并可以申请实时上传。参数数据收集可以由一个故障报告触发,并存储起来或下传到地面进行分析。

传统快速访问记录器功能作为 ACMF 的一部分。运营商利用 GBST 定义想要的参数,构建一个 AMI。在飞机飞行过程中,选取的参数记录在 CIS/MS 文件服务器模块的硬驱中,该数据文件可以根据需要下载或下传。

2.5.1.4　预期的挑战

为了利用飞机的无线连接性,有必要解决各方面的网络安全问题。随着可访问范围扩展到公共互联网,这一问题变得越来越重要。这是适航机构关注的一个安全领域,也是飞机运营商关注的一个商业领域。

保密分析可以用于确保绝对不可能出现非授权访问。该分析应考虑所有潜在的安全关注和商业问题。不同于传统的安全分析,保密威胁是无边界的,并随时间而变化。因此,在软件开发中使用方便的概率方法在这里是不适用的。应当实施一种分层安全政策方法,增加对安全关键系统的访问难度。安全政策按"区域"限定,如图2-35所示,具体描述如下。

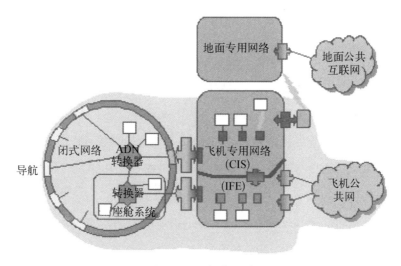

图 2-35　保密区域

（1）闭式网络：由公共数据网和所有与该网络相连的硬件或宿驻在该网络中的应用程序构成,CIS本身除外。

（2）飞机专用网络：由开放数据网、CIS系统、空中娱乐系统和便携式终端构成。

（3）专用网络：由飞机专用网络、地面专用网络、卫星通信（SATCOM）、波音连接网和航空公司运营网构成。

（4）飞机公共网：由乘客和乘客设备构成。

（5）公共网：由飞机公共网和地面公共互联网用户构成。

即使将TWLU作为波音787飞机的基本设备,所需的地面基础设施的定义和标准化工作仍较落后。为实现最大的 Gatelink 效益,该飞机在世界上任何机场的乘机门处都应加入运营商的网络。不断变化的技术、协议标准、加密技术的出口限制和国家许可证协议都使飞机系统难以实现普遍的机场访问功能。

此外,航空公司可能被禁止在机场安装其自己的设备,还被限制使用个别机场当局安装和操作的无线网络。

2.5.1.5　预期的效益

波音 777 飞机的维修系统为波音 787 飞机提供了牢固的基础,波音 787 飞机将在该系统基础上进一步改进并增加一些新的特性。这种低风险途径使得在飞机开发的早期就有可能获得成熟的系统,从而使制造飞机和工厂检查更方便。新系统的预期效益如下:

(1) 维修系统高可用性与低成本的计算资源达成平衡,以实现最佳性能和最低成本。当单一故障发生后,通过在驾驶舱前显示器显示维修信息,保留维修功能。

(2) 基于模型的诊断利用一种独立加载的数据库方便生产、更改和修正模型,从而对取证工作影响最小。

(3) 不需要高费用取证的维修用户接口。飞机运营商能够购买低成本计算机供维修技师访问维修系统。

(4) 在波音 787 飞机上取消 QAR 硬件,将其功能集成到 ACMF 软件中。

(5) 当飞机抵达时,无线远程访问允许维修技师在乘机门处访问维修系统。

(6) 无线远程访问还允许维修技师通过电子信息的方式断开和接通断路器,从而缩短维修时间。以前的拆卸和更换规定要求多次往返于驾驶舱,通过人工断开或接通断路器。

(7) 波音软件电子分发将消除对所有物理媒体的需要(如软盘、CD、内存卡)。可加载软件、文件等将以电子信息的方式从供应商处传输到飞机上。这将降低生成、分发和存储媒体的成本。它还避免了媒体在飞机使用寿命期内出现过时淘汰问题。

2.5.2　A380 飞机的维护系统

A380 飞机的 OMS 是一个一体化系统,主要支持以下功能:飞机保养、航线计划维修和非计划维修、飞机技术状态和重构监控。OMS 包括三个子系统:CMS,用于飞机系统故障识别、集中和存储;ACMS,为预防性维修和故障原因分析提供支持;DLCS,管理数据加载和设备技术状态。如图 2-36、图 2-37 所示,OMS 宿驻在网络服务器系统中,它接收来自航电系统(通过一个保密通信接口)和座舱系统的数据。维护数据可以通过网络服务器系统和 OIS 的各个人机接口获得,并在飞行过程中传输到地面运营中心和服务提供方。

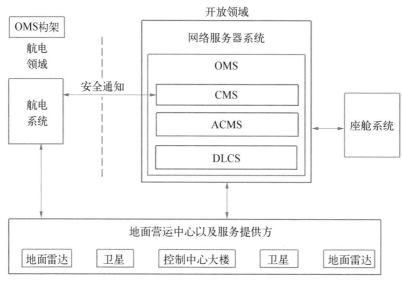

图 2-36　A380 飞机 OMS 体系结构

A380 飞机安装了多种状态监测传感器,通过 OMS 和 OIS 对飞机进行全面监控,这两个系统是 A380 飞机的机载网络和神经中枢,不但能收集飞机各

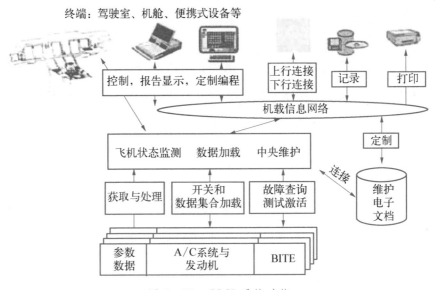

图 2 - 37　OMS 系统功能

系统信息,将发动机的故障信息汇总到驾驶舱,而且与座舱的监控装置相连,可为飞行操控、机组乘员和维修应用软件提供支持,并可与地面中心连接。

2.5.2.1　OMS 系统描述

1) CMS

在飞行过程中,CMS 从飞机各个系统的机内测试设备采集数据,这些故障数据将记录在 CMS 的数据库中,CMS 对故障数据进行分类,并生成标准的或定制的故障报告,供空勤人员查询,也可以发送到地面运营中心。

在地面上,维护人员可以查询和下载 CMS 保养报告,这些报告根据定制的门限值和飞机系统当前的状态列出了需保养的项目。CMS 还提供与适用的电子维修文件的链接。

除了可以提供相应的电子维护文档和 BITE 数据维护的详细测试报告,CMS 还可以用于支持维修活动的应用,提供对维修参数数据库的访问。CMS 提供对所有 BITE 数据的直接访问,用于计划和非计划维修目的。可以启动人工测试,CMS 会给出标准的或定制的测试报告,并提供下载功能。

2) ACMS

ACMS 向运营商提供有关飞机系统和发动机的性能和趋势信息,目的是通过监控这些系统参数提高正点放飞率,支持计划维修和预防性维修。

ACMS 数据可供查询,并在飞行过程中传输到地面,用于实时监控或在飞行后下载。

3) DLCS

DLCS 上传用于各种航电系统的数据库和软件,并下载 CMS 和 ACMS 报告。此外,其还提供航电系统设备的硬件和软件的技术状态和技术状态历史。

2.5.2.2　控制与指示器

OMS 通过机载维护终端(onboard maintenance terminal,OMT)和机载信息终端(onboard information terminal,OIT)实现所有 OMS 功能的通用人机界面,如图 2‐38 所示。

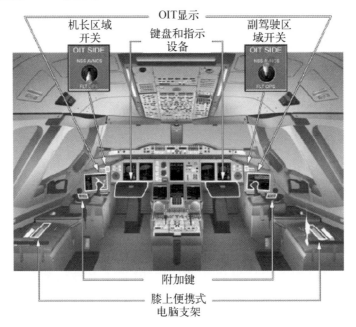

图 2‐38　A380 飞机的控制与指示器

1）针对空勤人员

A380 飞机的驾驶舱中有两个机载信息终端。如图 2-39 所示的机载信息终端专供空勤人员使用（ELB），但维修人员也可利用它访问 OMS 的其他应用程序。

OIT 是 OIS 应用程序的主显示器。键盘和定位设备与滑动桌面整合在一起，作为域内应用程序的界面。当滑动桌面收起时，附加键可以在应用程序中起导航作用。域转换器用于航电域与飞行操作域之间的相关转换。

图 2-39　A380 飞机的座舱乘务员面板

如图 2-38 所示，正驾驶和副驾驶各有一个笔记本电脑。每个笔记本电脑为其一侧的 OIT 中的飞行操作应用程序提供计算和内存资源。笔记本电脑存在其各自的储物箱中。驾驶舱中还有一个备用的笔记本电脑，可以代替机长和副驾驶员的笔记本电脑。

2）针对维修人员

维修人员通过操作如图 2-39 所示的座舱乘务员面板上的"打印机 1"按键，实现航空电子设备相关的维修报告打印；通过操作"打印机 2"按键，实现座舱系统相关的维修报告打印。如图 2-40 所示的 OMT 是一种便携式多功能访问终端，安装在座舱的第三与第四座椅间，它是与 OMS 连接的主终端 OMT 供维修人员访问航电域的维修应用程序，包括 ELB。便携式多功能访问终端服务于维护目的。它们通过遍布飞机的专用网络端口与网络服务器系统连接。

图 2-40　A380 飞机的 OMT

当飞机再次出动的准备或维护期间,将一个 PMAT 与安装在飞机各个不同位置的网络端口相连,可以访问 OMS。

2.5.2.3 OIS

OIS 是用于飞行、维修和座舱使用的一组电子文档和应用程序。用于维修使用的电子文档和应用程序,通过 OMS 给地勤人员提供维修操作时,进行查阅和调用。

OIS 应用程序可包括以下几类:

(1) 飞行操作支持工具。

(2) 座舱操作支持工具。

(3) 维修操作支持工具。

(4) 向乘客、空勤人员和客舱乘务员提供的服务。

上述应用程序安装在网络服务器系统的三个子网或区域内:航电系统区、飞行操作区、通信与座舱区,如图 2-41、图 2-42 所示。

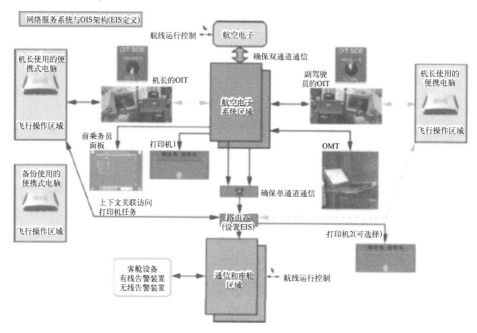

图 2-41 网络服务器系统与 OIS 体系结构

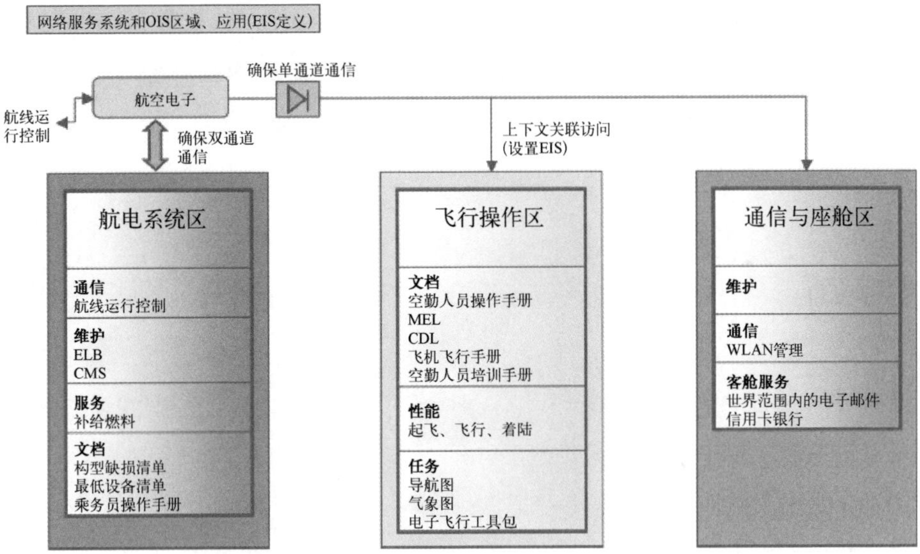

图 2-42　网络服务系统和 OIS 的各区域、应用程序

其中,对地勤人员维修操作支持的应用程序安装在航电系统区。航电系统区还包括与飞机航电系统交换数据的应用程序。

(1) 支持维修操作的工具,诸如 ELB、CMS。

(2) 空勤人员和地勤人员需要访问的电子文档,包括最低设备清单、技术状态偏离清单和座舱乘务员工作手册。其中,座舱乘务员工作手册放在航电系统区,使其能在飞行乘务员面板上显示。

(3) 专用于加油操作的维护工具。

(4) 管理飞机与运营商的运行中心之间通信的航空公司运营控制应用程序。

2.6　小结

本章针对现代民用客机的功能和结构特点,提出了各构成系统的健康管理需求,进而给出了民用客机健康管理系统的功能概述和基本组成;在此基础上,阐述了机载子系统的成员系统组成、系统交联、系统操作和适航要求,并讨论了地面子系统的功能和性能要求,以及地面子系统的构成;最后介绍了波音787飞机和A380飞机的两个典型维护系统的结构组成和技术特点。

参考文献

[1] AECMA S1000D 2.3[S]. 2012.

[2] ARINC 624 - 1　Design guidance for onboard maintenance system[S].1993.

[3] EASA. CS - 25 Large Aeroplanes[S]. 2018.

[4] SAE. ARP 4754A　Guidelines for development of civil aircraft and systems [S].2010.

[5] SAE. ARP 4761　Guidelines and methods for conducting the safety assessment process or civil airborne systems and equipment[S].1996.

[6] CAAC. CCAR - 25　运输类飞机适航标准[S].2011.

[7] RTCA. DO - 178B　Software considerations in airborne systems and equipment certification[S].2012.

[8] RTCA. DO - 254　Design assurance guidance for airborne electronic hardware [S]. 2016.

[9] 李春生,张磊,张雷.飞机健康实时监控技术现状[J].中国民用航空,2013(10):65 - 67.

[10] 马小骏,左洪福,刘昕.大型客机运行监控与健康管理系统设计[J].交通运输工程学报,2011(6):119 - 126.

[11] 张宝珍.预测与健康管理技术的发展及应用[J].测控技术,2008,27(2):5 - 7.

3

关键技术

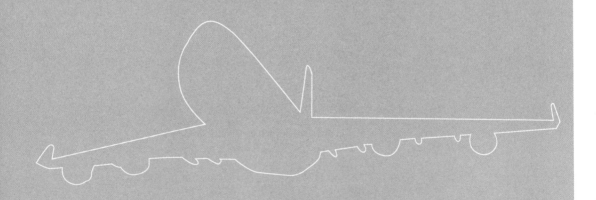

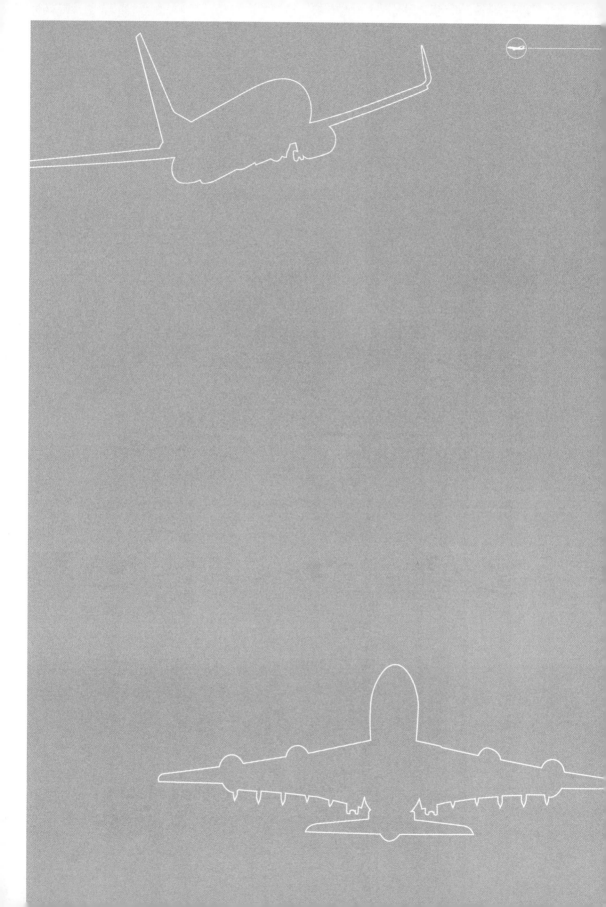

本章介绍了传感器与 BIT 技术、信号处理与状态监测技术、故障诊断技术、预测技术、健康评估与维修决策技术、故障缓解技术等健康管理关键技术，并给出了相应的应用实例。

3.1　传感器与 BIT 技术

3.1.1　传感器技术

传感器是能感受规定的被测量（包括物理量、化学量、生物量等），并按照一定的规律转换成可用信号的器件或装置，通常由敏感元件、转换元件和信号调节转换电路等部件组成，如图 3-1 所示。敏感元件是直接感受被测非电量，并按一定规律转换成与被测量有确定关系的其他量的器件；转换元件是将敏感元件感受到的非电量直接转换成电量的器件；信号调节转换电路则是把转换元件输出的电信号转换为便于显示、记录、处理和控制的有用电信号的电路，常用的电路有电桥、放大器、变阻器、振荡器等；辅助电路通常包括电源等。

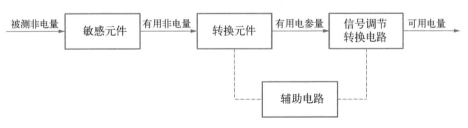

图 3-1　传感器基本组成

3.1.1.1　传感器分类

健康管理为一系列活动的有机构成，其使能技术包括传感器和数据检测技术、数据传输与接口技术、数据预处理技术、状态监测技术、健康评估和故障预测技术，信息融合技术和决策支持技术。其中，传感器是实现各项功能的基础。

在国外某型飞机的控制测量单上已确定了1 800个传感器,用来获取机上系统健康状态信息。在通常情况下,飞机系统出于自身尺寸等约束限制,要求传感器小、轻,能耗低,容易与机上预处理单元联网,能够适应飞机的工作条件和环境,不易受电磁干扰的影响,同时还要兼顾成本和可靠性。因此,先进传感器技术如光纤传感器、微机电传感器是飞机健康管理应用的热点。除此之外,传统的传感器技术也由于可靠性等原因占据着重要的地位。

(1) 热传感器:被测物理量包括温度(范围、周期、梯度、缓变率)、热通量、热消耗等。

(2) 机械传感器:被测物理量包括长度、区域、数量、速率或加速度、质量、流量、力、转矩、应力、张力、密度、硬度、强度、方向、压力、声学密度或声功率、声谱分布等。

(3) 湿度传感器:被测物理量包括相对湿度和绝对湿度。

(4) 生物传感器:被测物理量包括 pH 值、生物分子浓度、微生物等。

(5) 化学传感器:被测物理量包括化学形态、浓度、浓度梯度、反应、分子重量等。

(6) 光学传感器:被测物理量包括强度、相位、波长、极化率、反射率、透光率、折射率、距离、震动、振幅、频率等。

(7) 磁传感器:被测物理量包括磁场、磁通量密度、磁矩、渗透性、方向、距离、位置、流量等。

(8) 光纤传感器:被测量物理量包括航天器的氢燃料泄漏以及燃料储箱的应变和温度等。

(9) 微机电传感器:微机电传感器是一个系统,利用微制造技术将微传感器执行器、电源等集成到一个共用的硅片上。在有关飞机健康管理的报道中,微机电传感器主要用于航天器燃料泄漏监测、载人航天器中有害气体的监测以及航空器中的压力检测。

此外,虚拟传感器、无线传感器、压电传感器等也在飞机健康管理中得到应用。如基于小波神经网络的虚拟传感器提供了一种在多任务环境中并行处理多种信号的方法,在飞机故障诊断和预测系统中得到了应用;无线传感器主要应用于结构健康监控,用来解决传统传感器需要大量布线提供电力传输和数据通信的问题;压电传感器可以嵌入或粘贴在飞机结构表面监测结构应力变化,或用来监测发动机内部燃烧压力与真空度。

3.1.1.2　多传感器信息融合技术

多传感器信息融合技术也称为数据融合,是机器人、系统导航、柔性制造、故障诊断以及数字图像处理等领域的一个重要课题。近年来,无论在军用或民用领域,多传感器信息融合技术都已经成为全球的研究热点之一,是多学科、多部门、多领域所共同关心的高层次共性关键技术。

1) 概念

从应用的角度看,多传感器信息融合技术可以定义如下:通过对空间分布的多源信息用各种传感器进行时空采样,对所关心的目标进行检测、关联、跟踪、估计和综合等多级、多功能处理,以更高的精度、概率或置信度实现所需要达到的目标和状态,为指挥员提供有用的决策信息。

2) 基本原理

多传感器信息融合实际上是对人脑综合处理复杂问题的一种功能模拟,它的基本原理就是充分利用多传感器资源,通过合理支配和使用这些传感器及观测信息,将各种传感器在空间或时间上的冗余或互补信息依据某种准则组合起来,产生被测对象的一致性解释或描述。其目的是基于各传感器分离的观测信息,通过优化信息组合导出更多的有用信息,最终目标是利用多传感器联合的操作优势,提高整个传感器系统的有效性,消除单个或少量传感器的局限性。通过系统工作时的运动参数和状态参数等方面的数据信息,结合给定系统故障机理及失效分析,找出数据信息和故障元件之间的映射关系,然后对采集的数据进行融合,形成基于知识推理的多传感器信息融合故障诊断方法,从而准确诊断出故障元件。

3）多传感器信息融合故障诊断方法

当一个复杂系统运行时，传感器一般处于信息采集状态。当采集到的信息或数据不正常时，说明系统出现故障征兆。由于每种故障征兆都对应着故障空间中多种可能的故障，而故障空间中每种故障都可能引起多种故障征兆，因此为了提高故障诊断系统的可靠性，在确定具体的故障源时，需要融合各传感器的输出数据。多传感器信息融合技术就是对多传感器输出的数据进行并行处理，融合冗余数据的方法主要包括加权平均法、卡尔曼滤波法、贝叶斯评估法等。

3.1.1.3 多传感器信息融合技术在民机健康管理系统中的应用

1）民机传感器系统

民用客机装有多种传感器以测量各种运动参数和状态参数。这些参数可以完整地描述民用客机的健康状态等。获得这些参数后，可以根据评估准则进行状态异常判断，如果有异常，则进行故障报警。民用客机的传感器一般采用机械和电子相结合的机电产品，近年来随着激光和光纤技术的发展，激光陀螺、光纤陀螺也相继投入使用。

2）系统的主要特点

该系统根据诊断模型，综合各个传感器的信息分析出故障元件及故障原因，包括两级处理：一级处理是对各传感器的数据进行校准，以符合诊断的需要，主要是进行加权平均；二级处理是指对故障的推理诊断。

系统可以随时监测到系统的多种运行参数，如输出力、力矩、运行速度、位置等。当被检测参数超过设定阈值时，可以发出报警信号或停机，并能自动记录系统故障时的运行状态参数；利用多传感器信息融合技术，融合各种监测参数后，可以实现运行状态识别、典型故障诊断和安全保护。

系统对采集的信号进行预处理和剔噪，确保信号准确。通过实验选择合适的融合算法，通过知识推理对民机系统工作状态和故障进行正确识别和诊断。知识推理指根据民机健康管理系统的结构原理所确定的失效准则，通过分析得出的诊断知识和由此而确定的推理机制和诊断模型。民机健康管理系统的故障诊断不但可以提高整个系统运行的可靠性,而且可以提高系统的维修效率,对民机系统的完善和发展有着重要意义。在民机健康管理系统中运用多传感器信息融合技术,充分利用了民机系统本身的多种传感器进行动态监测,在不增加系统硬件成本的基础上,通过融合多传感器输出的不同信息,对系统运行状况进行综合判断,可以对民机系统大部分故障实现在线诊断;即使单个传感器出错,也不会影响健康管理系统最终的诊断结果,使系统故障诊断的可靠性大大提高。由于受到目前飞机硬件条件的限制(如机体空间有限、增加传感器困难),民机健康管理系统监测范围还不能覆盖所有可能产生的故障,对传感器不能感知到的信号还不能进行准确的故障在线监测和诊断。为了扩大故障监测范围,民机健康管理系统应在设计开发飞机系统时考虑在飞机关键部位适当增加传感器,以保证健康管理系统可以对飞机系统进行全方位的监测和故障诊断。

3.1.2　BIT 技术

BIT 技术是系统或设备内部提供的检测和隔离故障的自动测试能力,使系统主装备不用外部测试设备就能完成对系统、分系统或设备的功能检查、故障诊断和隔离以及性能测试,它是联机检测技术的新发展。

具体而言,BIT 技术对于设备有如下几方面的重要作用。

(1) 提高诊断能力。通过多层分布式的 BIT 设计,可以对芯片和电路板等实现故障检测、诊断和隔离自动化。

(2) 简化测试设备。在检测中应用 BIT,可以减少专用或通用测试设备,提高检测效率。

(3) 减少技术保障。应用 BIT 不仅可以减少技术人员检测数量,而且可以降低对操作人员的技术要求。

(4) 降低维修费用。应用 BIT 能快速和及时地发现故障,并采取维修措施,降低维修费用。

飞机 LRU 的 BIT 设计目的是提供快速而准确的故障原因诊断,并将检测到的故障上报给健康管理系统,通过 BIT 诊断将故障隔离至单个 LRU 或者范围尽可能小的模糊组,对于通过 BIT 诊断信息无法确定的故障,需要进行增强诊断或者依据 LRU 关联关系进行更高级别分析。

诊断技术建立的基础就是 BIT 诊断结果。诊断技术不仅可以单独利用 BIT 诊断信息确定故障,而且可以确诊 BIT 诊断信息无法确定的关联故障和增强诊断故障。

3.1.2.1 BIT 功能要求

飞机 BIT 包括状态检测、故障诊断、故障预测和故障决策四个方面内容。

1) 状态检测

设备状态检测是故障诊断的基础,状态信息获取的准确性与完备性直接影响 BIT 故障检测与诊断能力。状态检测包括制订 BIT 检测方案、确定被测信号和参数、选择传感器等。具体应考虑如下几个方面的问题。

(1) 准确地采集和测量被测对象的各种信号和参数,如功率、电压、电流、温度等。关键在于提高检测精度和简化检测方法,要针对不同测试对象,合理地应用各种新型智能传感器,从而减少体积和功耗,提高精度和稳定性,降低后端数据处理难度。

(2) 针对基于边界扫描机制的电路板日益增多的情况,侧重考虑基于边界扫描机制的智能电路板级的 BIT 检测方案。

(3) 对检测过程中得到的原始状态数据进行必要的滤波处理,减少由于噪声和干扰造成的 BIT 虚警。

(4) 在状态检测过程中,单个检测点得到的数据往往只能反映被测对象的部分信息,不同检测点的信息之间可能存在冲突,为了提高检测的有效性,可对不同检测点的信息进行融合处理。

(5) 采用智能传感技术、自适应滤波技术等获取和分析信息,以减少虚警,改进 BIT 的检测性能。

2）故障诊断

故障诊断根据掌握被测对象的故障模式和特征参量，结合检测得到的系统状态信息，判断被测对象是否处于故障状态，并找出故障部位和故障原因。近年来，故障诊断除了应用传统的故障诊断理论和方法外，智能故障诊断领域的研究成果、大多数相关理论和技术也都可以应用于 BIT 的故障诊断。

3）故障预测

故障预测包括故障的发展趋势和设备的剩余寿命等。其中，混沌理论、神经网络等在故障预测中都得到了广泛应用。

故障预测神经网络主要以两种方式实现预测功能：一种是以神经网络（如反向传播网）作为函数逼近器，对设备工况的某参数进行拟合预测；另一种是考虑输入与输出间的动态关系，用动态神经网络对过程或工况参数建立动态模型而进行故障预测。

动态神经网络预测是一个动态时序建模过程，人们已经提出了许多有效的网络结构，其中包括全连接网络以及各种具有局部信息反馈结构的网络模型等。这些网络的一个共同特点是其输出不仅取决于当前输入，而且依赖于网络过去的状态和网络本身的动态情况。这样，就可以利用设备中多个相关参数的历史数据判断并预测设备的状态，从而减少了因间歇故障引起虚警的概率。这是 BIT 故障预测技术得到重视的一个重要原因。

4）故障决策

故障决策就是在综合各方面情况的基础上，针对不同的故障源和故障特征，采用最优化的方法，提出最合理的维修方案、维护策略和处理措施。BIT 故障决策的主要依据是故障危害度分析，例如，飞机电源系统 BIT 决策的内容主要有降级运行、跳闸保护、余度供电等多种备选处理方案，决策的方式可分为现场决策和远程支持决策。

飞机 LRU 的 BIT 应该具备检测、报告、存储自身和从属设备硬件故障、软件故障、软件异常的能力，设计应该完成故障检测、故障存储和报告故障的功能。

（1）故障检测功能检测 LRU 关键特性参数，将检测到的故障实时报告给故障诊断系统。BIT 应该使用加电测试、连续测试和启动检测，存储并报告如下类型故障。

a. 内部故障：指示 LRU 已经失效并且需要更换和维修，此类故障与其他 LRU 无关。

b. 从属 LRU 故障：指示相同子系统的 LRU 之间的接口失效。从属 LRU 及自身不能直接上报信息，而是通过与之相连接的 LRU 报告自己的信息。该 LRU 即为从属 LRU。

c. 外部接口故障：LRU 的输入失效包括通信接口的数据丢失和数据合法性。此故障反映了不同子系统之间 LRU 关联的故障。

d. 服务告警：未报告给驾驶舱的异常情况的维护指示。此类故障属于潜在故障，当时不会对系统运行造成影响，但是如果不加以矫正，则随着系统运行时间增加，会逐渐演变成以上 3 种故障中的一种。

（2）故障存储功能将检测到的特性参数和故障信息存储在 LRU 内部，以便诊断和维护使用。这些存储的信息可以提供故障发生时更为详细的故障来源信息和影响该 LRU 的环境状况，使维护人员进行地面维护时大大减少排故时间，降低维护费用。

（3）BIT 必须具备周期性报告故障的功能，以便实时诊断和隔离故障设备。

3.1.2.2　BIT 的分类

民用客机机载系统的 BIT 的工作模式包括加电 BIT（power on BIT，POBIT）、周期 BIT（period BIT，PBIT）和启动 BIT（initiate BIT，IBIT），实现对内部故障、从属 LRU 故障、外部接口故障和服务告警的检测。

1）加电 BIT

接通电源时自动执行规定的测试程序。此类 BIT 必须在确定安全的情况下才能执行，需要完成对 LRU 处理器（包括 RAM、ROM、CPU 等）和外用设备、硬件和无须报告自身健康状态的从属设备的测试。此类 BIT 是所有类型

BIT 中覆盖率最高的,但是会中断系统运行,破坏系统运行的稳定性。所有回路都应该在加电测试过程中完成。

2)周期 BIT

PBIT 是周期性的、连续不间断地监测系统工作的 BIT。此类 BIT 在 CPU 执行任务的空闲时间间隔内运行相关测试,获取 LRU 硬件和软件的状态,用以检测硬件故障、外部接口故障、从属 LRU 故障和数据丢失。此类 BIT 不会破坏系统运行的稳定性。

3)启动 BIT

IBIT 是以规定的时间间隔周期性地启动,或者需要操作人员引入激励信号启动测试的 BIT。若加电 BIT 和周期 BIT 在检测和隔离故障时存在不足,则需要进行启动 BIT 测试,用以完善以上两类 BIT 无法完成的测试。此类 BIT 也可能破坏系统运行的稳定性。

3.1.2.3　BIT 提供的信息

由于设备的复杂性不尽相同,因此 BIT 的设计要求也不同。对于系统要求高的,BIT 测试功能强,测试内容范围广而且详细;对于系统要求低的,BIT 功能比较简单,所能提供的 BIT 信息内容也比较简单。

根据当前的技术水平,先进的 BIT 应该至少提供如下内容,并将内容上报给故障诊断系统。

1)状态监测和故障检测信息

在系统运行过程中,BIT 和其他监测电路监测系统健康状况,将相关特性参数通过数据传输链路上报给故障诊断系统。

2)故障发生时间信息

一般的 BIT 诊断都由计算机完成测试信息的分析处理功能,因此可以提供故障发生时间和第一次出现故障的时间。

3)故障发生次数和故障历史信息

能够提供第一次出现故障时间的 BIT,一般都装备有非易失存储器,用以存储故障发生次数和历史故障信息。

4）故障的影响级别信息

故障的影响级别分为如下 3 类：

（1）警告（warning）信息——表示要求立刻采取修正或补偿措施,此类信息是告警信息中最为严重的。

（2）注意/告诫（caution）信息——表示要求立即了解并采取补偿措施,其严重程度低于警告信息。

（3）提醒/提示（advisory）信息——指示某些异常工作情况,以便在适当的时候予以纠正。

5）特征参数的检测信息

一般的 BIT 都可以连续地或周期性地监测设备的重要参数。根据这些特征参数的变化,预测即将发生的故障,以便在故障发生之前采取必要的维护或维修措施。常见的特征参数有发动机的振动、温度和转速参数,导航信息,语音通信内容等。

3.1.2.4　BIT 与故障诊断技术的关系

BIT 在健康管理系统中属于成员级,其诊断结果只能满足健康管理系统成员级故障诊断的需要,对于系统和子系统之间有关联的 LRU 设备,仅仅凭借 BIT 诊断结果是无法确定故障根源的。

基于规则的故障诊断技术从成员级、区域级和飞机级三个层级描述独立 LRU 内部故障和关联 LRU 的关联故障,以实现故障的综合诊断,弥补并加强了 BIT 在健康管理系统中无法完成的诊断功能。

3.1.2.5　增强 BIT 技术

增强 BIT 技术包括综合 BIT 技术、信息增强 BIT 技术、维修经历 BIT 技术、自适应 BIT 技术、改进决断 BIT 技术以及重叠 BIT 技术等。国产航空电子系统目前只通过简单 BIT 设计对产品的功能和性能参数做简单的功能性判断,缺少增强 BIT 技术。

机载系统的增强 BIT 设计需要根据系统的健康管理和诊断需求,对比边界扫描等多种 BIT 技术,选取合适的增强 BIT 技术来实现。

3.1.2.6　BIT 设计功能要求

在一般情况下,BIT 应完成如下功能。

1) 关键性能监测

实时监控系统中关键的功能和性能特性参数,并随时报告给操作者。关键性能监测过程如图 3-2 所示。

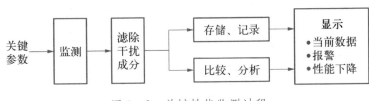

图 3-2　关键性能监测过程

2) 故障检测

检查系统或被测单元功能是否正常,检测到故障时给出相应的指示或报警。系统运行(飞行)过程中的故障如图 3-3(a)所示。测试的所有方法和设备应尽量简单,但应特别注意防止虚警设计。系统运行(飞行)前、后的故障检

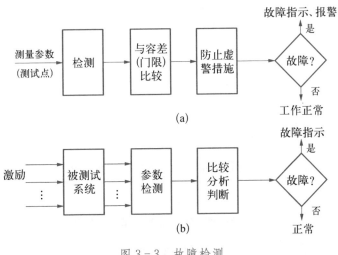

图 3-3　故障检测

测过程如图 3-3(b)所示。此时虚警问题不像飞行中那么严重,但要求的检测能力一般高于飞行中的 BIT。有时需要加入测试激励信号,还可能需要测试多个信号,进行综合分析才能判定故障。

3) 故障隔离

在检测或监测到故障后才启动故障隔离程序。用 BIT 进行故障隔离比性能监测和故障检测更为复杂,一般需要测量被测对象内部更多的参数,通过分析判断才能把故障隔离到存在故障的组成单元。如果各组成单元都设有检测故障的 BIT,则某个 BIT 检测到故障的同时就已把故障定位到该单元上了,可省去故障隔离程序,并可减少隔离判断错误,但这种方式增加了 BIT 资源配置。故障隔离过程如图 3-4 所示。

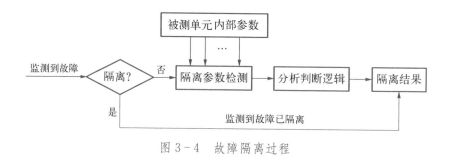

图 3-4　故障隔离过程

3.1.2.7　民机机载系统 BIT 设计

1) BIT 的内涵与设计目标

根据 BIT 应用规模大小的不同,可以将 BIT 的实现形式进一步分为 BITE 和机内测试系统(built-in test system, BITS)。BITE 是指完成机内测试功能的装置,可以识别硬件和软件。BITS 是完成机内测试功能的系统,由多个 BITE 组成,具有比 BITE 更强的能力。BITS 多采用分布集中式的综合测试系统形式。

BIT 设计必须与民机系统的任务功能和性能设计同时进行,目的是提高飞机自诊断能力,能方便有效地确定民机机载系统状态和隔离故障。

民机机载系统的 BIT 设计所要达到的目标如下所示。

（1）故障检测——自动检测民机机载系统是否发生故障。

（2）故障隔离——自动将故障隔离到 LRM 上，并提供增强诊断能力。

（3）虚警抑制——能够有效地抑制 BIT 虚警。

（4）状态监控——自动监测民机机载系统工作和健康状态的相关参数。

2）民机机载系统 BIT 设计分析

民机机载系统 BIT 设计的组成如表 3-1 所示。

表 3-1　民机机载系统 BIT 设计的组成

技术类型	基　本　说　明
综合 BIT	由若干分系统得到的 BIT 报告传递到更高一级的 BIT 系统进行分析，高一级的 BIT 系统采用智能化诊断推理模型进行综合判别
信息增强 BIT	BIT 的决断不仅取决于被测单元的内部信息，而且取决于外部提供的信息，如环境信息、状态信息等，从而使决断更加准确
维修经历 BIT	更好地利用被测单元的维修历史数据以及在执行任务期间 BIT 报告的顺序等信息，对每个被测单元和整个机队的单元的历史数据进行分析，运用基于规则的专家系统、大范围时序数据库、图形交互、自然语言输入和输出等人工智能技术，便可确定该单元的实际问题，从而更有效地确定间歇故障以及区分出间歇故障和虚警
自适应 BIT	采用模式分类和聚类分析原理，进行增强 BIT 设计，目前主要有模式识别类的 K 近邻法，以及有监督学习误差反向传播神经网络方法
改进决断 BIT	BIT 采用更可靠的决断规则做出决断。这些规则包括动态门限值、暂存监控和验证假设。动态门限值是指 BIT 系统根据外部信息实时改变门限值；暂存监控 BIT 通过转移到中间状态并及时监控被测单元过滤间歇故障和虚警；验证假设是指实时验证电源稳定性及其他环境因素对 BIT 的影响
重叠 BIT	重叠 BIT 利用冗余 BIT 单元提供自诊断能力，用于评估测试系统，将系统分成若干被测单元组进行单独测试，但各组之间的 BIT 有重叠。用这种方式来提高测试准确性，减少虚警
边界扫描 BIT	通过采用具有边界扫描功能的芯片，或者附加必要的外围电路，构成板级扫描链，实现对芯片和外围电路的全结构测试的一种扩展 BIT 技术

结合民机机载系统设计特点与健康管理和诊断需求，考虑采用的增强 BIT 技术如下所示。

（1）综合 BIT：在模块级设置综合 BIT，实现对模块内 BIT 的综合管理。

（2）信息增强 BIT：对于具有 CPU 处理环节的模块，利用温度监测数据辅助 BIT 诊断与判断，抑制虚警。

（3）改进决断 BIT：在模块内 BIT 设计中，采用多次重复、累加累减测试方式进行故障检测，抑制虚警。

（4）重叠 BIT：在 BIT 设计中，尽可能考虑重叠 BIT 设计原则，使系统的关键故障具有重叠 BIT 测试。

（5）边界扫描 BIT：对于具备边界扫描条件的模块，采用边界扫描技术进行故障检测。

3）民机机载系统 BIT 设计对象和 BITS 层次设计

民机机载系统的 BIT 的设计对象应包括机载系统的各个单元。根据民机机载系统特点和健康管理及 BIT 需求，将民机机载系统的 BIT 设计为 3 个层次，如图 3-5 所示。

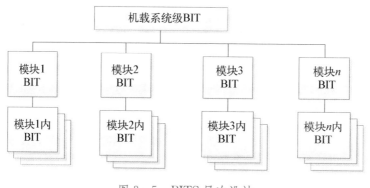

图 3-5　BITS 层次设计

其中，系统级 BIT 负责完成整个民机机载系统的诊断测试控制，各模块 BIT 负责完成模块内 BIT 的诊断测试控制。

3.1.3　应用实例

3.1.3.1　通用处理模块 BIT 设计

以民机机载系统中的通用处理模块（general processing module，GPM）为例,介绍模块级 BIT 的设计。GPM 主要承担数据处理与部分信号处理功能。其模块的结构组成如图 3-6 所示。

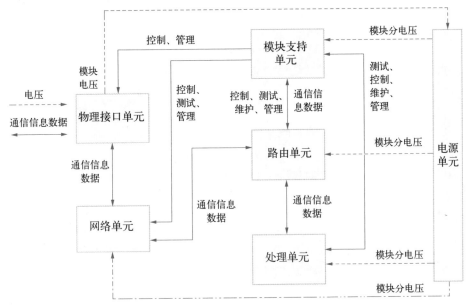

图 3-6　GPM 模块结构组成

3.1.3.2　GPM 模块内 BIT 设计

在 GPM 模块内设计 BIT 测试组成如表 3-2 所示。

表 3-2　**GPM 模块内 BIT 测试组成**

BIT 编号	BIT 名称	测　试　对　象	工　作　模　式		
			加电 BIT	周期 BIT	启动 BIT
GPM-BIT-01	CPU 指令测试	处理器	√		√
GPM-BIT-02	CPU 接口测试	处理器的接口	√		√
GPM-BIT-03	CPU 存储器测试	处理器的 FLASH,SDRAM,NvRAM	√		√
GPM-BIT-04	CPU 的看门狗测试	处理器		√	

BIT 编号	BIT 名称	测　试　对　象	工　作　模　式		
			加电 BIT	周期 BIT	启动 BIT
GPM‐BIT‐05	CPU 端口超时监测	CPU 与航空电子全双工交换式以太网（avionics full duplex switched ethernet, AFDX）端口之间的数据通信		√	
GPM‐BIT‐06	CPU 的温度监测	处理器		√	
GPM‐BIT‐25	RapidIO 接口测试	现场可编程门阵列（field programmable gate array, FPGA）、RapidIO 总线	√		√
GPM‐BIT‐26	心跳测试	GPM 模块		√	

各 BIT 的测试原理如下。

1）CPU 指令测试

对 CPU 的加、减、乘、除进行测试，防虚警设计措施为重复 3 次测试。

2）CPU 接口测试

对 CPU 的接口电路进行测试，接口电路包括 PCI‐E 接口、I2C 接口，测试原理就是由 CPU 向接口电路发送基准数据，然后接口反馈数据给 CPU 进行比较判断，防虚警设计措施为重复 3 次测试。

3）CPU 存储器测试

对于 RAM 类存储器，写入基准数据，然后读出基准数据，进行比较判断，防虚警设计措施为重复 3 次测试。

对于有预先数据的存储器，采用校验和方法进行比较判断，防虚警设计措施为重复 3 次测试。

4）CPU 的看门狗计时器测试

采用看门狗计时器，监控 CPU 工作状态。

5) CPU 端口超时监测

采用计时器,监测 CPU 与 AFDX 端口之间的数据通信。

在加电过程中,上述 BIT 的执行次序如下:

(1) CPU 指令测试。

(2) U 存储器测试。

(3) 接口测试。

(4) CPU 之间 RapidIO 互连测试。

6) CPU 的温度监测

采用温度传感器,监控 CPU 工作温度。

7) RapidIO 接口测试

CPU 向 RapidIO 发送基准数据,然后接口反馈数据给 CPU 进行比较判断,防虚警设计措施为重复 3 次测试。

8) 心跳测试

通过询问、应答 GPM 模块的方式进行测试,确认 GPM 模块是否正常工作,防虚警设计措施为重复 3 次测试,若无响应则认为故障。

3.1.3.3　GPM 模块级 BIT 设计

1) 模块级 BIT 形式与位置

GPM 模块 BIT 的模块级健康管理采用软件实现,BIT 软件运行于 GPM 模块内主工作 CPU 节点上。

2) 模块级 BIT 的工作模式设计

GPM 模块级 BIT 的工作模式包括 POBIT、PBIT、IBIT。下面对各 BIT 工作模式进行说明。

(1) POBIT 设计在 GPM 模块加电后,模块级 BIT 接收各具体 BIT 测试的结果,进行汇总处理,判断 GPM 模块是否故障,判断原则如下。

a. 若单个 CPU 指令测试、CPU 接口测试、CPU 存储器测试、RapidIO 测试的所有结果都不通过,则判定 GPM 模块内该 CPU 节点故障。

b. 如果两个 CPU 指令测试、CPU 接口测试、CPU 存储器测试、RapidIO 测试的所有测试结果都不通过,则判定 GPM 模块故障。

(2) PBIT 设计在 GPM 模块工作过程中,模块级 BIT 周期接收各具体 BIT 测试的结果,进行汇总处理,判断 GPM 模块是否故障,判断原则如下。

a. 看门狗计时器测试到异常后,模块级 BIT 进行记录,不直接判定 GPM 模块故障。

b. 温度监测发现温度超差后,进行超温报警,不直接判定 GPM 模块故障。

c. 当单个心跳机制测试结果不通过时,判定无响应的 GPM 模块内该 CPU 节点故障。

d. 当两个心跳机制测试结果都不通过时,判定无响应的 GPM 模块故障。

(3) IBIT 设计在 GPM 模块工作过程中,如果单 CPU 出现超温报警、看门狗计时器异常,则启动该 CPU 相关的测试,包括 CPU 指令测试、CPU 接口测试、CPU 存储器测试,如测试失败,则判定 GPM 模块内该 CPU 节点故障。

在 GPM 模块工作过程中,如果两个 CPU 都出现超温报警、看门狗计时器异常,则启动两个 CPU 相关的测试,包括 CPU 指令测试、CPU 接口测试、CPU 存储器测试,如测试失败,则判定 GPM 模块故障。

其他的 IBIT 可根据具体需要启动、执行。

1) 模块级 BIT 信息处理设计

GPM 模块级 BIT 在处理 BIT 信息后,在本地的非易失性存储器上进行记录,并上报给机载系统级 BIT,进行增强诊断处理。

2) 模块级 BIT 测试时间要求

(1) POBIT 故障检测时间不大于 60 s。

(2) PBIT 运行周期与系统工作周期相一致。

(3) IBIT 地面故障检测时间不大于 300 s,空中故障检测时间不大于 3 s。

3.2　信号处理与状态监测技术

通常直接利用传感器搜集的信号判断和评估飞机设备的状态是比较困难的,因此需要利用信号分析理论、振动理论、控制理论等理论方法对所搜集的原始信号进行信号处理、维数压缩、形式变换,去噪声和干扰,提取和选择故障特征信息,揭示被监测设备的真实状态。

3.2.1　信号预处理

1）信号调理

信号调理用于改善信噪比(signal to noise ratio,SNR),从初始数据中提取有用信息,可以用硬件或软件的方式实现。来自传感器的信号往往带有很严重的噪声,它们振幅小,有偏向,并且依赖于其他辅助参数(如温度)。此外,有的时候我们无法从信号中测量感兴趣的工程量的大小,只能从中测得与之相关的量的大小,因此需要进行信号调理。信号调理可使用电子电路实现,这些包括系统传感器的调理电路由标准的超大规模集成电路制造技术制成。

常见的传感器信号的实际问题之一是它对辅助参数(如温度)不敏感,通常在传感器电路中直接建立温度补偿电路或在信号调理阶段加入温度补偿措施。

最基本的改善SNR的技术是低通滤波技术,因为在通常情况下,噪声相对于可用信号占据的高频成分更多。

2）降噪和提取微弱信号

信号降噪是可靠地进行数据增强的重要步骤,并由此通过提高信噪比改善信号分析方法精度。传统的降噪方法需要获得一些信息,并提出一些可以将信号从噪声中分离出来的假设。小波理论作为一种降噪工具已经成功应用,并开发出了硬件和软件实现小波降噪的方法。3.2.2节将进一步讨论小波理论。当使用小波改善信噪比时,我们只需要知道目标信号所属类的集合,而不必知道精确类型。正交小波变换可以将信号能量压缩成若干个大系数,通过将白噪声的能量转换成较小系数,以将其与有用信号分离。软阈值和小波压缩降噪是两种比较流行的降噪方法。其他一些用于故障检测的信号降噪的应用包括电力系统自适应阈值降噪,用于检测旋翼疲劳裂缝的声发射信号降噪处理,依赖于残留信号降噪的战斗机结构故障检测,基于背景去噪处理的滚轴支座瞬态特征检测等。

在基于滤波器的传统降噪方法中,超出一定范围的频域分量通常设置为0,这样会导致覆盖宽频率范围信号的冲击分量信息丢失。基于小波的降噪方法只去除微小系数,冲击分量的信息在变换时表示成大系数,因此保留了下来。

3)振动信号压缩

随着诊断传感器的增加和采样速率的提高,从工业系统中获取的数据变得很庞大,并且在多数情况下很难处理。因此,对于故障诊断系统,特别是那些需要实时运行或基于互联网远程技术的系统,数据压缩是非常必要的。小波分析最为成功的应用之一是数据压缩,它可以处理一维信号和二维信号的压缩。

数据压缩和解压缩任务一般包括 5 个主要步骤:变换、阈值化、量化和编码、解码、重构。压缩性能由两个指标评价:一个指标是压缩率定义为原始数据与压缩后数据的字节数之比;另一个指标是归一化均方误差,定义为

$$MSE(x) = \frac{100}{N\sigma^2} \sum_{i=1}^{N} (x_i - \hat{x}_i)^2 \qquad (3.1)$$

式中:σ 为 $x(t)$ 的标准差;N 为信号的样本数。

最高压缩率为 10～20 的机械振动信号压缩、电动机轴承变换信号压缩、用于存储的变速箱振动频谱压缩都是基于小波理论压缩技术的应用实例。

实践证明,小波压缩技术处理非平稳信号更加有效。一个更加简洁的基小波(母小波)和由此得到的不平滑小波函数更加适合处理非平稳和不对称信号。

和小波用于降噪一样,因为信号中的奇异点不会丢失,所以使得基于小波的压缩技术相对于其他基于频域变换的技术有更好的压缩性能。

4) 同步时间均值

来自转动设备(如变速箱)的振动信号调理可能涉及一系列信号修正,它们基于采集数据的单位和使用的放大器,并且用平均值来代替同步时间求平均和滤波。这里重点介绍信号的时间求平均,这是因为大多数现有的传输系统数据分析技术都基于振动信号的同步时间均值。假设可获得一个脉冲信号,它与指示一次旋转开始的齿轮转动是同步的,将很多圈的旋转求总体均值,得到一个相当于一次旋转的平均数据片段。同步时间均值技术可以增强振动频率,振动频率是转轴频率的复合;而在很多情况下,在对其他成分(如随机振动和外部干扰)求平均后,同步时间均值主要是与齿轮齿的啮合有关的振动量。经过平均后,数据的结果反映了一个齿轮在时间域上经过一个完整旋转周期的振动特性和各齿轮齿产生的振动之间的差异。通过直接检验的时间平均,可以超前检验齿轮齿的局部损坏。

因为一次传输过程的角速度即使在正常操作下也会有轻微的改变,因此在固定采样频率下,一次旋转的数据样本数是不同的。为了保证每次旋转采集得到的样本数相同,在求总体平均前需要对数据做插值。插值将振动信号从时域变换到角度域,并且重新将采样频率定义为角位移的函数,而不是时间的函数。

3.2.2 特征提取与信号处理

特征提取利用各种信号处理技术提取能够揭示被监测设备真实状态的特征信息。如果不能检测和处理反映设备状态的信息,则不能提取各种特征,故障诊断就无法进行。所提取的特征信号分辨率不高将给诊断工作带来很大困难。因此,传感技术和计算机技术是故障诊断的支撑技术,特征提取与信号处理是故障诊断的基本方法。目前,在振动信号的分析处理方面,除了以傅里叶变换为核心的传统方法,如相关分析、相干分析、频谱分析等外,也涌现了许多现代信号处理方法并得到了应用,如短时傅里叶变换、Wigner‐Vile 时频分布、小波变换等,而且信号处理技术还在不断发展。

3.2.2.1　频域特征提取

在很多情况下,特别是对于飞机的旋转设备,被测时间信号(如振动)的频谱包含了大量对诊断有用的信息。例如一个旋转设备可能有一个 120 Hz 的基本旋转频率和三叶式风扇造成的 360 Hz 的分量,以及 12 齿的齿轮造成的 1 440 Hz 的分量。当某个齿轮损坏时,可能造成 1 440 Hz 分量大幅增加。因此,提取频谱特征用于旋转机械的故障诊断是最常用的方法。

1) 离散傅里叶变换

时间信号的频谱可以用离散傅里叶变换(discrete Fourier transform, DFT)简单地计算出来。给定一个 N 点的时间序列 $x(n)$,其 DFT 定义为

$$X(k) = \sum_{n=1}^{N} x(n) \mathrm{e}^{-j2\pi(k-1)(n-1)/N} \quad k = 1, 2, \cdots, N \qquad (3.2)$$

DFT 反变换定义为

$$x(n) = \frac{1}{N} \sum_{k=1}^{N} X(k) \mathrm{e}^{-j2\pi(k-1)(n-1)/N} \quad n = 1, 2, \cdots, N \qquad (3.3)$$

对离散有限数列做傅里叶变换将带来许多新的概念和问题,对故障诊断中的信号处理十分重要,本节对此简要介绍。不同信号的 DFT 图解如图 3‐7 所示。

设连续信号 $x(t)$ 的频谱为 $X(f)$,有

$$X(f) = \int_{-\infty}^{\infty} x(t) \mathrm{e}^{-j2\pi ft} \mathrm{d}t \qquad (3.4)$$

当 $x(t)$ 为无限时域上的连续信号时,$X(f)$ 为无限频域上的非周期连续信号,如图 3‐7(a)所示。

设有一单位脉冲采样函数 $\Delta_0(t)$,采样间隔为 Δt,则可表达为

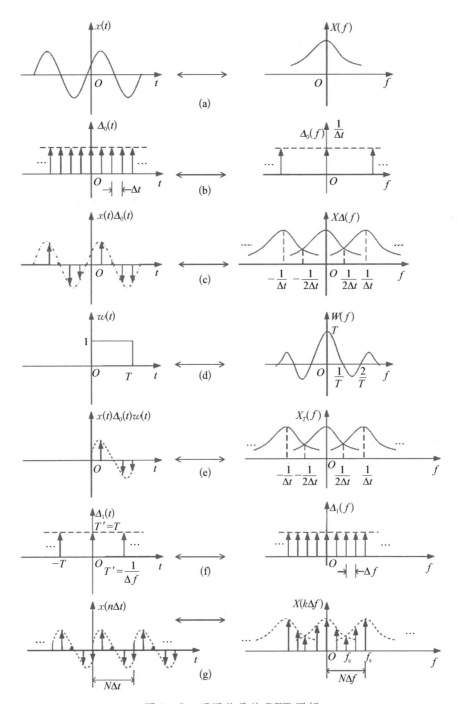

图 3-7　不同信号的 DFT 图解

$$\Delta_0(t) = \sum_{n=-\infty}^{\infty} \delta(t - n\Delta t) \tag{3.5}$$

$\Delta_0(t)$ 的傅里叶变换为

$$\Delta_0(f) = \frac{1}{\Delta t} \sum_{k=-\infty}^{\infty} \delta\left(f - \frac{k}{\Delta t}\right) \tag{3.6}$$

如图 3-7(b)所示。

对于 $x(t)$ 的离散采集就意味着 $x(t) \times \Delta_0(t)$。根据傅里叶变换的性质可知,时域上两信号相乘相当于频域上对应信号的卷积,即

$$X_\Delta(f) = X(f) * \Delta_0(f) = \Delta t \sum_{n=-\infty}^{\infty} x(n\Delta t) e^{-j2\pi f n\Delta t} \tag{3.7}$$

卷积函数是频率 f 的周期函数,其周期为 $\dfrac{1}{\Delta(t)}$。这就意味着,时域信号的离散采样必然会造成频域信号延拓成周期函数,使频谱图形发生混叠效应,如图 3-7(c)所示。

可以证明,若一个函数在一个域(时域或频域)内具有周期性,则在另一个域(频域或时域)内必为离散变量的函数;反之,若一个函数在一个域内是离散的,则在另一域中必定具有周期性,而且周期等于原域中两相邻离散量间隔的倒数。

在进行数字计算时,我们只能对有限长的离散样本数列 $\{x_n\}(n=1,2,\cdots,N)$ 进行有限离散傅里叶变换,即必须截断时域信号,这就意味着用一个高度为 1、宽度 $T = N\Delta t$ 的矩形时间窗函数 $\omega(t)$ 乘以原序列,因而引起信息损失,使窗外的信息损失掉。矩形时间窗函数为

$$\omega(t) = \begin{cases} 1, & t \leqslant T \\ 0, & \text{其他情况} \end{cases} \tag{3.8}$$

$\omega(t)$ 经傅里叶变换后的频谱为

$$W(f) = T \frac{\sin \pi fT}{\pi fT} \tag{3.9}$$

如图 3 - 7(d)所示。

由于 $\omega(t)$ 是有限宽度的窗函数,故 $W(t)$ 与 $X_\Delta(f)$ 卷积 $[X_\Gamma(f) = W(f) * X_\Delta(f)]$ 后会出现小的波纹,这就是所谓的吉布斯现象。产生吉布斯现象的原因是在时域信号截断的地方出现了间断点,矩形窗的旁瓣在与原函数的频谱进行卷积时引入了新的频率分量,从而引起频域信号的波纹,如图 3 - 7(e)所示,使一部分能量泄漏到相邻的频率区域,造成频谱的谱峰模糊,甚至移位,并使原来真正的频带稍有变宽。

在利用计算机计算时,还必须用频率采样函数 $\Delta_1(f)$ 把频域函数离散化,频率采样的间隔为 Δf,$\Delta_1(f)$ 的逆傅里叶变换为 $\Delta_1(t)$,如图 3 - 7(f)所示。当时域信号 $x(t)$ 的采样点数与其傅里叶变换 $X(f)$ 的采样点数均为 N 时,必存在下列关系:

$$\begin{cases} \Delta f = \dfrac{1}{T'} = \dfrac{1}{T} = \dfrac{1}{N\Delta t} \\[3mm] \Delta t = \dfrac{1}{f_s} = \dfrac{1}{2f_c} = \dfrac{1}{N\Delta f} \end{cases} \tag{3.10}$$

对频域信号的离散采样必然造成时域信号延拓成周期函数,如图 3 - 7(g)所示。对于离散傅里叶变换,相当于将原时域信号和频域信号都变成周期序列了,其周期分别为 $N\Delta t$ 和 $N\Delta f$,采样点数都是 N(有时也称 N 为周期)。从上述周期序列中各取出其基本周期来,就得到两个有限长度的序列 $x(n\Delta t)$ 和 $X(k\Delta f)$,它们形成对偶的离散傅里叶变换关系。由式(3.4)和式(3.10)不难推得离散傅里叶正变换的公式为

$$X(k\Delta f) = \Delta t \sum_{n=0}^{N-1} x(n\Delta t) e^{-j\frac{2\pi}{N}nk} \quad k = 0, 1, 2, \cdots, N-1 \tag{3.11}$$

离散傅里叶逆变换公式为

$$x(n\Delta t) = \Delta f \sum_{k=0}^{N-1} X(k\Delta f) e^{j\frac{2\pi}{N}nk} \quad n = 0, 1, 2, \cdots, N-1 \quad (3.12)$$

在进行离散傅里叶变换计算时,常省略 Δt 和 Δf,而把式(3.11)和式(3.12)改写成如下形式。

$$\begin{cases} X_k = \sum_{n=0}^{N-1} x_n W_N^{nk} \quad k = 0, 1, 2, \cdots, N-1 \\ x_n = \frac{1}{N} \sum_{n=0}^{N-1} X_k W_N^{-nk} \quad n = 0, 1, 2, \cdots, N-1 \end{cases} \quad (3.13)$$

式中:$W_N = e^{-j\frac{2\pi}{N}}$。这也就是快速傅里叶变换(fast Fourier transform,FFT)的计算公式。

综上所述,抑制因截断而引起的泄漏效应的途径有以下两种。

(1) 选定合适的采样长度 $T = N\Delta t$。对于周期性随机或确定的周期函数,应使 T 精确地等于信号基本周期 T_0 的整数倍 mT_0,这时不会产生新的频率分量,只会使幅值的大小有所改变。

(2) 选用合适的窗函数。

窗口宽度和窗口形状决定了窗函数的特征,对窗函数总的要求如下:

(1) 尽可能减小窗函数 $\omega(t)$ 频谱主瓣的宽度。

(2) 尽可能增大窗函数主瓣高度与旁瓣高度之比,压低旁瓣,特别是负旁瓣的大小,并使旁瓣衰减得越快越好。

2) 细化快速傅里叶变换

前文介绍的 DFT 是在整个采样频率 f_s 范围内对 N 个采样点进行的变换,通常称为基带傅里叶变换。对于这种变换,f_s 和 N 一经选定,频率分辨率 Δf 就随之固定下来。欲提高频率分辨率需降低 f_s 或者增大 N。但降低 f_s 会降低分析结果的可用频率上限,丢失高频数据;而增大 N 会使计算量按 $N\log_2 N$ 的规律增加,特别是对专用 FFT 硬件,一旦制成,其可处理的最大点数即已固定,并不可随意增大。故此,就引出了细化快速傅里叶变换(ZOOM -

FFT)分析方法。

ZOOM‑FFT 用于在保持 N 不变,又不丢失高频数据的条件下,采用局部放大的办法提高傅里叶变换结果的频率分辨率,通常对需要进行细化的某频段进行。ZOOM‑FFT 计算方法有很多种,下面介绍可选频带傅里叶变换分析的概念。如图 3‑8 所示,其中(a)是基带傅里叶变换分析得到的原始频谱,(b)是对 $[f_1, f_a]$ 频段进行细化的频谱,这个频段内的谱线点数增多了 D 倍,两幅图的频率刻度是不一样的。

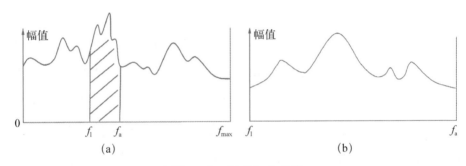

图 3‑8 频率细化频谱

(a)原始频谱 (b)细化频谱

D 称为细化因子,即希望谱线加密的倍率。如果原始频谱和细化频谱用同一套 FFT 部件完成,则它们的点数一样。因此在被扩展的频段内,原始频谱的谱线数只有 N/D;而细化频谱的谱线间距缩小了 D 倍,故频率分辨率提高了 D 倍。一般只指定欲扩展频段的下限频率 f_1,而上界频率 f_a 由细化倍频决定,其分析流程如图 3‑9 所示。

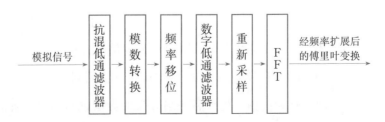

图 3‑9 可选频带傅里叶变换分析流程

一般认为 ZOOM - FFT 主要适用于如下场合。

（1）信号包含大量谐波的信号时，例如齿轮箱故障诊断用的振动信号。

（2）需要改进弱阻尼、频响函数的分析结果，以便获得准确的谱峰及其对应的频率值时。

（3）信号相位谱的斜度有时很陡，而试验任务书中规定要确定其细节时。

（4）对于比较低的频率调制信号，所产生的边带间距等于调制频率，又要分清细节时。

3.2.2.2　小波变换信号处理

小波变换（wavelet transform，WT）是 20 世纪 80 年代末发展起来的新兴学科。1981 年，法国地质物理学家 Morlet 在分析地质数据时基于群论首先提出了小波分析这一概念。1985 年，法国数学家 Meyer 首次提出光滑的小波正交基，后称为 Meyer 基，为小波理论做出了重要贡献。由于 WT 成功地实现了时频局部化，而且具有快速简捷的算法，因此它一出现就引起了各个研究领域的注意，并成为信号处理的强有力工具。后来，信号分析专家 Mallat 提出了多分辨分析的概念，给出了构造正交小波基的一般方法，以多分辨分析为基础提出了著名的快速小波算法——Mallat 算法，该算法的提出宣告小波从理论研究走向宽广的应用研究，它在图像处理和压缩、信号检测和重构、通信等领域都有着广泛的应用。

在故障诊断、机械制造和自动控制等领域，经常需要对系统反馈的信号进行分析，以找到系统内部的故障。但系统反馈的信号往往带有较大的噪声，这给故障信号的提取带来了困难。而且故障信号多是突变信号，由于传统的傅里叶分析在时域内不能局部化，因此难以检测到突变信号。由于小波分析可在时-频域局部化，而且时窗和频窗的宽度可调节，故可检测到突变信号。因此，WT 成为飞机健康管理系统信号处理领域最高效的方法，被誉为"分析信号的数学显微镜"。

1) WT 的定义

给定一个基本函数 $\boldsymbol{\Psi}$,令

$$\boldsymbol{\Psi}_{a,b}(t) = \frac{1}{\sqrt{a}}\boldsymbol{\Psi}\left(\frac{t-b}{a}\right) \tag{3.14}$$

式中：a,b 均为常数,且 $a > 0$。

显然,$\boldsymbol{\Psi}_{a,b}(t)$ 是基本函数 $\boldsymbol{\Psi}(t)$ 先位移再伸缩以后得到的。若 a,b 不断地变化,则可得到一族函数 $\boldsymbol{\Psi}_{a,b}(t)$。给定平方可积的信号 $x(t)$,即 $x(t) \in L^2(R)$,则 $x(t)$ 的 WT 定义为

$$WT_x(a,b) = \frac{1}{\sqrt{a}}\int_{-\infty}^{\infty} x(t)\boldsymbol{\Psi}^*\left(\frac{t-b}{a}\right)\mathrm{d}t = \int_{-\infty}^{\infty} x(t)\boldsymbol{\Psi}_{a,b}^*(t)\mathrm{d}t$$

$$= [x(t),\boldsymbol{\Psi}_{a,b}(t)] \tag{3.15}$$

式中：a,b 和 t 均为连续变量。因此该式又称为连续小波变换。

信号 $x(t)$ WT 的函数 $WT_x(a,b)$ 是 a 和 b 的函数,b 是时移,a 是尺度因子。$\boldsymbol{\Psi}(t)$ 又称为基小波,或母小波。$\boldsymbol{\Psi}_{a,b}(t)$ 是基小波经位移和伸缩产生的一族函数,称为小波基函数,简称小波基。

在式(3.14)中,b 的作用是确定 $x(t)$ 分析的时间位置,即时间中心。尺度因子 a 的作用是把基小波 $\boldsymbol{\Psi}(t)$ 做伸缩。当 $\boldsymbol{\Psi}(t)$ 变成 $\boldsymbol{\Psi}\left(\dfrac{t}{a}\right)$ 时,若 $a > 1$,则 a 越大,$\boldsymbol{\Psi}\left(\dfrac{t}{a}\right)$ 的时域支撑范围(即时域宽度)较之 $\boldsymbol{\Psi}(t)$ 就越宽;反之,若 $a < 1$,则 a 越小,$\boldsymbol{\Psi}\left(\dfrac{t}{a}\right)$ 的时域宽度越窄。这样,a 和 b 联合起来确定了 $x(t)$ 分析的中心位置及分析的时间宽度,如图 3-10 所示。

这样式(3.15)的 WT 可理解为用一族分析宽度不断变化的基函数对 $x(t)$ 做分析,这一变化正好适应了当我们分析信号时,不同频率范围需要不同的分辨率这一基本要求。

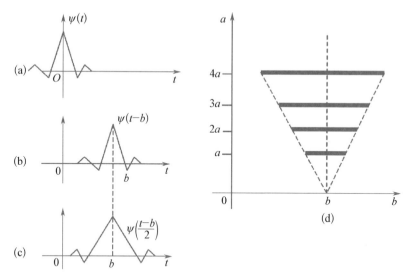

图 3-10 基小波的伸缩及参数 a 和 b 对分析范围的控制

(a)基小波 (b)$b>0,a=1$ (c)b 不变,$a=2$ (d)分析范围

2)WT 的特点

WT 具有如下特点:

(1) 多分辨率,也称为多尺度,可以由粗及精地逐步观察信号。

(2) WT 也可以看成基本频率特性为 $\Psi(\omega)$ 的带通滤波器在不同尺度下对信号进行滤波,由于傅里叶变换的尺度特性:$\Psi\left(\dfrac{t}{a}\right)$ 的频谱为 $a\Psi(a\omega)$,故这组滤波器不论 a 为何值$(a>0)$,$\Psi\left(\dfrac{t}{a}\right)$ 始终保持和 $\Psi(t)$ 具有相同的品质因数。

(3) 适当选择基小波,使 $\Psi(t)$ 在时域上为有限支撑,$\Psi(\omega)$ 在频域上也比较集中,便可以使 WT 在时、频两域都具有表征信号局部特性的能力,有利于检测信号的瞬态或奇异点。

3)多分辨率小波分析及 Mallat 算法

多分辨率分析可以用分解树表示,以三层分解树为例,其分解结构如图 3-11 所示。将原始信号空间分解为低频和高频两部分,然后仅对低频部分继续进行分解,而高频部分则不再分解。随着分解层次的增加,信号的细节将逐渐呈现出来。

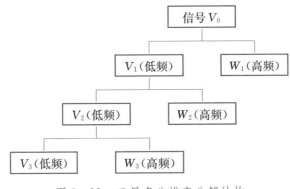

图 3-11　三层多分辨率分解结构

以正交滤波器组为例,进一步说明多分辨率的概念。当信号 x 的采样率满足 Nyquist 条件时,归一化频带将限制在$[-\pi, \pi]$之间。将信号的正频率部分分别用理想低通滤波器 H_0 和理想高通滤波器 H_1 分解成频带在$[0, \pi/2]$的低频部分和频带在$[\pi/2, \pi]$的高频部分。因为处理后的两路信号的频带不相交,所以它们必定正交,故将滤波器 H_0 和 H_1 称为正交滤波器组。此外,由于滤波器 H_0 和 H_1 的输出信号的带宽均减半,因此采样速率也可以减半而不至于引起信息丢失。图 3-12 给出了用正交滤波器组分解信号 x 的过程。

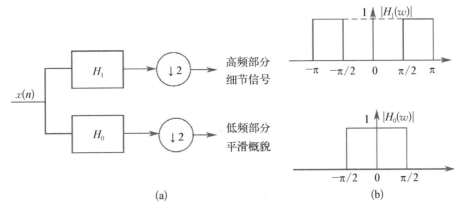

图 3-12　用正交滤波器组分解信号 x 的过程

图中用采样符号(↓2)表示"二抽一"环节,即每隔一个样本抽样一次,组成长度缩短一半的新样本。对于低频部分可按类似的过程继续分解下去:每一级分解把该级输入信号分解成低频部分和高频部分,而且各级滤波器是一致的,滤波器的输出采样率也都可以减半。这样就可以对原始信号 x 进行多分辨率分析。

WT 是对给定的信号做"尺度-位移"分析,是时-频分析的另一种形式。实际上,小波的"尺度-位移"分析是由多分辨率分解实现的,即 WT 最后归结为树状滤波器组的问题。

Mallat 从函数的多分辨率分解概念出发,建立了在空间二剖分情况下,多分辨分解与 WT 之间的关系,并解除了分解和重构滤波器为理想滤波器的约束。把空间逐级二分解,产生一组逐级包含的子空间,即

$$\cdots, V_0 = V_1 \oplus W_1, \ V_1 = V_2 \oplus W_2, \ \cdots, \ V_j = V_{j+1} \oplus W_{j+1}, \ \cdots \quad (3.16)$$

式中: $j \in Z$, j 值越小空间越大。

对于子空间 V_0 ,若存在低通函数 $\phi(t)$,其整数位移集合 $\{\phi(t-k), k \in Z\}$ 构成 V_0 中的正交归一基,则 $\phi(t)$ 称为尺度函数,且 $\phi_{jk}(t) = 2^{-j/2} \phi(2^{-j/2} t - k)$ 必是 V_j 中的正交归一基。

若在子空间 W_0 中能找到一个带通函数 $\Psi(t)$,使 $\{\Psi(t-k), k \in Z\}$ 是 W_0 中的正交归一基,则 $\Psi_{jk}(t) = 2^{-j/2} \Psi(2^{-j/2} t - k)$ 将是 W_j 中的正交归一基,称 $\Psi(t)$ 为小波函数。

在多分辨率分析的基础上,可通过滤波器组实现信号的 WT。令 $a_j(k)$ 、 $d_j(k)$ 为多分辨率分析中的低频概貌和高频细节,则 $a_j(k)$ 、 $d_j(k)$ 存在如下递推关系。

$$a_{j+1}(k) = \sum_{n=-\infty}^{\infty} a_j(n) h_0(n-2k) \quad (3.17)$$

$$d_{j+1}(k) = \sum_{n=-\infty}^{\infty} a_j(n) h_1(n-2k) \quad (3.18)$$

式中: $h_0(k)$ 、 $h_1(k)$ 为满足如下二尺度差分方程的两个滤波器,即

$$\phi\left(\frac{t}{2^j}\right) = \sqrt{2}\sum_{k=-\infty}^{\infty} h_0(k)\phi\left(\frac{t}{2^{j-1}} - k\right) \tag{3.19}$$

$$\Psi\left(\frac{t}{2^j}\right) = \sqrt{2}\sum_{k=-\infty}^{\infty} h_1(k)\phi\left(\frac{t}{2^{j-1}} - k\right) \tag{3.20}$$

且有

$$h_0(k) = \langle \phi_{1,0}, \phi_{0,k}(t)\rangle \tag{3.21}$$

$$h_1(k) = \langle \Psi_{1,0}, \phi_{0,k}(t)\rangle \tag{3.22}$$

即 $h_0(k)$ 和 $h_1(k)$ 与 j 无关,它对任意两个相邻级中的 ϕ 和 Ψ 的关系都适用。

图 3-13 为 Mallat 算法的计算过程,其中 $d_j(k)=WT_x(2^j, k)$,也即二进栅格上的 WT 的快速实现。

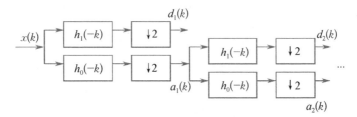

图 3-13　WT 的快速实现

信号的重建问题也即小波反变换,如下所示。

若 $a_{j+1}(k)$、$d_{j+1}(k)$ 按式(3.17)得到,则 $a_j(k)$ 可由下式重建

$$a_j(k) = \sum_{n=-\infty}^{\infty} a_{j+1}(k)h_0(k-2n) + \sum_{n=-\infty}^{\infty} d_{j+1}(k)h_1(k-2n) \tag{3.23}$$

整个信号重建过程如图 3-14 所示。

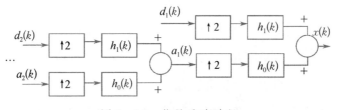

图 3-14　信号重建过程

它正好是图 3-13 的逆过程,区别是在分解的过程中,h_0 和 h_1 要先翻转,而在重建过程中,h_0、h_1 不再翻转;在分解过程中存在二抽取,而在重建过程中存在二插值。

3.2.3 信息融合与状态监测

民用客机作为复杂系统,由多个子系统作为元素组合而成,在功能上,系统的输出与输入之间存在着由构造所决定的一般并非严格的定量或逻辑的因果关系。例如一台大型汽轮发电机组由汽轮机、发电机、转子系统、汽缸系统、定子系统、支撑系统、基础系统、真空系统、调节系统、供油系统等许多分系统组成,而每一分系统又由许多子分系统或部件组成,这些分系统之间在构造上和功能上都存在众多联系和耦合作用,随着工况的变化(如转速、负荷等),系统的输入与输出之间的关系也随之发生变化。这就是进行故障诊断所面向的物理对象。

3.2.3.1 信息融合技术在健康管理系统中的应用

信息融合是 20 世纪 80 年代形成和发展起来的一种智能信息综合处理技术。它能充分利用多源信息在空间和时间上的冗余性与互补性以及计算机对信息的高速运算处理能力,获得监控对象更准确、更合理的解释或描述。本节在对信息融合的相关概念进行阐述的基础上,主要介绍信息融合技术在健康管理系统中应用的原理和方法。

1) 健康管理系统结构特点

从系统论的观点出发,设备是由有限个元素通过各种联系构成的多层次系统,包括设备级、分系统级、部件级、功能级等层次;联系可以分成四大类:结构类、功能类、故障状态类、传感器测点类,组成了一个多维的层次子网络。

(1) 结构类层次子网络:按结构的组成关系,按设备级、分系统级、部件级、元件级的层次,组成一个层次子网络。

(2) 功能类层次子网络:按设备功能级、分系统功能级、部件功能级、元件功能级的层次,按它们间正常工作的技术指标、技术条件、参数、工作过程、输入输出及工作性能等关系组成一个层次子网络。

(3) 故障类层次子网络:按设备故障级、分系统故障级、部件故障级、元件故障级的层次,按各自故障模式组成一个层次子网络。

(4) 传感器测点层次子网络:传感器测点分布在整个设备的各个部位,监测其振动、温度、压力、应力等参数,分别对应设备结构上的各部位,也对应不同层次的各种故障。

针对民用客机系统的上述高复杂性、多层级特点,可以将信息融合技术应用到健康管理系统的状态监测、故障诊断等功能模块中。

2) 信息融合技术应用方式

根据国内外研究成果,可将信息融合定义如下:将来自不同用途、不同时间、不同空间的信息,通过计算机技术在一定准则下自动分析和综合,形成统一的特征表达信息,以使系统获得比单一信息源更准确、更完整的估计和判决。

从上述定义可以看出,信息融合是一个多级别、多层次的智能化信息处理过程。飞机健康管理系统的多传感器系统是信息融合的硬件基础,多源信息是信息融合的加工对象,协调优化和综合处理是信息融合的核心。

信息融合按其结构形式可分为集中式、分布式和混合式三类。

(1) 集中式是将各传感器的原始数据和经过预处理的数据全部送至融合中心进行融合处理,然后再得到融合结果,如图 3-15 所示。集中式结构的优点是信息损失小,处理精度高;缺点是数据关联比较困难,计算量大,系统的实时性比较差。

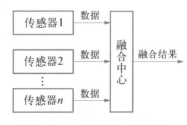

图 3-15　集中式融合过程

(2) 分布式结构的特点是每个传感器的数据在进入融合中心以前,先由自己的数据处理器产生局部结果,然后把它们送到融合中心合成,以形成全局估计,融合过程如图 3-16 所示。分布式结构的优点是计算量小,实时性好,便于工程实现;缺点是处理精度较集中式低。

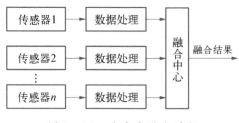

图 3-16　分布式融合过程

(3) 混合式是以上两种形式的组合,如图 3-17 所示。

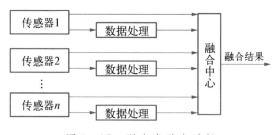

图 3-17　混合式融合过程

混合式融合的特点是传感器一方面将各自的数据送至融合中心进行融合,另一方面又各自单独进行数据处理,再将结果送至融合中心进行融合。

以上三种融合形式各有其优点和缺点。一般来说,集中式多用于同类传感器的数据融合,分布式和混合式则适用于不同类型传感器的数据融合,具体采用什么样的融合结构,应视具体系统而定,有时也可以混合采用这些结构。

按信息的抽象程度,信息融合可以分为三个层次:决策层融合、特征层融合和数据层融合。

(1) 决策层融合结构如图 3-18 所示。决策层融合是由各个传感器单独进行特征提取和属性判断,然后将各自的判断结果送入融合中心进行融合判断的过程。采用这种结构的优点是计算量小,相容性好,实现起来方便灵活。

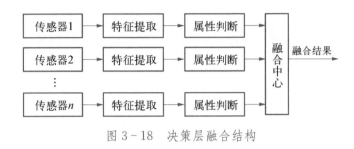

图 3-18　决策层融合结构

（2）特征层融合是指各传感器独立地进行特征提取,融合中心则联合所有的特征向量做出判决。特征层融合结构如图 3-19 所示。这种结构的关键是抽取一致的有用特征向量,排除无用甚至矛盾的信息,其数据量和计算量属中等。

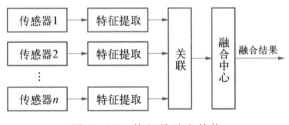

图 3-19　特征层融合结构

（3）数据层融合是指直接融合各传感器的原始数据,然后进行特征提取和故障判断。这种结构的信息损失最小,但计算量大,冗余度高。

按信息融合的方法可将其分为基于系统数学模型的方法和基于知识的方法两大类。基于系统数学模型的方法主要有贝叶斯统计理论、数据关联理论、多假设方法等;基于知识的方法有模糊推理、神经网络等。

信息融合作为一种信息综合和处理技术,实际上是许多相关学科技术和方法的集成与应用。它涉及信号检测、数据处理、数据通信、模式识别、决策理论、估计理论、最优化理论、人工智能、计算机技术等诸多领域。在飞机故障诊断与健康管理领域,常用的信息融合方法有基于 D-S 证据推理的融合方法、基于人工智能的融合方法、神经网络融合方法、基于模糊逻辑的融合方法等。

（1）基于 D-S 证据推理的融合方法。在设备诊断问题中，若干可能的故障会产生一些症状，每个症状下各故障都可能有一定的发生概率。融合各症状信息以求得各故障发生的概率，发生概率最大者即为主故障。

Dempster 和 Shafer 在 20 世纪 70 年代提出的证据理论是对概率论的扩展。他们建立了命题和集合之间的一一对应关系，把命题的不确定性问题转化为集合的不确定问题，而证据理论处理的正是集合的不确定性。D-S 方法的多传感器数据融合模型如图 3-20 所示。

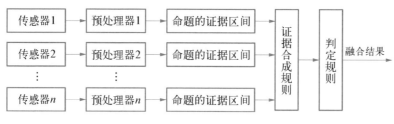

图 3-20　D-S 方法的多传感器数据融合模型

使用 D-S 方法融合多传感器数据或信息的基本思想是首先对来自多个传感器和信息源的数据和信息（即证据）进行预处理；其次计算各个证据的基本概率分配函数、可信度和似然度；再次根据 D-S 合成规则计算所有证据在联合作用下的基本概率分配函数、可信度和似然度；最后按照一定的判决规则选择可信度和似然度最大的假设作为融合结果。

D-S 方法具有表达未知程度的能力，作为一种不确定性推理算法具有其独特的优势。D-S 方法主要用于具有主观不确定性判断的多属性诊断问题。

（2）基于人工智能的融合方法。信息融合一般分为数据层融合、特征层融合和决策层融合 3 个层次。决策层融合通常要处理大量反映数值数据间关系和含义的抽象数据（如符号），因此要使用推断或推理技术，而人工智能的符号处理功能正好有助于信息融合系统获得这种技术。

人工智能主要研究怎样让计算机模仿人脑从事推理、规划、设计、思考、学习、记忆等活动,让计算机来解决迄今只能由人类专家才能解决的复杂问题。人工智能技术在信息融合中的应用表现在如下几个方面。

a. 使用多个互相协作的专家系统(expert system,ES),以便真正利用多个领域的知识进行信息综合。

b. 使用先进的立体数据库管理技术,为决策级推理提供支撑。

c. 使用学习系统,使信息融合系统具有自适应能力,以便自动适应各种态势的变化。

信息融合系统中的数据源有两类:一类是多传感器的观测结果,另一类是源数据(消息)。对于经过人工预处理的非格式信息的融合,推理比数值运算更重要,因此,应该采用基于知识的专家系统技术进行融合。

(3) 神经网络融合方法。神经网络系统采用特定的计算机组织结构,以分布式存储和并行、协同处理为特色,具有联想、学习、记忆能力和自适应学习更新能力,正好可以有效地克服现行专家系统的局限性。因此,专家系统与人工神经网络相结合而形成的神经网络专家系统,使人工智能技术有了更进一步的发展。具体表现在知识表示和存储是分布式;能实现自动知识获取;具有高度冗余性和容错能力;具有很强的不确定性信息处理能力和自适应学习能力等。

多输出四层前馈神经网络故障分类器如图 3-21 所示。

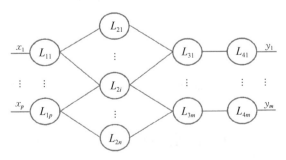

图 3-21　多输出四层前馈神经网络故障分类器

前三层网络的各节点函数为 Sigmoid 函数。为了统一度量,引入归一化层,其节点函数为

$$O_i = \frac{x_i}{\sum\limits_{i=1}^{m} x_i} \tag{3.24}$$

它保证了神经网络分类器的输出满足 $0 \leqslant O_i \leqslant 1$,且

$$\sum_{i=1}^{m} O_i = 1$$

网络的输入变量为经过同源信息融合后的系统各部位量测信号,每一个输出节点都代表着系统的某种故障。其输出为在该神经网络分类器作用下,当前系统属于各个故障状态的可能性,也即

$$O_i = \frac{f\left[\sum\limits_{k=1}^{q} W_F^{ik} \times f\left(\sum\limits_{j=1}^{m} W_C^{kj} \times x_j\right)\right]}{\sum\limits_{i=1}^{p} f\left[\sum\limits_{k=1}^{q} W_F^{ik} \times f\left(\sum\limits_{j=1}^{m} W_C^{kj} \times x_j\right)\right]} \tag{3.25}$$

式中:f 为 Sigmoid 函数;p 为网络输入节点个数;q 为隐层节点个数;W_C^{kj} 为第 k 个隐层节点与第 i 个输入节点之间的连接权值;$k = 1, 2, \cdots, q$;$i = 1, 2, \cdots, p$;W_F^{ik} 为第 j 个输出层节点与第 k 个隐层节点的连接权值;$j = 1, 2, \cdots, m$;m 为输出节点个数。

每个神经网络输入的划分可依据使每个分类器识别正确率最高的原则进行,然后根据具体系统量测信号的情况或经验加以确定。例如,为了提高对某些后果严重故障的检测敏感性,需要提高融合的精度,可将该故障的主要症状信号作为每个神经网络分类器的输入。同时,为了提高训练速度和改进网络权值的分布,应均衡输入信号对网络的影响作用。

(4)基于模糊逻辑的融合方法是模仿人类的认识思维,辨别实体的识别过程模型。模糊逻辑模型由模糊集合构成,该方法的核心是隶属函数 $\mu(\cdot)$,类

似于对 1 和 0 之间的值进行概率分布。隶属函数主观上由知识启发、经验或推测过程确定,对它的评定没有形式化过程,精确的隶属函数分布形状对根据模糊演算得出的推理结论影响不大。因此,它可以用来解决证据或决策中的不确定性等问题。

　　模糊集合理论对于信息融合的实际价值在于它外延到模糊逻辑。对于实际问题通过模糊命题表示,首先用综合规则建立起演绎推理,其次在推理中使用模糊概率,就可以方便地建立起模糊逻辑,最后通过模糊运算,就能从不精确的输入中找出输出结果。

　　模糊逻辑是一种多值逻辑。隶属程度可视为一个数据真值的不精确表示。因此,在信息融合过程中存在的不确定性可以直接用模糊逻辑表示,然后使用多值逻辑推理,再根据各种模糊演算对各种命题(即各传感器提供的数据)进行合并,从而实现信息融合。当然,要得到一致的结果,必须系统地建立命题以及算子到[0, 1]区间的映射,并适当地选择合并运算所使用的算子。模糊积分法是一种常用的基于模糊逻辑的融合方法,下面对模糊积分法做简单介绍。

　　设 $X = \{x_1, x_2, \cdots, x_n\}$ 是一个有限集合,h 为 X 上的模糊子集,它完成映射 $h: X \rightarrow [0, 1]$。又设 g 为 X 上的模糊测度,A 为 X 的子集,则称

$$\mu(A) = \int_A h(x) \circ g = \max_{X \subset A}\{\min[\min_{X \in E} h(x), g(E)]\} \tag{3.26}$$

为 h 在 A 上关于 g 的模糊积分。如果

$$h(x_1) \geqslant h(x_2) \geqslant \cdots \geqslant h(x_m) \tag{3.27}$$

则 X 上关于模糊测度 g 的模糊积分 e 的计算公式为

$$e = \max_{i=1}^{n}\{\min[h(x_i), g(A_i)]\} \tag{3.28}$$

式中:$A_i = \{x_1, x_2, \cdots, x_n\}$。当 g 为模糊测度 g_λ 时,求解 $g(A_i)$ 的递推公式为

$$g(A_1) = g(\{x_1\}) = g^1 \tag{3.29}$$

$$g(A_i) = g^i + g(A_{i-1}) + \lambda g^i g(A_{i-1}) \quad 1 < i \leqslant n \tag{3.30}$$

因此,当使用 g_λ 模糊测度计算模糊积分时,仅需模糊密度的知识。第 i 个密度值 g^i 可以解释为信息 x_i 的重要程度。

假定系统有 m 种故障状态

$$F = \{FS_1, FS_2, \cdots, FS_m\} \tag{3.31}$$

共有 r 个神经网络分类器

$$N = \{NN_1, NN_2, \cdots, NN_r\} \tag{3.32}$$

则令 $h_k: N \rightarrow [0, 1]$ 为各个神经网络故障分类器关于当前系统状态与故障类型 FS_k 之间关系的局部决策。它实际为各子神经网络第 k 个节点的输出值,是当前系统隶属于系统第 k 种故障的可能性。然而,由于各个神经网络样本训练和网络输入不同,以及不同故障在系统不同部位的症状体现程度也有差异,因此每一个神经网络故障分类器对不同故障识别的正确程度也有较大波动。也就是说,不同神经网络信息的重要程度是不同的,并且随着故障的不同而变化。为了提高融合效率,可将各个神经网络信息的重要程度作为模糊积分中的模糊密度值,对各个训练好的神经网络分类器分别独立进行在不同故障下的样本识别检验,并记录每个神经网络对各个故障的正确识别率,作为该网络对各个故障分类的信息重要程度。在检验中可采用 max 算子作为评判依据,即在某样本下对网络的多个输出取最大值,作为识别输出。

3.2.3.2　状态监测技术

飞机状态监测技术是进行故障诊断和预测的基础。对飞机进行故障诊断和预测,必须了解飞机监测数据的特点,根据其特点和需要,提取和总结出用于故障诊断和预测的知识,提出相应的故障诊断和预测方法。

1) 状态监测功能

状态监测功能可以实现对飞机材料状况、零部件或子系统、系统特性的测试、分析及报告。状态监测的主要输入为经过信号处理后，来自各传感器及控制系统的数据，输出为关于部件或子系统的状态。该层初步处理系统各个状态点的简单故障状态，并通过一些专家系统以及一些推理算法处理由数据处理层加工过的数据，判断测试点的基本状态。概括地说，该层就是完成将基本测试点的数据转换成被监控对象状态的描述。

2）监测对象

表征系统动态特征的各个特征参数，都可以作为对系统进行状态监测的主要依据，每个特征参数对系统的故障部位和故障程度的敏感性都是不同的。从这些参数中挑选出对故障状态最敏感的特征参数，才可将它作为状态监测参数来应用。

在设备状态监测的研究过程中，获取准确、可靠的特征信号是进行状态监测的首要条件。在选择特征信号时，一般应遵循如下几点原则。

（1）选择容纳信息量大的信号。

（2）选择对状态变化量最敏感的信号。

（3）选择指示值具有较高精确性和置信度的信号。

（4）尽可能选择便于监测的信号。

（5）选择便于测量、分析的信号作为特征信号，有利于降低状态监测系统的费用。

飞机状态监测数据源很广，按监测数据性质，可分为温度、电压、电流、压力、流量、振动等，所监控的数据包括趋势数据、超限数据、用户事件、生命周期数据等。按监测数据所处系统，可分为综合核心处理器（integrated core processor，ICP）数据、通用核心处理器（universal core processing，UCP）数据、机电数据、结构数据、动力数据等；按监测数据变化频率，可分为缓变数据和突变数据；按监测数据变化规律，可分为在给定范围内变化的数据和按某种趋势变化的数据等。状态监测主要是将这些数据与预定的失效判据等进行比较以监测系统当前的状态，并且可根据预定的各种参数指标极限值和阈值来提供故障报警能力。

3）状态监测系统组成

飞机状态监测系统通常包括数据采集系统、数据记录系统和数据传输系统三部分。数据采集系统根据状态监测数据的性质和特点，实时采集各个成员系统的飞行状态数据。数据记录系统用来保存采集到的状态监测数据，这些数据是进行故障诊断和预测的基础。数据传输系统（如机载数据总线），把数据采集系统、数据记录系统和故障诊断与健康维护系统联系起来，构成新一代飞机实时状态监测、故障诊断和维护支持系统。

4）状态监测一般步骤

状态监测模块通过采集飞机设备和部件的故障信息、功能和性能参数，实时监控飞机各部件的工作状况。状态监测实现的一般步骤如下所示。

（1）初始化处理：当状态监测模块启动时，读取趋势、超限、用户事件、生命周期数据等需要监控的数据定义，这些数据由相应的工具软件产生并放置在状态监测模块的配置文件中。

（2）趋势处理：负责实现趋势数据的触发和记录。状态监测模块监听通过网络传来的所有与该趋势相关的数据。当触发条件的值变为真时，状态监测模块记录该趋势所需的数据。

（3）超限处理：负责实现超限数据的触发和记录。状态监测模块监听通过网络传来的所有与该超限相关的数据。当触发条件的值变为真时，状态监测模块记录该超限所需的数据。

（4）用户事件处理：负责实现用户事件数据的触发和记录。状态监测模块监听通过网络传来的所有与该用户事件相关的数据。当触发条件的值变为真时，状态监测模块记录该用户事件所需的数据。

（5）生命周期数据处理：负责实现生命周期数据的触发、增值、记录。状态监测模块监听通过网络传来的所有与该生命周期数据相关的数据。当触发条件的值变为真时，状态监测模块给生命周期数据增加相应的值。

（6）数据源管理：负责收集各成员系统通过网络传输来的状态数据，这些数据会派遣给所属的监测模型以确定变量的状态；同时也会派遣给所要记录的系统参数以更新数据。

5）自适应阈值状态监测

传统的状态监测建立在固定的阈值基础上，显然在实际情况中这是不可靠的。在实际的设备运行过程中常常会由于设备自身特性、操作条件、设备载荷、外界环境等因素的改变而引起工况变化，产生多工况问题。而多工况的存在又导致采样数据的均值、方差、相关性等发生改变。用传统的固定阈值对设备运行状态进行监测，势必会引起设备运行状态监测过程中异常情况的误报和漏报，因此需要用自适应阈值去实现多工况下的状态监测。对设备状态监测的过程如图 3-22 所示。

图 3-22　自适应阈值状态监测过程

为了实现自适应阈值状态监测，需要建立一个多工况的阈值库，当识别某个工况时，直接调用该工况的阈值。若工况变化，则阈值随工况调整。各工况下的自适应阈值的确定由如图 3-23 所示的过程实现。

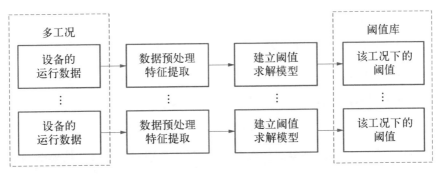

图 3-23　各工况下自适应阈值确定过程

运用以上技术，可得到各工况下的自适应阈值，在设备运行初期进行工况识别即可调用在该工况下的自适应阈值。为防止在设备运行过程中工况发生改变，其状态监测阈值也随之变化，需实时进行工况识别。利用得到的自适应阈值，即可对设备运行状态进行实时监测，也实现了对设备状态的自适应监测。

3.2.4　应用实例

轴承是民用客机机载设备中的故障多发部件，本节以轴承振动信号为例，对上述介绍的特征提取、信息融合与状态评估等技术的实际应用进行分析。

轴承振动信号具有内在的不确定性，数据处于不均匀的时空中，具有极复杂的非线性特征，在对其进行故障诊断时，较难从时域或频域中提取出有用的诊断信息，而非线性理论的发展为该问题的解决提供了途径。

混沌特征反映的是系统整体的状态，无论正常还是故障，都能在混沌的相关特征中有所表现，这为应用混沌特征进行状态评估提供了重要依据。此外，研究表明，在转速恒定的情况下，负荷对混沌特征的影响较小，这极大提高了此方法的适用性。因此，提出从轴承振动信号中提取的混沌特征（关联维数、Kolmogorov 熵、最大 Lyapunov 指数），再利用自组织映射网络（self-organizing maps，SOM）神经网络对三种特征向量进行信息融合，得出可以表征轴承健康状态的置信度（confidence value，CV），进而对轴承进行健康评估。基于非线性特征的轴承健康评估流程如图 3-24 所示。

经过上述操作，得到轴承健康评估 CV 之后，将结果与轴承所设定的需保养 CV 阈值进行比较，如果轴承当前的 CV 小于阈值，则认为轴承的健康状况可能出现了问题，需启动下一步诊断。

1）轴承振动信号非线性特征提取

对正常轴承和故障轴承进行混沌特征提取，分别用于健康评估模型的训练和测试。

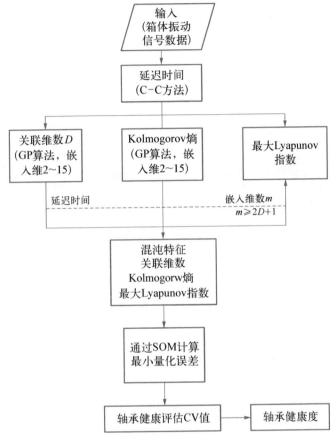

图 3-24　基于非线性特征的轴承健康评估流程

　　首先，得到轴承正常信号和故障直径为 0.014 in(0.356 mm)的轴承的内环故障(Fault 1)、外环故障(Fault 2)和滚动体故障(Fault 3)信号，相应的时域信号如图 3-25 所示。在混沌特征提取的过程中，用于计算关联维数和 Kolmogorov 熵的 $\ln C(r) - \ln(r)$ 关系如图 3-26 所示；不同状态下的信号也呈现出不同的 Lyapunov 指数谱(期均值即为最大 Lyapunov 指数)，如图 3-27 所示。图 3-28 分别给出了关联维数、Kolmogorov 熵和最大 Lyapunov 指数对 11 组正常数据和 33 组不同类型的故障数据的单特征表征结果。

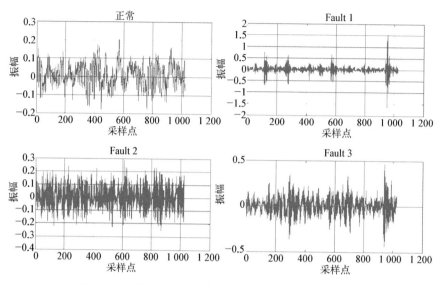

图 3-25　轴承在正常和不同故障状态下的时域信号

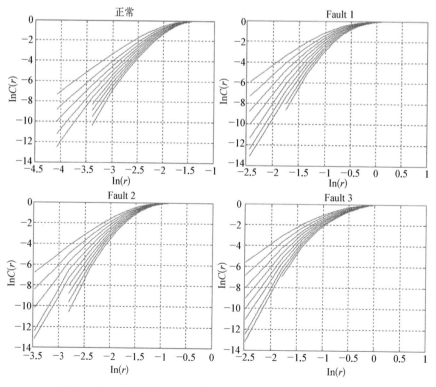

图 3-26　轴承在不同健康状态下的 $\ln C(r) - \ln(r)$ 关系

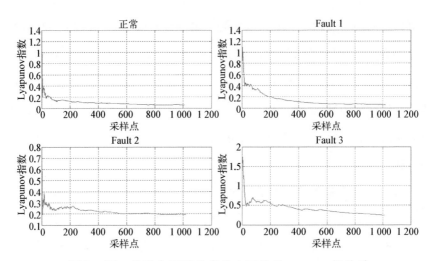

图 3-27　轴承在不同健康状态下的 Lyapunov 指数谱

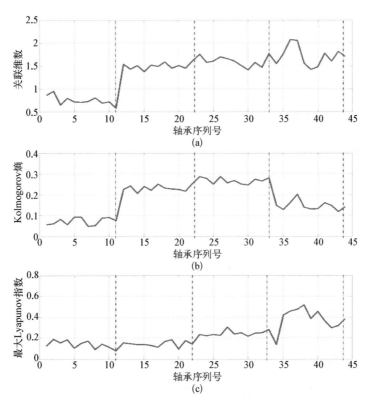

图 3-28　轴承在正常和不同故障状态下的单特征表征结果

（a）关联维数　（b）Kolmogorov 熵　（c）最大 Lyapunov 指数

可以看出,与正常状态相比,故障轴承振动信号的关联维数和 Kolmogorov 熵都显著升高,表明其非线性混沌特征更加明显。最大 Lyapunov 指数虽然对内环故障(Fault 1)表征不明显,但可以用于区分正常和另外两种故障模式(外环故障和滚动故障)的轴承健康状态。基于此,为更加准确和全面地表征轴承的健康状态,应该将这三个混沌特征进行信息融合,集成为一个作为新的健康指标的特征向量。

2) 基于 SOM 融合的轴承健康评估

SOM 健康评估算法是人工神经网络的一种类型,它以无监督竞争学习的方式进行网络训练,具有自组织的功能,适于作为最近邻分类器。SOM 健康评估算法如图 3 - 29 所示,通过对网络进行训练,能够自动为网络的输入进行分类,从而达到聚类的效果。

将提取出的混沌特征量作为 SOM 网络输入,通过对网络输出的最小量化

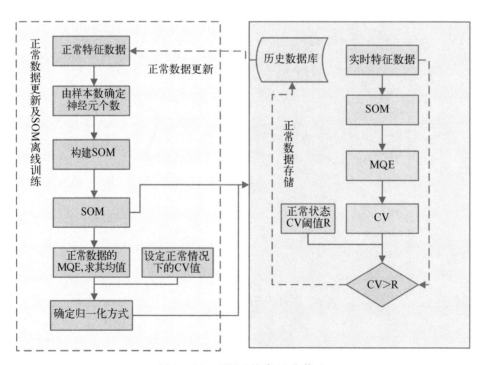

图 3 - 29 SOM 健康评估算法

误差(minimum quantification error，MQE)进行归一化，即可得到用于健康评估的 CV 值，进而得到轴承的健康状态。

CV 值越接近 1，表明设备健康状态越好，CV 值的下降表明设备健康状态处于退化阶段。如果当前的 CV 小于阈值，则认为轴承当前的健康状况可能出现了某些问题，需要维修检查或更换。

进行特征提取后，将 50 组正常信号的混沌特征向量用于对 SOM 网络进行训练，进而建立轴承健康评估模型；之后将正常信号与同一故障模式(内环故障)但不同故障程度[点蚀直径为 0.014、0.021 和 0.028 in(0.356、0.533 和 0.711 mm)]信号的混沌特征向量按顺序输入训练好的 SOM 健康评估模型，性能评估结果如图 3-30 所示。

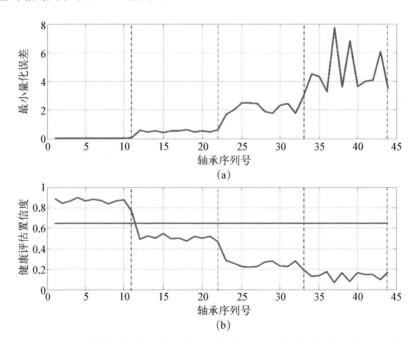

图 3-30　不同故障程度(相同故障模式：内环故障)的轴承健康评估
(a) 使用 MQE　(b) 使用 CV

实验结果表明，随着故障程度加深，轴承健康 CV 值也相应下降，这与理想的评估结果保持一致。同时这一结果也表明轴承故障越严重，其振动信号的混沌特性越偏离正常情况。通过预先设置的健康失效阈值(0.65),可以有效地区分正常轴承和故障轴承,且评估模型所输出的 CV 值可以用于监测轴承的健康状态。

3.3 故障诊断技术

故障诊断的任务是根据传感器数据、状态监测信息和健康评估的结果,结合已知的结构特征和参数、运行工况及环境条件、运行历史,对可能要发生的或已经发生的故障进行分析和判断,确定故障的性质、类别、程度、原因和部位,指出故障发生和发展的趋势及其后果。民用客机健康管理系统的故障诊断技术主要包括基于规则的故障诊断、基于模型的故障诊断和基于案例的推理。

3.3.1 基于规则的故障诊断

基于规则的故障诊断(rule-based diagnosis,RBD)是基于经验的诊断,主要应用在专家系统中,也称为基于知识的故障诊断专家系统。这种系统把人类专家对诊断对象的诊断知识转换成产生式规则。研制这种健康管理系统的关键问题是获取知识。人类专家需要经过长时间的积累才能获得诊断领域的知识;如何把专家知识转换成计算机系统可用的产生式规则也很重要。产生式规则是一个以"如果满足这个条件,则应当采取某些操作"的形式表示的语句,其基本形式为"IF(条件)THEN(结论)",其中条件部分表示能与数据匹配的任何模型,结论部分表示满足前提时可以得出的结论。基于规则的推理首先根据推理策略从规则库中选择相应的规则,其次匹配规则的条件部分,最后根据匹配结果得出结论。在基于规则的诊断中,规则的条件是诊断对象的症状集合,规则的结论是诊断的结论。

3.3.1.1 故障诊断专家系统

故障诊断专家系统的出现和发展是故障诊断领域最显著的成就之一,近年来,在实际应用中所获得的成绩受到工程界的广泛重视。专家系统的主要优点是其能模拟人的逻辑思维过程,利用专家知识来解决复杂诊断问题。目前故障诊断专家系统的研究内容主要包括诊断知识的获取和表达、诊断推理方法和不准确推理等。

1) 功能组成

专家系统是一个能提供具有人类专家水平的、求解专业范围内重要问题的智能计算机程序。该方法不依赖系统的数学模型,而是根据人们长期的实践经验和大量的故障信息知识,通过推理得出设备是否发生故障和发生了什么故障,并对识别结果进行评价和决策。专家系统一般由如下几个功能模块组成。

(1) 知识获取:将人类专家提供的领域知识转换、加工成计算机的内部表示形式。

(2) 知识库:知识库用于存储特定领域的专门知识,如某个对象的故障征兆、故障模式、故障原因、处理方法等。在基于规则的专家系统中,它包含了规则库和事实库。由于知识库是支持整个程序系统运行的基础,而高水平的问题求解又需要相当丰富的知识作为基础,因此大容量的知识库搜索问题变得相当突出,知识库的组织与管理就显得非常重要。

(3) 学习器:自动扩充和修改知识库内容,改进系统,提高知识水平和求解问题能力。

(4) 解释器:理解用户所提出的问题。

(5) 推理机:根据所制订的控制策略,利用知识库中的知识和要求解决特定问题的有关信息进行推理,得出结论,完成问题求解任务。

(6) 结论生成:根据推理,得出结论。一般还需利用模糊数学等方法进行可信度计算,并产生输出结果。

(7) 人机交互界面:翻译用户的输入信息为内部信息,并使用户了解输出信息。

2) 专家系统诊断技术体系

故障诊断专家系统是简化设备故障诊断工作、提高设备维修保障效率的有效途径,其一般诊断流程如下所示。

（1）输入故障现象：人工输入当前的故障现象。

（2）故障原因推理：以人工输入的故障现象以及监测参数超限信息为根据,推理并找出故障原因。

（3）生成建议：经推理得出故障原因后,给出相应的建议操作措施,帮助一线用户排故。

基于专家系统的故障诊断技术体系如图3-31所示。

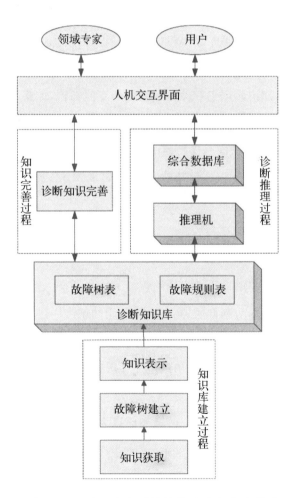

图3-31　基于专家系统的故障诊断技术体系

（1）知识获取。知识获取指从知识源获取知识，经过识别、分类、筛选和归纳等阶段，将其转换成知识库的过程。知识源包括专家、书本、数据库及人类的经验等。知识获取的一般过程如图3-32所示。

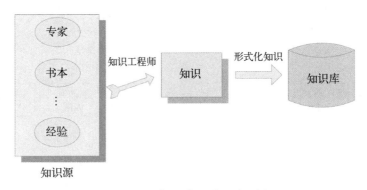

图 3-32　知识获取的一般过程

知识获取一般有三种方式：非自动知识获取、半自动知识获取、自动知识获取。这里以某型号发动机排气管冒黑烟故障为例，将排气管冒黑烟作为顶事件，构建该故障模式的故障树。首先由操作者选择故障系统（进气系统故障或供油系统故障）；其次将各种具体故障征兆作为中间事件，为操作者提供选择；最后将引发各种故障现象的原因作为底事件，即得到推理结果。这样，建立如图3-33所示的故障树。

其中，底事件分别为① 空气滤清器堵塞；② 空气滤清器已坏；③ 增压器密封性不好；④ 气门间隙过大；⑤ 气门间隙过小；⑥ 燃油质量差；⑦ 调压弹簧压力过小；⑧ 喷油压力过大；⑨ 喷油器滴漏；⑩ 针阀磨损过度；⑪ 喷油压力不足。

（2）知识的表示。诊断知识库包括故障树表，用于存放故障树知识，并可从中获取诊断规则，进而建立故障规则表。

在故障树中，将最不希望发生的现象作为顶事件，将子系统故障现象作为中间事件，将故障原因或部位作为底事件。从顶事件到每个底事件形成故障诊断支路，在程序编写时，将这些支路与数据表结构对应起来，以发动机的故障模式为例，建立故障树表如表3-3所示。

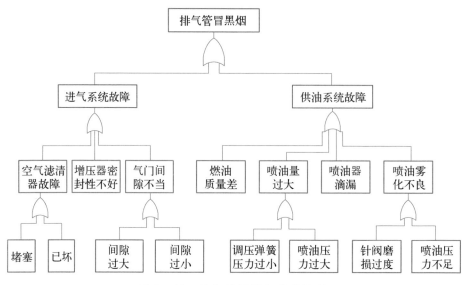

图 3-33　排气管冒黑烟的故障树

表 3-3　发动机故障树表数据结构

节点 ID	父节点 ID	节点名	分　类	逻辑关系	规则 NO.
2	发动机故障	不能起动	发动机故障	或	R1

　　其中,"节点 ID"作为节点的标记,是系统进入数据库的入口条件;"父节点 ID"作为故障事实的父节点,表示对故障事实的自然描述;"节点名"表示子系统故障模式;"规则 NO."是故障事实的规则入口。诊断规则是以故障树为基础转换得到的,同时考虑到诊断推理机的需要,设计了如表 3-4 所示的发动机规则表。

表 3-4　发动机规则表

规则 NO.	前　件	后　件	概率/%
R1	发动机不能起动	与传动系未脱开	10
R2	发动机不能起动	蓄电池故障	50

续　表

规则 NO.	前　件	后　件	概率/%
R3	发动机不能起动	供油管堵塞	40
R4	转速不稳或熄火	高压油管不密封	60
R5	转速不稳或熄火	供油管堵塞	40

　　这里采用产生式规则表示法表示知识。知识库的内容是动态的,它的管理模块必须具有添加、删除、查询和修改等功能,使推理机能够方便地存取或修改其中的内容。

　　(3)推理机。推理机是专家系统中实现基于知识推理的部件,在具备相关问题故障诊断领域的相关知识后,接下来就是运用诊断知识求解问题,即故障诊断推理过程。推理机的设计要根据知识表示方法和组织形式选择合适的推理方法;同时还要考虑推理的方便性,在有利于提高推理效率的前提下设计恰当的知识表示方法和组织形式。故障现象通常以显式的方式呈现给用户,由此通过故障诊断推理出故障原因和故障部位,在确定故障原因的同时,向用户提供故障排除的对策,这种诊断过程思维方式是正向推理的推理方式。正向推理原理如图 3-34 所示。

　　由于本模块采用故障树分析

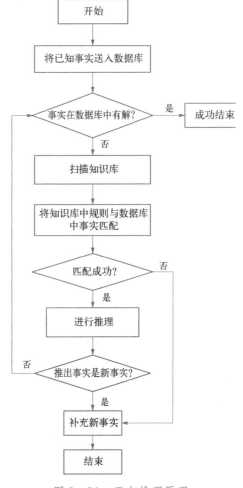

图 3-34　正向推理原理

法,故障树中因果逻辑关系简单,因此采用正向推理,可以使系统较快地回答用户的问题,再利用人机接口为用户提供操作简单、易于理解的信息交互功能,提高了智能诊断的实用价值。

深度优先搜索就是从初始节点开始搜索,在其子节点中选择一个节点进行考察,若不是目标节点,则在该子节点的下一级子节点中再选择一个节点进行考察,如此循环,直至到达目标节点。若在某个子节点时,该子节点既不是目标节点又不能够继续向下搜索,则选择同一层的相邻节点如此循环类推,直至最终到达目标节点。深度优先搜索过程如图3-35所示,目标节点G将按ABEBFBACADG的顺序搜索得到,即先系统,后子系统、零部件;先检查故障概率高的子系统、零部件。这样一方面有效避免了不必要的横向多余搜索,防止出现搜索时间过于冗长等使用不便的情况;另一方面,深度优先搜索也非常适用于知识库中规则数目较多的情况,因此采用这样的推理策略能为知识库的维护和完善做好准备。

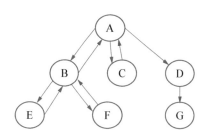

图3-35 深度优先搜索过程

综上所述,该专家系统推理机的推理流程如图3-36所示。

因此,该专家系统在正向推理过程中,以节点ID为诊断入口,调用故障树表,识别故障模式,通过规则NO.把规则表和故障树表联系起来,匹配规则,并在检测提示的引导下,运用深度优先搜索策略,得出故障原因。

随着研究的进一步深入,人们发现故障诊断专家系统存在较为严重的问题:缺乏有效的诊断知识表达方法和不确定性推理方法以及知识获取困难等。为了摆脱这些困难,人们试图用模糊逻辑来建造专家系统,使之能够表达和处理各种不确定的、模糊的知识。

3.3.1.2 基于模糊理论的诊断方法

设备运行时状态存在多变性,各状态间的界限往往不清晰,而且对某些特征信号的描述也不确定,从而导致了模糊性。因此将模糊理论引入故障诊断领

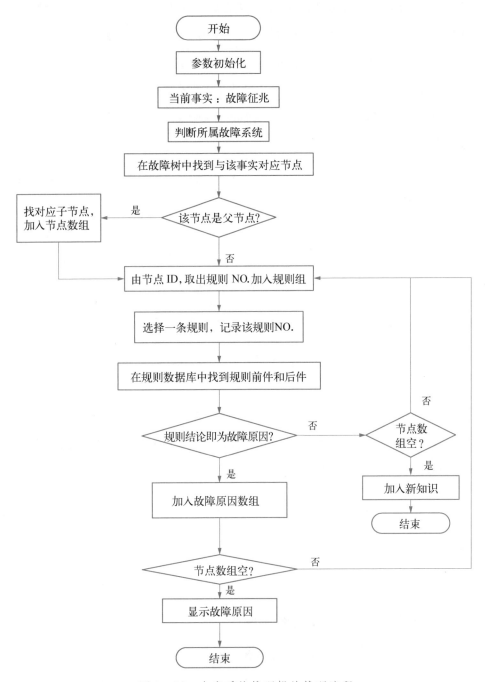

图 3-36　专家系统推理机的推理流程

域,形成了模糊故障识别理论和方法。该方法可以把描述故障状态的模糊知识和故障联系起来,在故障诊断中取得了显著效果。模糊故障识别根据征兆空间与故障状态空间的映射关系,通过某些症状的隶属度求出各种故障原因的隶属度,以表征各故障存在的可能性,即由征兆来识别故障。

模糊数学可以处理边界不分明模糊集合的数量关系。设备的症状特征可以用隶属函数描述

$$0 < u(x) < 1 \tag{3.33}$$

系统某一部件可能发生的各种故障可以用一个模糊集合表示

$$Y = \{y_1, y_2, \cdots, y_l\} \tag{3.34}$$

如果系统有 n 个元件,那么整个系统的故障集就组成了一个故障矩阵

$$Y = \begin{bmatrix} y_{11} & y_{12} & \cdots & y_{1l} \\ y_{21} & y_{22} & \cdots & y_{2l} \\ \vdots & \vdots & \ddots & \vdots \\ y_{n1} & y_{n2} & \cdots & y_{nl} \end{bmatrix} \tag{3.35}$$

假如每种征兆都能引起 k 种故障,则 n 个元件的各种症状也可以组成一个模糊症状矩阵

$$X = \begin{bmatrix} x_{11} & x_{12} & \cdots & x_{1k} \\ x_{21} & x_{22} & \cdots & x_{2k} \\ \vdots & \vdots & \ddots & \vdots \\ x_{n1} & x_{n2} & \cdots & x_{nk} \end{bmatrix} \tag{3.36}$$

综合评判就是由 X 到 Y 的模糊变换

$$Y = X \circ R \tag{3.37}$$

式中：$\circ$ 为模糊算子；R 为评判矩阵,可看成一个转换器,对于输入 X,可得到

输出 Y, R 可参照前人的经验和实际情况而定；Y 为输出矩阵，如 y_{ij} 表示故障出现在第 i 个部件上的第 j 种故障的可能性程度。

模糊识别方法的基本思想如下：首先根据已知信息，建立故障与征兆之间的模糊关系矩阵 R；其次测量待测状态的征兆参数向量 X；最后求解模糊关系方程，就可以得到待测状态的故障向量矩阵 Y。模糊诊断结果的准确性一是取决于模糊关系矩阵 R 是否准确；二是取决于诊断算法的选择是否合适。模糊关系矩阵 R 的构建需要以大量现场实际运行数据为基础，其精度高低主要取决于所依据观测数据的准确性与丰富程度。模糊逻辑运算根据算子的具体含义可以有多种算法，如基于合成算子运算的最大最小法、基于概率算子运算的概率算子法、基于加权运算的权矩阵法等。其中，最大最小法可突出主要因素；概率算子法在突出主要因素的同时，兼顾次要因素；权矩阵法就是普通的矩阵乘法运算关系，它可以综合考虑多种因素不同程度的影响。模糊故障诊断系统的基本结构如图 3-37 所示。

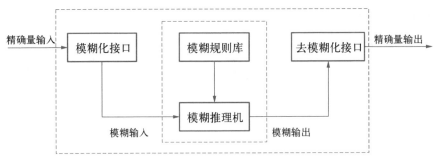

图 3-37　模糊故障诊断系统的基本结构

1) 模糊化接口

模糊化接口的作用是将实际工程中精确的、连续变化的输入量转化成模糊量，以便进行模糊推理。模糊化实质上是通过人的主观评价，将一个实际测量的精确数值映射为该值对于其所处域上模糊集的隶属函数。图 3-38 所示为以温度为输入模糊变量的隶属函数。

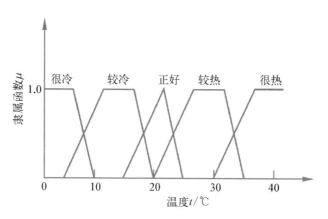

图 3-38 以温度为输入模糊变量的隶属函数

温度模糊子集为{很冷、较冷、正好、较热、很热}，其隶属函数为梯形分布。工程实践中常用的确定隶属函数的方法有模糊统计法和专家经验法，不同的方法结果不同，但检验隶属函数是否合适的标准，则需看其是否符合实际及在实际应用中检验其效果。隶属函数的曲线形式有三角形、梯形和高斯形等，常见的形式是三角形，它描述简单，计算方便。此外，隶属函数之间应有重叠，一般重叠为 25%～50%，以便提高其鲁棒性。

2) 模糊规则库

模糊规则库由一系列模糊语义规则和事实组成，它包含了模糊推理机进行工作时所需要的事实和推理规则。

模糊推理规则是一组语言型规则，它来自系统设计人员对系统的知识经验。因此，系统设计人员所积累知识和经验的多少和质量决定了所设计的模糊推理系统的优劣。系统设计人员可以通过与操作工人的问答，提炼操作记录以及进行实验室试验获取对被控系统特性的认识和知识积累。对于复杂系统，知识的积累和控制规律的建立是非常困难的。此外，随着系统输入和输出数量的增加，所需建立的规则会成倍地增加。对于两个输入和一个输出的模糊控制器，若每个输入模糊变量取七个语言值（即我们设计系统时所定义的成员变量），则规则数可达到 $7 \times 7 = 49$ 个。 对于三输入、单输出系统，规则将达到 $7 \times$

$7 \times 7 = 353$ 个。规则数目的成倍增长增加了设计人员时间和精力的负担。

规则的建立必须保证它的完整性,即在建立规则的时候,必须覆盖所有的输入状态,使得在每一种输入状态下都有相应的控制起作用。输入变量隶属函数之间必须重叠,重叠量大约为 $25\%\sim50\%$。此外,在设计控制规则时必须尽量避免相互矛盾的控制规则。

3) 模糊推理机

模糊推理机是模糊系统的核心,其作用是利用知识库中的规则对模糊量进行运算,以求得模糊输出。它实质上是一套决策逻辑,通过模仿人脑的模糊性思维方式,应用模糊规则库的模糊语言规则,推出系统在新的输入或状态作用下应有的输出或结论。模糊推理机采用基于规则的推理方式,每一条规则可有多个前提和结论,各前提的值等于它的隶属函数值。在推理过程中,对于一条规则取各个前提的最小值为规则的值。结论的模糊输出变量值等于本条规则的最小值,而每一个模糊输出变量的值等于相应结论的最大值。常见的模糊推理方法有最大最小推理和最大乘积推理两种,应根据具体情况选定其一。

4) 去模糊化接口

去模糊化接口的作用是将模糊推理得到的模糊输出转换成非模糊值(清晰值),即用来实现从输出域上的模糊子空间到普通清晰子空间的映射。为了便于将输出模糊变量转换成精确量的去模糊化过程,输出变量的模糊子集隶属函数可以采用单点定义法,这样便于采用加权平均进行去模糊化。常见的去模糊化方法有面积重心法和平均最大值法两种。在具备很好的计算能力且时间要求不苛刻的情况下,可采用面积重心法。而在时间要求苛刻的情况下,采用平均最大值法进行去模糊化。

综上所述,基于规则的诊断方法的优点是简单、知识表达方式直观、形式统一,在求解小规模问题时效率较高,并且易于理解与实现。基于规则的专家系统已有数十年的开发和应用历史,并已证明是一种有效的技术,尽管在 20 世纪 90 年代专家系统已向面向目标的设计方向发展,但是基于规则的故障诊断仍然继续发挥着重要作用。而对于复杂系统,所观测到的症状与对应的诊断之间的联系是相当复杂的,通过归纳专家经验来获取规则有着相当的难度,且诊断时只能对事先预想到的并能与规则前提匹配的事件进行推理,存在知识获取的瓶颈问题。在知识获取方面,借鉴机器学习的理论和方法自动获取知识,研究各种学习方法共同工作的集成化以及实用性知识获取方法。在推理方面,主要研究各种推理方法与技术的集成,定性推理和定量推理的结合,启发式推理和基于模型推理的结合,也包括常识推理、不确定性推理研究。

3.3.2　基于模型的故障诊断

基于模型的故障诊断(model-based diagnosis, MBD)是一种全新的诊断方法,其诊断理论和诊断技术都与传统的诊断方法有很大的区别。MBD 克服了传统诊断方法的严重缺陷,是一项新型智能推理技术,其基本观点是可以使用系统的内部结构与行为知识模型进行诊断,这是 MBD 方法与传统诊断方法的本质区别。

3.3.2.1　MBD 原理

MBD 系统的设计目标是当设备自检报故或产生其他告警信号时,证明设备已处于不正常状态,则必须从待诊断设备的模型和具体观测出发,依据系统实际观测行为和模型预测行为之间的差异,通过诊断推理决定哪些组件或单元出现故障,才能解释出现的差异,并给出诊断结果,其诊断原理如图 3 - 39 所示。

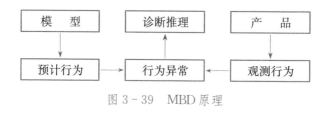

图 3 - 39　MBD 原理

(1) 模型预计行为和产品实际观测行为的比对是诊断的基础,依据诊断知识构建诊断推理模型。

（2）当已知系统输入时，可以获取系统的实际观测行为，并通过逻辑推理得到模型的预测行为。

（3）将两者进行比较，若存在差异，则按照冲突识别、候选诊断和诊断鉴别进行诊断推理。

（4）最后根据诊断鉴别结果，确定下一步的检测顺序，进行故障定位与隔离，直至找到真正的故障原因。

MBD方法的流程如图3-40所示。

（1）系统启动，针对诊断对象，获取诊断知识，构建或者选择设备的结构、功能和行为模型。

（2）在模型化的基础上，依据诊断模型和系统输入得到模型的预测行为。

（3）获取系统当前的实际观测行为，判断观测行为和预测行为之间是否存在差异。

（4）若存在差异，则按照冲突识别、候选产生和诊断鉴别的诊断推理顺序寻找真正的故障。

（5）若没有差异，则设备正常。

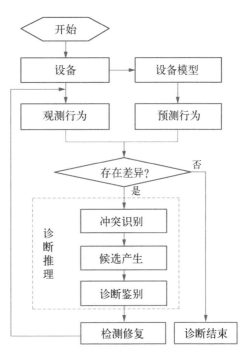

图3-40 MBD方法的流程

3.3.2.2 基于模型的诊断推理架构

尽管飞机安装有多个传感器，但在实际应用中，大多数诊断传感器都安装在装有多个动力训练模块的箱体外部，不可能直接监测内部的组件，所以影响系统运行安全的数百个组件只能依赖于系统的观测范围，例如在齿轮箱中的轴承和齿轮，它们各自的特性会给外表可观测系统行为留下持久的征兆。因此，如何从系统级传感器数据中解读这些征兆,并利用其进行自动推理,进而诊断出每个组件和整个系统的健康状态尤为重要。基于模型的诊断推理(model-based reasoning,MBR)架构用于从可观测系统行为中检测并隔离系统内部的部件故障,形成部件级故障传播模型,从而对系统即将发生的危险进行智能估计。MBR 架构如图 3-41 所示。

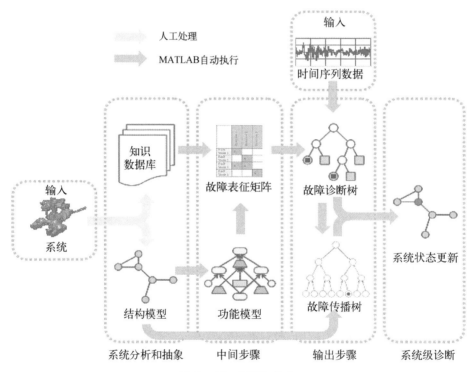

图 3-41 MBR 架构

其实施步骤如下:

(1) 在系统部件功能知识库的辅助下,依据可见的系统行为对不可见的故障部件实施 MBR。

(2) 基于诊断过程中合成并提取的系统模型中的部件邻近信息,构建故障传播模型。

(3) 使用 MATLAB 等工业测试平台语言,将诊断模型和故障传播模型整合在总体的 MBR 架构中。

（4）将上述架构应用于飞机系统的智能诊断中。

（5）分析架构中的算法计算复杂性，进而确保其性能可以满足在线执行。

3.3.2.3　系统诊断建模方法

系统诊断建模就是要清晰地描述设备之间的关联关系，从模型上反映实际系统的结构和行为。建立系统诊断模型库就是要建立起一个能描述这些信息的模型，根据输入的故障现象，依据各 LRU 之间的故障关系才可以推理出可能的故障源。

1）系统知识模型建立

系统知识模型是 MBD 的基础。系统知识模型不仅需要充分反映系统工作原理、故障传播关系以及部件的故障率等基本信息，而且还要结合故障诊断算法建立算法能够识别的数据库形式，由输入的故障征兆信息，通过各种数据及其相互关系推导出故障源。系统知识模型库的建立过程如图 3 - 42 所示。

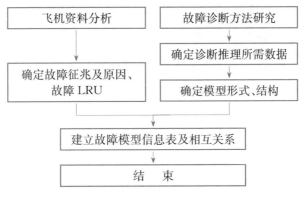

图 3 - 42　系统知识模型库的建立过程

要建立系统知识模型，就需要透彻分析系统的故障征兆和故障原因，分析结果的正确性将直接影响诊断结论的正确性。故障分析过程主要分为如下几步。

（1）确定故障征兆表现形式和所有具体的故障模式。飞机故障报告一般有如下多种形式：驾驶舱面板故障灯指示、驾驶舱仪表故障指示和故障报告、中央显示单元(central display unit，CDU)上 BITE 故障信息、CMS 故障信息等。建立系统诊断模型库要明确本飞机系统的故障表现形式，并将每种形式下的故障全部收集。此项工作需要以下参考资料：飞机系统培训手册、故障报告手册等。

（2）根据相关资料，确定系统总体结构和子系统结构，研究部件工作原理。分析每个 LRU 可能发生的主要故障及每个故障的表现形式，即故障征兆，进而确定故障在不同部件间的传播路径。

2）故障传播模型建立

为了有效地诊断系统故障，需要考虑系统的功能知识，建立其故障传播模型。基于原理的故障传播有向图模型用来描述故障现象及该故障在 LRU 间的传播关系。将 LRU 分解为各个组成单元，针对各个单元建立故障传播模型，然后通过系统各个单元的功能模型所表达的输入-输出连接关系，组成整个系统的故障传播模型。对设备的各个组成单元而言，其故障传播模型满足如下假设：单元的输入彼此独立，单元的故障模式之间彼此独立。

根据飞机的自检和告警信息以及人为观察信息，提取故障征兆。结合系统工作原理推断出相应的故障传播路径，抽象出相应故障传播有向图模型，在此基础上，建立故障传播邻接矩阵模型。故障传播模型建立步骤如图 3-43 所示。

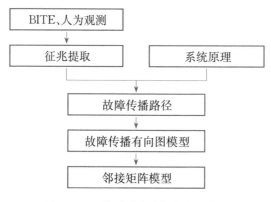

图 3-43　故障传播模型建立步骤

故障模式与故障征兆（差异）之间的相互作用可以用如图 3-44 所示的故障传播有向图表示。其中矩形框代表故障模式,圆圈代表差异,节点之间的箭头代表故障传播。

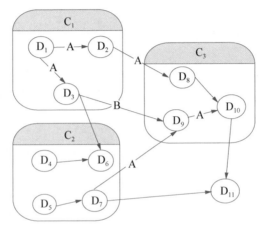

图 3-44　故障传播有向图

图中有三个 LRU,分别是 C_1、C_2 和 C_3,两个工作模式 A 和 B。C_1 的故障征兆（差异）是 $D_1 \sim D_3$,C_2 的故障征兆（差异）是 $D_4 \sim D_7$,C_3 的故障征兆（差异）是 $D_8 \sim D_{10}$。该系统还包含一个故障征兆（差异）,不与任何组件相关联。

3) 故障传播邻接矩阵模型建立

采用有向图的方式表示故障传播方向具有简洁、直观的特点,但这种表示方法无法直接进行分析计算,在工程上常常以矩阵的方式表示。

由图论的知识可知,有向图与邻接矩阵有一一对应关系,因此有向图也可以用邻接矩阵表示。对于一个有向图而言,给出了邻接矩阵就等于给出了图的全部信息,因而采用邻接矩阵的形式可以表示故障传播图结构。并且将故障传播图模型表示为邻接矩阵的形式更便于计算机处理。

故障传播图模型 $\{S, R\}$ 的邻接矩阵 $A = (a_{ij})_{n \times n}$ 定义如下。在一般情况下,对于含有 n 个节点的模型 $S = \{S_1, S_2, \cdots, S_n\}$,$n \times n$ 的邻接矩阵 A 中的元素 a_{ij} 规定如下：当 S_i 对 S_j 有影响时,a_{ij} 为 1;否则,a_{ij} 为 0。也就是说在结

构模型有向图中元素 S_i 与 S_j 相邻（有从 S_i 到 S_j 的箭头），a_{ij} 为 1；否则，a_{ij} 为 0。由于它表示的是要素之间的直接关系，所以这个方阵称为邻接矩阵。邻接矩阵是布尔矩阵，与传统矩阵的计算有所不同，故有必要对其运算法则做简单介绍。

如果 A 和 B 都是 n 阶邻接矩阵（n 阶布尔方阵），则 A、B 的逻辑和用 $A \bigcup B$ 表示，它也是 n 阶布尔方阵。若 $A \bigcup B = C$，则 C 的各元素与 A、B 各元素的关系如下：$c_{ij} = a_{ij} \bigcup b_{ij} = \max\{a_{ij}, b_{ij}\}$，即 a_{ij} 和 b_{ij} 中只要有一个为 1，c_{ij} 就为 1；只有当 $a_{ij} = b_{ij} = 0$ 时，c_{ij} 才为 0。

采用邻接矩阵可以表示各要素之间的连接关系，它表示的是要素之间的直接关系。由于信息在各要素之间传递，因此一个要素不仅会对与之相邻的要素产生影响，而且会对与其不相邻的要素产生影响，这种不同要素间的间接影响关系可以通过对邻接矩阵进行可达性分析获得。这里我们要建立的故障模型就是对应不同故障征兆的故障传递邻接模型。

3.3.2.4　辅助算法

对于飞机机电系统的诊断和智能维护，在基于模型的诊断推理架构中，引入信号处理、特征提取、诊断、评估、预测等算法是非常必要的。对于从设备嵌入式传感器、维修记录以及工作状态的手动输入等数据来源中获取的数据，通过选择适当的信号处理和特征提取算法，将这些数据转换成多形式的特征。在特征空间中，选取适当的健康评估算法并通过统计检测实时特征与基准值之间的偏差获得性能或者健康指标。未来的性能退化趋势则是通过适当的性能预测算法预测的。通过雷达图等显示系统关键部件的健康状态，为现场工程师和管理人员做维修决策提供了一个用户友好界面。因此，基于模型的诊断工具中包含的不同算法主要集中在以下四个方面：信号处理及特征提取、健康评估、性能预测、诊断。基于模型的诊断工具中的算法库如表 3-5 所示。

表 3－5　基于模型的诊断工具中的算法库

信号处理及特征提取算法	健康评估算法
时域分析	逻辑回归
频域分析	统计模式识别
时频分析	SOM
小波和小波包分析	神经网络
主成分分析	高斯混合模型
性能预测算法	诊　断　算　法
回归分析	支持向量机
Elman 递归神经网络	SOM
模糊逻辑	贝叶斯认知网
匹配矩阵	隐马尔科夫模型

这里选取几种常用的健康管理算法,对其特点和应用做简单介绍。

1) SOM 算法

SOM 算法是人工神经网络的一种类型,它以无监督竞争学习的方式进行网络训练,具有自组织的功能,适用于数据聚类。SOM 将输入层与处理神经元的竞争层相关联,两层神经元各自组织,形成二维网络。SOM 网络结构如图 3－45 所示。从图中可以看出 SOM 由处理神经元组成 x_1, …, x_n 的阵列,

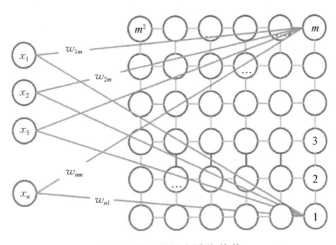

图 3－45　SOM 网络结构

将高维输入向量转换为二维输出向量,其中每个神经元分别由一个一维权重向量表示,进而形成网络拓扑图。

权重向量在训练过程中根据如下学习规则增加。

$$w_i(t+1) = w_i(t) + a(t) \cdot h_{\mathrm{BMU},\,i}(t)\big[x(t) - w_i(t)\big] \qquad (3.38)$$

式中:$w_i(t)$为权重向量;$a(t)$代表 SOM 网络的学习速率;$h_{\mathrm{BMU},\,i}(t)$表示神经元与最佳匹配单元(best matching unit,BMU)之间距离的关联函数。

通过对网络进行训练,所有神经元都可以根据他们之间的距离进行聚类,形成新的拓扑结构。此后,该训练好的 SOM 利用 BMU 将输入的每组测试进行分类。最终通过计算所得的输入的实时特征数据与 BMU 之间的距离即MQE,可定量得出实时数据与正常数据的偏离状况。

根据 SOM 原理,具有相同特征的正常信号会聚集在正常类周围,也将具有最小的 MQE 值,随着结构健康状态的恶化,压电陶瓷(piezoelectric ceramic transducer,PZT)信号与正常信号的区别随之增大,相应的 MQE 值也将随之增大。

2) 回归分析

假设某部件故障率是一个连续的值,那么对于连续值的预测可以用回归分析建模。回归分析根据历史数据的变化规律,寻找自变量与因变量之间的回归方程式,确定模型参数,据此做出预测。回归分析方法就是将关于设备性能退化过程的先验认识与收集到的状态监测数据相结合,通过描述设备在其退化趋势的回归模型,可以对设备或系统的故障或可靠性进行较长时间的预测。回归分析法的主要特点如下所示。

(1) 技术比较成熟,预测过程简单。

(2) 将预测对象的影响因素分解,考察各因素的变化情况,从而估计预测对象未来的数量状态。

(3) 即使增加计算量和复杂程度,也无法修正回归模型的误差。

回归分析法要求样本量大且要求样本有较好的分布规律,当预测的长度大于占有的原始数据长度时,采用该方法进行预测在理论上不能保证预测结果的精度。此外,可能出现量化结果与定性分析结果不符的现象,有时难以找到合适的回归方程类型。

3）贝叶斯认知网

健康管理系统顶层的系统推理采用贝叶斯认知网（Bayesian belief network，BBN)实现。贝叶斯网络是一种基于网络结构的、对概率关系有向的图解描述,适用于不确定性事物和概率性事物,以及有条件地依赖多种控制因素的决策。在不确定性推理中,贝叶斯网络属于一种基于模型的内涵方法,通过提供图形化的方法来表示和运算概率知识,贝叶斯网络克服了基于规则的系统所具有的许多概念上和计算上的困难。贝叶斯网络示例如图 3-46 所示。

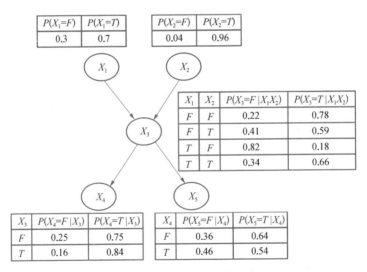

图 3-46　贝叶斯网络示例

与其他方法相比,贝叶斯网络的优点主要体现在如下方面。

（1）贝叶斯网络用图形的方法描述数据间的相互关系,语义清晰,易于理解。

（2）贝叶斯网络能够处理不完备数据集,这是传统的指导性学习方法无法解决的问题。

（3）贝叶斯网络与贝叶斯统计学紧密相关，有利于知识和数据域之间的关联。

（4）贝叶斯网络具有因果和概率性语义，可以用来学习数据中的因果关系，并根据因果关系进行学习，这种方法有助于先验知识和概率的结合，特别是与优化决策方法相结合。

简单来讲，它提供了特定领域知识的一种模型表示以及基于这种模型的若干种学习和推理机制，用于建立模型并回答与这些领域知识相关的问题，并在此基础上进行辅助的预测、决策以及分析。

3.3.3 基于案例的推理

基于案例的推理（case based reasoning，CBR）是通过访问知识库中过去相似案例的处理经验而获得当前问题解决方案的一种新的推理模式。CBR 一方面是模拟人类推理和思考过程的方法论，另一方面是建造智能计算系统的方法论。它只提供了一些新的有关知识的表示、组织和处理的思想和原则，并没有提供具体的实现方法，因此，在构建 CBR 系统时，需要根据应用领域的具体情况研究和选择合理的案例推理方法。

3.3.3.1 知识来源和推理流程

故障诊断的核心组成是推理机和知识库，其中知识库作为推理机的支持与基础很大程度上决定了系统的解决能力。为了保证 CBR 系统能够解决民用客机实际操作过程中遇到的故障现象，系统知识库来源应主要包括如下方面。

（1）TSM：TSM 作为一般飞机故障诊断的主要依据，往往能够最大限度地涵盖飞机的各个功能部件或者功能性系统。由于 TSM 一般采用咨询形式，且没有提供与故障相关联的维修案例，因此该手册只能作为故障树诊断系统的知识库。

（2）大量维修记录：维修记录作为飞机的故障记录手段，往往包含故障现象的处理方式以及维修结果。因此维修记录已成为 CBR 系统较完整的知识库。

（3）维修大纲：维修大纲是飞机故障诊断的计划性文件，主要包含了部件的计划维修信息，包括故障发生的维修间隔、维修等级、计划维修项目、零部件的重要程度等信息。利用重要程度信息可以为故障树的分析提供决策依据。因此可成为故障树诊断系统的知识库。

（4）其他可用于故障诊断的技术性文件，其中包括飞机维护手册和飞机原理图手册、可靠性报告以及航空公司内部技术分析报告等。

CBR 整体推理流程如图 3 - 47 所示。

通过分析推理流程图可知，CBR 方法可以分解为如下四个步骤。

（1）案例表示：采用一定的表示方法与格式对新的故障以及用户输入的故障进行测试，从而形成符合知识库或者案例库的索引案例或者检索案例。整个推理系统以案例表示作为初始案例。

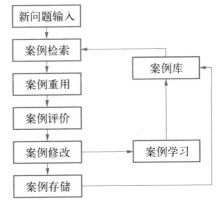

图 3 - 47　CBR 整体推理流程

（2）案例检索与匹配：案例检索的作用是检查出与当前案例在特征上相似，并对当前故障的诊断有指导性意义的案例，形成候选案例集；通过对于候选案例的聚类与分类，并计算相应的成功率指标，最终选出最有价值的案例。

（3）案例的调整与修改：通过运用专家经验知识和人为干预对检索得出的案例进行调整与修改，形成适合于当前故障的案例，得出诊断结论。

（4）案例添加：将新的案例的诊断结果、评价（包括人为操作后的诊断结果）添加到案例库中成为新的案例，保存过程就是一个学习的过程。

3.3.3.2　案例表示

案例表示是整个推理系统的基础，其格式不仅会影响后台的知识库结构，而且对于推理的形式与方法有较大影响。一个案例是一个具体问题求解的完整表达，是对具体问题和问题相关解决议案以及处理模式的描述。

常用的案例表示方法有面向对象的表示方法、面向框架的表示方法、语义网络表示方法、逻辑关系表示方法等。对于同一种案例，可以采用不同的案例表示方法，但是不同的案例表示方法可以产生各种不同的推理模式。在CBR系统中没有通用的案例表示方法，一般是在分析具体领域问题的基础上，通过选择、综合或修改现有的各种知识表示的方法，其主要的原则如下所示。

（1）对于案例的组织：方便新案例的加入和旧案例的删除。

（2）案例的表示：方便案例和推理机制的实现。

（3）案例的检索与匹配简单、快速，以满足大量案例检索的需要。

（4）案例的表达要满足存储量小的原则。

就民用客机的故障诊断问题而言，问题描述部分主要用于表达飞机所发生的各类现实故障的现象、发生时间、发生的系统等，不同的故障描述的属性决定了各类不同的故障类型。由于飞机的功能极其复杂，发生的故障形式多种多样，因此飞机的故障诊断过程是一个非常复杂的过程。结合上述选择原则，同时考虑飞机的故障描述多采用文字的形式记录故障，因此本方案采用面向对象技术描述案例。

飞机故障描述的案例可以定义为一个四元组

$$C = [D、S、M、E] \tag{3.39}$$

式中：$D = \{d_1, d_2, \cdots, d_n\}$ 是一个非空的有限集合，表示飞机故障案例的描述信息，主要包括案例的编号、故障的发生日期等；$S = \{s_1, s_2, \cdots, s_n\}$ 是一个非空有限集合，表示故障的特征或者关键内容的属性集；M 是故障处理措施以及故障的结论信息；E 是故障的大部分辅助信息以及故障处理的效果评价。结合飞机现有的特点，故障案例的结构如表 3-6 所示。

表 3-6　故障案例的结构

名　　称	内　　容	名　　称	内　　容
故障描述信息	案例编号	诊断结论信息	解决方案
	故障现象		故障排故手册
	故障发生时间		更换部件
	故障发生模式		成功率
	故障系统		维修方案的特征向量
	故障的 ATA 章节	案例辅助信息	案例检索次数
故障案例特征集	故障特征关键字		
	故障特征的权重		

针对故障诊断的案例结构进行如下解释。

（1）案例编号：主要用来表示案例的标识符，用于索引和识别故障案例。

（2）故障现象：主要用来保存用于描述故障发生时机组或者机务工作者感受到的实际情况，以及各类实际运行参数的检测值。

（3）故障发生时间：主要用来描述飞机发生故障的运行阶段，如爬升、巡航、降落等阶段。

（4）故障发生模式：描述飞机故障的发生模式，包括瞬时性故障以及功能性故障等。

（5）故障系统：用来保存飞机故障的发生系统，为下一属性 ATA 章节提供依据，同时为层次结构提供依据。

（6）故障的 ATA 章节：用于分析故障的层次结构。

（7）故障特征关键字：主要用于保存对故障现象进行分类的可识别的特征关键字，考虑到各类故障的描述大多采用文字的形式进行保存，在分类或者索引的时候无法用数字的形式进行故障案例之间的相似性匹配，因此本方案利用故障关键字作为分析依据，对各个故障案例进行匹配。

（8）故障特征的权重：从故障描述的文字出发，在实际应用中往往可能存在多个相似或者相近的特征关键字，但各个关键字用以表述实际故障特征的作用程度各不相同,因此权重值用以描述关键字对于故障特征的作用程度。

（9）解决方案：此属性用以保存案例的解决方式,由于飞机的故障传播比较复杂,因此同一故障特征可能指向不同的解决方案。

（10）故障排故手册：飞机的维修规范要求在正常测试以及更换部件时需要依据厂方手册进行操作,所以此属性记录本案例分析中所涉及的维护手册中的条目。

（11）更换部件：采取此解决方案需要更换的部件列表。

（12）成功率：用以指示案例的采用以及其相应的成功率,表征各类维护案例的排序。

（13）维修方案的特征向量：对于相同的故障可能需要采用不同的维修方案,为保证分析维修方案的成功率,在检索维修方案时,同样采用特征向量的方式进行分类。

（14）案例检索次数：此案例被检索匹配成功的次数合计。

3.3.3.3 故障案例的匹配

故障案例的匹配就是从旧案例或现有故障案例中,找出一种与新案例比较相似或相近的故障案例。为了能够实现量化比较,可以引入相似度。相似度是评价新故障案例与历史故障案例之间相似性的一种度量,它是故障案例匹配的基础。

目前大多数采用最近邻法计算案例间的相似度,它把输入的新案例与案例库中的案例进行比较,求出案例间的相似度,将相似度超过阈值的案例返回给用户,主要算法为 K 近邻法。K 近邻法假定所有案例的特征向量是 n 维空间的点,在这些点上建立一个特殊的近邻查找结构,使得当给定一个问题描述（也是空间一个点）时,能迅速找到与之最佳匹配的点。

K 近邻法利用特征加权评价新案例与旧案例的相似度,认为两个案例的特征集是相同的,且同一特征在不同的案例中具有相同的权重。根据相似度在相似算法中级别的不同,相似度可以分为如下两种。

（1）局部相似度：即属性级相似度,两个案例的相似以局部相似度为基础,局部相似度的计算取决于属性的类型与属性的取值范围。

（2）全局相似度：即案例级的相似度，根据属性间的关联和属性对案例总体特征的贡献不同而计算。

针对飞机故障诊断的特点，结合故障案例的存储形式，本方案拟定采用基于特征属性以及关键字的计算方式计算相似度，定义如下。

假设案例 $X = \{X_1, X_2, \cdots, X_n\}$，其中 $X_i[i \in (1, n)]$ 是案例 X 的第 i 个属性，另有案例 $Y = \{Y_1, Y_2, \cdots, Y_n\}$，$W_i$ 是各个属性的权重值。于是，案例 X，Y 分别是特征空间 $A = \{A_1 \ A_2 \ \cdots \ A_n\}$ 内的两个点，则 X，Y 在特征空间内的距离为

$$DIST(X, Y) = \sqrt{\sum_{i=1}^{n} W_j \times A(X_i, Y_i)^2} \tag{3.40}$$

式中 $A(X_i, Y_i)$ 定义为

$$A(X_i, Y_i) = \begin{cases} 1 \to x_i \neq y_i, \text{即 } x_i \text{ 中的字符与 } y_i \text{ 中的字符完全不同} \\ 0 \to x_i = y_i, \text{即 } x_i \text{ 中的字符与 } y_i \text{ 中的字符完全相同} \\ \dfrac{2K}{N_X + N_Y} \to x_i \approx y_i, \text{即 } x_i \text{ 中的字符与 } y_i \text{ 中的字符部分相同} \end{cases}$$

$$\tag{3.41}$$

式中：K 代表 X_i 与 Y_i 中相同的字符数；N_X 代表 X_i 的字符数；N_Y 代表 Y_i 的字符数。

从式（3.40）的定义可以算出案例 X 和案例 Y 的距离，基于此，得到案例 X 和案例 Y 的相似度的计算公式为

$$SIM(X, Y) = 1 - DIST(X, Y) = 1 - \sqrt{\sum_{i=1}^{n} W_i \times A(X_i, Y_i)^2}$$

$$\tag{3.42}$$

综上所述，案例匹配的算法如下所示。

（1）将新案例的特征属性与案例库中 n 个案例的特征属性逐个比较，将比较的结果保存至相似度矩阵 $\boldsymbol{\delta}$，如下式所示，其中 n 代表案例库中第 n 个案例，m 代表案例 n 的第 m 个特征，相似度计算式（3.42）为 δ_{nm} 的计算公式。

$$\boldsymbol{\delta} = \begin{bmatrix} \delta_{11} & \cdots & \delta_{1m} \\ \delta_{21} & \cdots & \delta_{2m} \\ \vdots & \ddots & \vdots \\ \delta_{n1} & \cdots & \delta_{nm} \end{bmatrix} \tag{3.43}$$

（2）将步骤（1）得到的相似度矩阵与权重矩阵 $\boldsymbol{\omega} = \{\omega_1, \omega_2, \cdots, \omega_m\}^T$ 相乘，得出案例相似判断矩阵 $\boldsymbol{T}$，如下式所示。

$$\boldsymbol{T} = \boldsymbol{\delta} \times \boldsymbol{\omega} = \begin{bmatrix} \delta_{11} & \cdots & \delta_{1m} \\ \delta_{21} & \cdots & \delta_{2m} \\ \vdots & \ddots & \vdots \\ \delta_{n1} & \cdots & \delta_{nm} \end{bmatrix} \times \begin{bmatrix} \omega_1 \\ \omega_2 \\ \vdots \\ \omega_m \end{bmatrix} = \begin{bmatrix} \delta_1 \\ \delta_2 \\ \vdots \\ \delta_n \end{bmatrix} \tag{3.44}$$

（3）根据相似判断矩阵 $\boldsymbol{T}$ 进行一次排序，得出匹配解 x，如下式所示。

$$x = \max_{i=1}^{n}([\delta_1, \delta_2, \cdots, \delta_n]^T) \tag{3.45}$$

（4）综上所述，基于案例的诊断推理过程如图 3-48 所示。

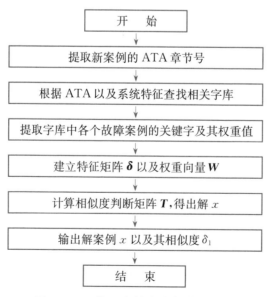

图 3-48　基于案例的诊断推理过程

3.3.3.4　案例的测试与存储

通过匹配算法,可以从案例库中找出与新案例相匹配的案例,为飞机排故和维修工作提供指导方向;但是若通过实际操作测试无法排除故障,则需要修正案例的指导方案以及排故措施,并作为一个新的案例存储。此外,在匹配案例时,若新案例与案例库中的案例匹配度(即相似度)都不高,则证明新案例对现有案例库而言比较新颖,在得到新案例的解决措施之后,需要存储新案例。再者而言,案例库中的部分案例以及措施也可能随着飞机的改装而变得不可参照,此类案例分需要更新或者删除。于是,随着各类新案例的保存以及旧案例的更新和删除,案例库在不断完善,但是案例库的更新必须遵循一定的技术原则,从而避免案例库的无限膨胀与萎缩。下文从案例的添加、修改以及删除三方面表述案例库的维护方式。

1) 案例的添加

主要指新案例的添加,其主要参照的指标为相似度。当新案例的匹配指标(相似度)较低时,需要用户确定是否添加新案例,根据案例的匹配情况可以分为如下几种情况:

(1) 完全匹配,$X = 1$。

(2) 足够匹配,$\alpha \leqslant X \leqslant \beta$。

(3) 可能匹配,$0 < X \leqslant \alpha$。

(4) 不匹配,$X = 0$。

上述 α、β 代表系统匹配的可接受程度,在诊断系统中可以更改此参数,当新案例的匹配程度为完全匹配以及足够匹配时,新案例无须添加;当新案例为可能匹配以及不匹配时,系统需要给出提示,咨询用户是否需要添加新案例。

2) 案例的修改

主要指对现有案例进行修改,其主要参照指标为故障案例的检索率。当案例的检索率较低时,证明此案例的特征属性较少,需要适当地修正以及变换案例,从而提高案例的检索率。

3) 案例的删除

主要指删除现有案例,其主要参照指标为故障案例的成功率。当案例的成功率较低时,证明此案例的解决措施存在一定的误差,此案例已经无法指导当前诊断对象的排故过程,需要即时删除。

因此故障诊断系统可以在确定的时间间隔内检索案例库,适当删除故障成功率较低的案例,同时修正检索率较低的案例的特征属性。

3.3.4 应用实例

隐马尔科夫模型(hidden Markov model,HMM)作为模式识别的重要工具,具有很强的分类能力,已在故障诊断等多个领域成功应用,通过可观测的振动信号估算设备的隐藏状态。针对齿轮发生故障时振动信号的主要特征,本应用案例首先通过时域同步平均对信号进行预处理;其次利用最佳小波包分解提取特征;最后采用 HMM 模型对齿轮的故障模式进行分类,形成了基于小波分解和 HMM 的故障诊断方法。基于 HMM 的齿轮故障诊断方法如图 3-49 所示。

图 3-49　基于 HMM 的齿轮故障诊断方法

通过分析单机减速齿轮箱的振动数据验证故障模式识别方法的有效性。分别采集齿轮断齿、均匀磨损、点蚀这三种常见故障数据,同时采集一组齿轮的正常数据作为对比。齿轮故障诊断试验台如图 3-50 所示,中间为单级齿轮减速箱,左边连接额定功率为 4.5 kW 的交流电动机,右边为负载电机,其中还有加速度传感器、光电编码器、扭矩传感器和速度传感器等。

图 3 - 50　齿轮故障诊断试验台

在试验台上对齿轮的三种故障模式进行模拟实验,预加扭力为 735 N·m,采样频率为 20 kHz,每隔 10 min 采集一次数据,每次采集宽度为 10 s,信号通过 10 倍增益和 A/D 转换处理,最后按照一定格式存储。

采集到 122 个齿轮正常数据文件,112 个断齿数据文件,168 个均匀磨损数据文件,180 个点蚀数据文件。将每种模式的数据文件分为两半,一半用于 HMM 训练,另一半用于验证。把一半数据文件的原始振动信号进行预处理,采用小波包分解分析频率特征,然后采用最佳小波包分解提取每种模式的最佳特征向量。把提取的特征向量作为训练数据,模型状态数 $N = 4$,最大迭代步数为 25,算法收敛误差为 0.000 1。

用于验证的数据经过预处理和最佳小波包特征提取,先生成观测序列,然后输入到各个已训练好的模型中进行测试,测试结果如表 3 - 7 所示。从表中可知,在有限次的实验测试中,出现误诊的次数极少,例如在齿轮均匀磨损的 84 次诊断中,正确诊断次数为 82 次,1 次误诊为齿轮正常,1 次误诊为齿轮点蚀,识别率为 97.62%,识别结果较理想。在其他故障诊断中,出现误诊的次数也相对较少,诊断平均成功率达到了 95.4%,在实际齿轮故障诊断中,通过多次采集数据和诊断,该方法基本可以确定齿轮的故障模式,故障诊断准确率高。

表 3-7　模式识别测试结果

齿轮状态	识 别 结 果				总数	识别率/%
	正 常	断 齿	磨 损	点 蚀		
正常	59	2	0	0	61	96.72
断齿	1	54	0	1	56	96.43
磨损	1	0	82	1	84	97.62
点蚀	2	4	1	83	90	92.22

3.4　预测技术

故障预测是实施先进的民用客机故障预测与健康管理系统最难解决的技术问题,带有较大的不确定性,这给健康管理系统的设计者带来了巨大的挑战。精准的预测模型需要准确的故障演化规律以及足够多的失效数据样本以支持训练、验证和微调预测算法。在工程应用中,更关注随着可用数据的增多,可连续缩小预测不确定性区间的方法和工具。

预测针对部件的预兆、初发的故障状态或附属元件的失效状态,提供早期的检测和隔离能力;并且管理和预报组件由该故障状态向失效状态转变的进展情况。此外,预测也是检测和监控故障部件的先兆指示,并沿着故障到失效的时间线不断预计精确的剩余使用寿命。

在工程应用中,民用客机的故障预测是指综合利用飞机的各种数据信息如监测的参数、使用状况、当前的环境和工作条件、早先的试验数据、历史经验等,并借助各种推理技术如数学物理模型、人工智能等进行分析,以判断设备运行是否会出现故障。如果经过判断有可能出现故障,则发出故障警报,以便及时诊断故障,避免故障扩大和传播。目前主要的预测手段分为基于失效物理模型的预测、基于统计模型的预测、基于数据驱动的预测,如图 3-51 所示。

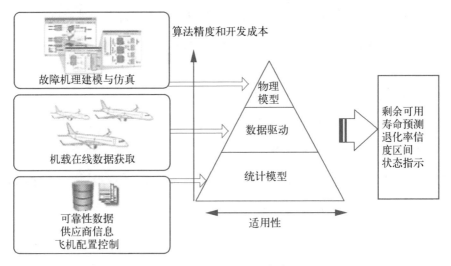

图 3 - 51　主要预测手段

　　在进行工程实践时,根据被监测对象(LRU 或者分系统)的危险度不同,选择不同类别的预测算法。不同类别的预测算法也会有不同的条件要求,如数据、模型和历史信息等。图 3 - 52 从工程应用的广泛性、资金投入与预测精度两方面,对一些预测算法进行了分类总结。

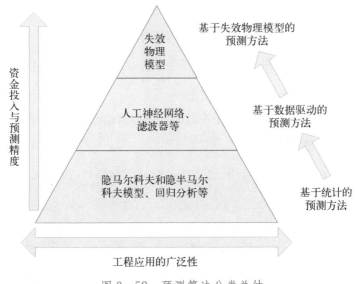

图 3 - 52　预测算法分类总结

本节将会从大量的预测方法中选取一些具有代表性的例子进行讲解，从而帮助读者对预测算法建立一个总体的把握和认识。

3.4.1　基于失效物理模型的预测

基于失效物理模型的预测技术是利用飞机的生命周期载荷和失效机理知识来评估产品可靠性的技术方法。该方法基于识别设备、产品或系统的潜在失效机理和失效位置，可为预测新材料、新结构或新产品的故障及剩余寿命建立一个科学的基础，从而前瞻性地预测飞机的剩余寿命。

3.4.1.1　方法概述

1）模型特征

基于失效物理模型的预测可在系统的实际应用条件下评估和预测其可靠性。它将传感器数据与模型相结合，而该模型能够实时识别产品与预测的健康状态相比的偏离或降级，并可预测产品未来的可靠性状态。失效模型应具备的特征如下所示。

（1）模型应提供可复验的结果。

（2）反应引发故障的变量和交互作用。

（3）预测产品在其整个应用条件期间的可靠性。

（4）模型应考虑各种应力参数及其与材料、几何和产品寿命的关系。

2）方法一般步骤

对于传统系统而言，应用基于失效物理模型的预测方法进行故障预测与健康管理的一般步骤如下所示。

（1）首先，利用所有的可用信息（如以前的载荷条件、维护记录等）评估传统系统的健康状态。

（2）其次，利用独立的单元数据校准健康状态，进而生成一份独立于传统系统的健康评估。

（3）最后，利用传感器和预测算法持续更新系统状态，以提供最新的系统预测结果。

3）方法输出及作用

基于失效物理模型的预测方法提供的输出可用于如下方面。

（1）提前警告故障的发生。

（2）最大限度地减少计划外维护的次数，延长维护周期，并通过及时维修保持效能。

（3）降低检查成本，缩短停机时间并减少库存，从而降低设备的生命周期成本。

（4）改进质量评定，为已安装的和未来的系统提供设计和后勤保障支持。

4）方法特点

基于失效物理模型的预测方法的优势之一是其可在存储条件下进行可靠性预测，相比基于数据驱动的技术，要求的数据量小。该方法可实时测量环境载荷（如温度、振动和湿度），载荷数据可与损伤模型结合，用于评估由积累载荷造成的降级；且需要使已建立的物理模型始终贯穿整个系统的应用，最适合用于精确的预测结果，如飞机。但实际上系统的物理特性通常随机性强且很复杂，难以建模。对于大多数工业应用来说，基于失效物理模型的预测可能不是最切合实际的解决方案，因为对于不同的部件来说，某部件的当前故障类型通常是唯一的，并且很难在不终止运行的情况下鉴别出该故障。

5）方法通用流程

产品失效是由物理、电、化学、机械应力综合作用导致的结果。基于失效物理模型的预测通过建立累积损伤模型，结合原位监测对电子产品实际的寿命周期载荷进行搜集与分析，评估产品的退化趋势。基于机载设备所监测到的寿命周期载荷信息，运用累积损伤模型处理监测参数，监测寿命消耗，计算累积损伤，评估电子产品的残余寿命。此外，也可将传感器参数与累积损伤模型相结合，监测机载设备寿命损耗。基于失效物理模型的预测方法通用流程如图 3-53 所示。

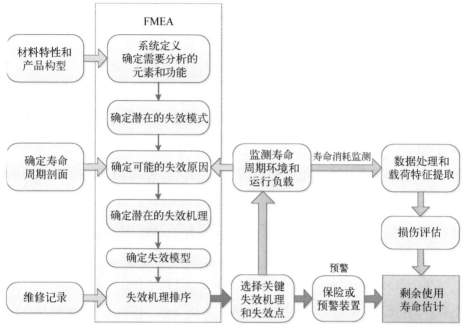

图 3-53　基于失效物理模型的预测方法通用流程

在对可靠性设计中使用的数据、FMEA、环境负载对系统的影响分析的基础上,开展典型器件故障模式、机理及其对寿命的影响的分析研究,在此基础上建立失效物理、工作和环境负载基线模型。电子产品的生命周期信息包括制造、存储、处理以及运行和非运行条件。生命周期负载(如温度、湿度、压力、张力、辐射、电流、电压等)可能会单独或以不同的组合方式对产品造成性能或物理降级,从而缩短其使用寿命。

通过监控典型器件焊点的信号完整性,实现对典型器件焊点退化的监控、对焊点间歇性故障的检测以及开路的报警。通常采用在典型器件焊点处外接具有存储功能的器件及电感、电容等,以检测焊点的退化。

根据以上方法,可得知基于失效物理(physics of failure,PoF)的预测技术以产品的设计数据、预期生命周期载荷条件及基于 PoF 模型作为数据基础,根据生命周期环境和运行载荷的估计值或实时监控值估算产品的寿命,并且通过对机载设备的潜在失效机理进行排序,以确定其可靠性短板,选择健康管理系统的监控参数和传感器位置,使得在产品的关键位置可加入传感器或预警装置。

其中设计数据、预期生命周期条件和预测模型都需要输入评估,我们可对重要故障模式和故障机理进行优先级划分,以选择监控参数和传感器位置;之后根据收集到的运行和环境数据估算产品的健康状态,还可以根据模型计算损坏量,以获得剩余寿命数据。表3-8所列的是一些典型的故障模式。

表 3-8　典型的故障模式

序号	故　障　模　式	序号	故　障　模　式	序号	故　障　模　式
1	结构故障(破损)	16	错误指示	31	开路
2	捆结或卡死	17	流动不畅	32	参数漂移
3	振动	18	错误动作	33	裂纹
4	不能保持正常位置	19	不能关机	34	折断
5	打不开	20	不能开机	35	动作不到位
6	关不上	21	不能切换	36	动作过位
7	误开	22	提前运行	37	不匹配
8	误关	23	滞后运行	38	晃动
9	内部泄漏	24	输入过大	39	松动
10	外部泄漏	25	输入过小	40	脱落
11	超出允差(上限)	26	输出过大	41	弯曲变形
12	超出允差(下限)	27	输出过小	42	扭转变形
13	意外运行	28	无输入	43	拉伸变形
14	间歇性工作	29	无输出	44	压缩变形
15	漂移性工作	30	短路		

在产品的生命周期中,处于不同应力级别的不同环境和运行参数可能会激活某些故障机理。但总体而言,只有小部分运行和环境参数以及故障机理对产品故障负主要责任。高优先级的故障机理决定产品的运行应力以及环境和运

行参数,在设计时必须考虑这些应力和参数,并加以控制。高优先级机理是指高度结合了发生概率和严重性的机理。通过对故障机理进行优先级划分,可以有效地利用资源。图 3-54 阐述了故障机理优先级划分方法。

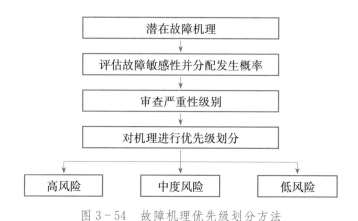

图 3-54 故障机理优先级划分方法

使用基于失效物理模型的预测方法定量分析系统失效时间时,存在可用性和精确性问题。如果没有失效模型可用,则监测参数的选择只能基于过去的现场失效数据或者通过加速试验得来的经验模型。

3.4.1.2 经典物理模型的应用

本节介绍几种描述系统部件失效的经典物理模型,包括帕里斯法则裂纹扩展模型、基于 Forman 规律的裂纹扩展模型、基于刚度的损伤规律模型和航空电子产品失效物理模型,各模型对失效过程的建模原理和相应的剩余寿命预测方法介绍如下。

1) 帕里斯法则裂纹扩展模型

材料已经形成的微观裂纹和宏观裂纹在应力或环境作用下,不断长大的过程称为裂纹扩展。裂纹扩展到一定程度,即造成材料断裂。裂纹的出现和扩展使材料的机械性能明显变差,这使对裂纹扩展速率进行建模,进而预测部件裂纹扩展寿命成为评定其可靠性的重要标准。

在断裂力学中,应用最广的裂纹扩展公式是众所周知的帕里斯公式。帕里斯认为对于一定材料的含裂纹板,在一定的环境和一定应力比条件下,裂纹扩展速率具有如下形式。

$$\frac{\mathrm{d}a}{\mathrm{d}N} = c\,(\Delta K)^n \tag{3.46}$$

式中:a 为裂纹特征尺寸;N 为加载循环次数;c 为与应力比有关的材料常数;n 为与应力比无关的材料常数,且 c、n 均由试验确定。

图 3-55 所示为在双对数坐标中画出的 $(\mathrm{d}a/\mathrm{d}N)$-$\Delta K$ 曲线,从图中可看出裂纹扩展特性可以分成 3 个区。

(1)第 1 区为裂纹扩展低速率区。该区随着应力强度因子幅度 ΔK 的降低,裂纹扩展速率迅速下降,当达到门槛值 ΔK_{th} 时,裂纹扩展

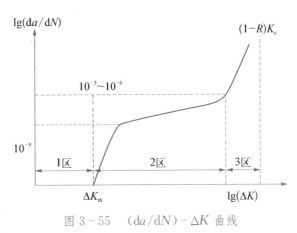

图 3-55　$(\mathrm{d}a/\mathrm{d}N)$-$\Delta K$ 曲线

速率趋近于零。若 $\Delta K < \Delta K_{\mathrm{th}}$,则可以认为裂纹不发生扩展。$\Delta K_{\mathrm{th}}$ 是反映裂纹是否扩展的一个重要材料参数。

(2)第 2 区为裂纹扩展中速率区。在该区内,裂纹扩展速率 $\mathrm{d}a/\mathrm{d}N$ 与应力强度因子幅值 ΔK 的关系服从帕里斯公式,两者有良好的对数线性关系,利用这一关系可以预测裂纹扩展寿命。

(3)第 3 区为高速率区。在这一区内,$\mathrm{d}a/\mathrm{d}N$ 大,裂纹扩展快,寿命短,其对裂纹扩展寿命预测的贡献通常可以不考虑。随着裂纹扩展速率的迅速增大,裂纹尺寸迅速增大,断裂发生。

利用帕里斯法则对裂纹扩展进行建模的优点是能够应用最小二乘法,使得模型的参数能随部件状态的改变而调整,但不足的是需假设缺陷区域尺寸与振动均方根水平线性相关;所采用的最小二乘法与时间序列中的单步调整相似;

部件的材料常数需借助经验确定。

2）基于 Forman 规律的裂纹扩展模型

帕里斯法则可以描述长裂纹的稳定扩展，但不能揭示裂纹扩展后期趋于断裂韧度的现象，分析结果偏危险。为了克服这一缺陷，Forman 等人在 1967 年发表了包含材料断裂韧度参量的扩展率方程。

同上节所述，$\mathrm{d}a/\mathrm{d}N$ 表示每一次载荷循环中疲劳裂纹长度的改变量（a 表示裂纹长度，N 表示循环周数），ΔK 表示应力强度因子幅值。基于 Forman 规律的 $(\mathrm{d}a/\mathrm{d}N)$‑$\Delta K$ 关系方程为

$$\frac{\mathrm{d}a}{\mathrm{d}N} = \frac{C\,(\Delta K)^m K_{\max}}{K_{\mathrm{IC}} - K_{\max}} \tag{3.47}$$

式中：C 和 m 为与试验条件（环境、频率、温度和应力比 r 等）有关的材料参数；K_{IC} 为断裂韧度。

从初始裂纹长度 0 扩展到临界失稳断裂裂纹长度 a_c 所经历的载荷循环次数 N_c，称为裂纹扩展寿命。对上式积分可得部件裂纹扩展寿命，如下所示。

$$N_c = \int_0^{a_c} \frac{K_{\mathrm{IC}} - K_{\max}}{C\,(\Delta K)^m} \mathrm{d}a \tag{3.48}$$

基于 Forman 规律的裂纹扩展模型的优点在于能将部件的状态监测数据和缺陷扩展物理特性与寿命关联起来，解释了当应力强度因子接近断裂韧性时，裂纹扩展速率急剧变大这一事实；然而该方法中的简化假设需要验证，对于复杂状况，模型中的参数仍需要确定（如轴负载区域和塑性区域）。

3）基于刚度的损伤规律模型

在疲劳载荷作用下，随着载荷循环次数增加，结构材料的刚度和强度等性能将衰退。在结构损伤中，各种损伤模式在循环加载中经常同时存在，这使得从微观角度去定量研究疲劳损伤变得更加困难，所以目前的研究大多是宏观的，通过剩余刚度研究在疲劳载荷作用过程中逐渐累积的损伤，该方法比较适

用于工程领域对实际问题的分析。

在宏观上,可以在试验中连续测量刚度而不会影响材料的性能,并且它随着材料内部损伤的不断累积而单调下降。刚度不仅能够描述结构在使用过程中的损伤状态,而且能进一步描述元件的剩余强度和疲劳寿命,因此剩余刚度是一个非常有潜力的宏观无损检测参数,剩余刚度模型也是复合材料疲劳特性研究最有前途的方向。刚度衰减模型如下所示。

$$dE(n)/dn = -E(0)Q\gamma n^{\gamma-1} \tag{3.49}$$

式中:n 为载荷加载循环次数;$E(0)$ 为初始刚度;Q 与 γ 为与最大作用应力 s、频率 f、应力比 r 及环境有关的随机变量。

对于用于航空领域的复合材料结构,还将面临承受冲击载荷的问题,结构同样会产生损伤累积。因此,我们面临着如何确定结构在一定载荷历史下的损伤状态及剩余寿命的问题。总的累积疲劳损伤可反应在刚度的改变上,也就是说可以建立起损伤过程的数学模型,对材料的疲劳损伤进行理论预测。

如前所述,刚度的变化与材料的损伤程度有关,并且刚度的测量是无损的。因此,可以建立基于刚度的损伤规律模型,普遍定义损伤为

$$D(n) = 1 - \frac{E(n)}{E(0)} \tag{3.50}$$

式中:$E(n)$ 为第 n 次加载时的刚度,然后依据刚度的疲劳试验结果即可总结出疲劳损伤的累积规律。该模型以剩余刚度的退化规律为基础,定量给出了损伤函数与相对循环次数之间的关系,该模型可较好地描述损伤发展过程。

运用损伤力学的观点研究疲劳过程,用刚度作为疲劳损伤的量度,不仅可以用于在疲劳载荷作用下剩余刚度的统计分析,确定疲劳损伤,而且可以预测剩余疲劳寿命。

4) 航空电子产品失效物理模型

对于航空电子产品而言,描述组件在各种条件(如温度、振动、湿度和腐蚀)

下表现的失效物理模型有很多种。图 3-56 总结了各种失效物理模型，这些模型用于计算由温度和振动载荷导致的损坏。

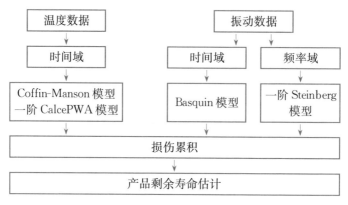

图 3-56 由温度和振动载荷导致损坏的失效物理模型

在某些情况下，需要自行开发模型，通常可使用一系列以统计方法设计的试验来实现。表 3-9 总结了用于航空电子系统的典型故障模式和机理。

表 3-9 用于航空电子系统的典型故障模式和机理

故障模式	故障位置	相关载荷	故障模型
疲劳	模具连接处、线焊和自动带焊、焊线、焊垫、迹线、穿孔和电镀穿孔、接口	ΔT、T_{mean}、dT/dt、驻留时间、ΔH、ΔV	非线性幂律（Coffin-Manson、Basquin）
腐蚀	金属镀层	M、ΔV、T	Eyring(Howard)
电迁移	金属镀层	T、J	Eyring(Howard)
导电细丝生成	金属镀层之间	M、$\triangledown V$	幂律（Rudra）
应力驱动型扩散空洞	金属迹线	S、T	Eyring(Okabayashi)
与时间相关的电介质击穿	电介质层	V、T	Arrhenius (Fowler-Nordheim)
Δ 表示范围；$\triangledown$ 表示梯度；	V——电压；M——湿度；	T——温度；J——电流密度；	S——应力；H——湿度

根据有关航空电子产品降级机理的知识,可在生命周期开始时便开发合适的监控系统,并使其与航空电子产品的制造阶段关联,以预测故障。航空电子产品的剩余寿命可从生命周期一开始就计算,并通过监控其生命周期环境来持续评估产品降级,从而估计在应用环境下的剩余寿命。在每个时间段,产品损伤都可以根据环境或运行载荷造成的不同应力计算,然后计算某一时期的损伤累积,最后可根据累积的损伤计算剩余时间。

估计航空电子产品的剩余寿命包括 6 个步骤:① FMEA;② 评估虚拟可靠性;③ 监控适当产品参数;④ 简化监控数据;⑤ 分析应力和损坏累积;⑥ 估计剩余寿命。将 FMEA 和评估虚拟可靠性相结合,以确定在特定生命周期环境中的主要故障机理和相应的环境及运行参数。

3.4.2　基于统计模型的预测

在我们无法也没必要通过建立系统输入、输出的微分方程来建立系统完整的动态模型的情况下,采用统计方法预测是非常有效的。

3.4.2.1　方法概述

对于类似于机载设备这样的复杂系统,建立精确的机载设备物理模型非常困难。由于很多机载设备的运行存储了大量的运行数据,因此在这种情况下,采用基于统计模型的预测方法,针对相应的机载设备开发精确的预测模型,是非常有效的。

基于统计模型的预测方法所需的信息来自各种概率密度函数而不是动态微分方程,因此与基于失效物理模型的预测方法相比,其要求的详细信息更少。该法的优点在于可以通过观察得到的统计数据建立所需的概率密度函数,这些概率密度函数能给出满足预测要求的结果。而且,这些方法一般都能给出预测结果的置信区间,置信区间能对预测的准确度和精确度给出较为直观的描述。

故障率是一种典型的失效概率曲线,大多数产品的故障率随时间的变化曲线形似浴盆,故称为浴盆曲线,如图 3 - 57 所示。在产品投入使用的初期,产品

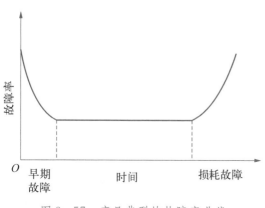

图 3-57 产品典型的故障率曲线

的故障率较高,且存在迅速下降的特点;在产品投入使用一段时间后,产品的故障率可降到一个较低的水平,且基本处于平稳状态;在产品投入使用相当长的时间后,产品进入损耗故障期,其特点是产品的故障率迅速上升,很快出现大批量的产品故障。由于基于系统特征的失效预测需要考虑制造的差异性、任务的历史变化以及寿命退化等一些随机影响,因此更加复杂。总之,在预测失效时,这些随机因素都应该考虑并且尽量降低误报率。

基于统计数据的设备和系统健康预测方法基本流程如图 3-58 所示。选取反映机载设备和系统性能的参数作为监控对象,以历史数据为基础,运用统计方法建立机载设备和系统健康状态模型,主要分为两类。一类是通过性能参数偏差分析和统计过程控制图方法,建立警戒值,使各性能参数受控,若超限则维修和更换,确保飞机安全;另一类是运用贝叶斯网络等方法对机载设备和系

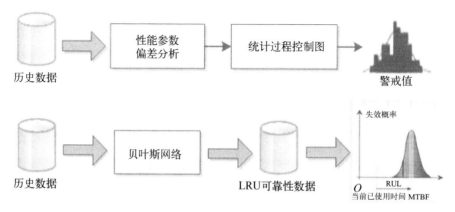

图 3-58 基于统计数据的设备和系统健康预测方法基本流程

统可靠性进行评估,在给定置信度水平条件下,得到机载设备和系统剩余寿命分布,从而指导维修。

3.4.2.2　典型技术的应用

基于上文介绍的产品典型故障率曲线,本节介绍几种典型的基于统计模型的预测技术。

1) 贝叶斯方法

在实际工程的某些领域中,一些关键设备(如发动机等)的造价昂贵,根本无法进行大量产品的寿命试验,从而无法得到足够的试验数据,难以使用极大似然估计的方法得到性能退化模型中的参数。然而,在实际工程中,通常可以通过分析类似产品的制造材料等,得到性能参数的相关信息(如产品裂纹扩展速度的经验信息)。此时如何合理地利用这些经验信息,结合少量的性能试验数据进行可靠性统计推断就成了迫切需要研究的问题。贝叶斯方法能结合总体信息、样本信息和各种前验信息,对产品的可靠性做出科学、合理的统计推断。

设在历史试验中共有 m 个样品,在 n 个给定的时间点 $t_1 < t_2 < \cdots < t_n$ 分别进行测量,测得的数据为 x_{11}, x_{12}, $\cdots$, x_{1n}, x_{21}, x_{22}, $\cdots$, x_{2n}, $\cdots$, x_{m1}, x_{m2}, $\cdots$, x_{mn}。其中, x_{ij} 表示第 i 个产品在 t_j 时刻测量所获取的产品性能数据。现场测量数据为 x_{c1}, x_{c2}, $\cdots$。下面利用贝叶斯方法,融合现场数据 x_{c1}, x_{c2}, $\cdots$,更新当前时刻产品的可靠度 R,得到 t_j 时刻的 (t_j, R_j),然后根据产品可靠性分布,通过线性变换,拟合 (t_j, R_j),得到可靠性分布的参数。整个过程可按下列步骤进行。

(1) 选择合适的分布。 $G[x, \Theta(t)]$ 表示产品在 t 时刻的性能参数变量的分布, $g[x, \Theta(t)]$ 为其概率密度函数,其中 $\Theta(t)$ 为该分布的时变参数。

(2) 在每一个测量时间点 $t_j (j = 1, 2, \cdots, n)$ 上确定参数 $\Theta(t_j)$ 的先验密度函数为 $\pi[\Theta(t_j), \Theta_0]$,其中 Θ_0 表示先验概率密度函数的参数集合。

(3) 根据实际工程,确定参数先验概率密度函数 $\pi[\Theta(t_j), \Theta_0]$ 中的未知参数,其中部分未知参数的估计值可以用 m 个试验样品在 t_j 时刻历史数据的合适统计量代替。

(4) 利用贝叶斯方法,得到 t_j 时刻现场样本 D_j 下的参数后验密度函数 $\pi[\Theta(t_j)\mid D_j]$,进而得到 $g[x,\Theta(t)\mid D_j]$。 对于无现场样本的时刻 $t_l(t_l > t_j)$,$g[x,\Theta(t)]$ 中的参数可以由其估计值代替,即由 m 个试验样品在 t_l 时刻的历史数据的合适统计量代替。

(5) 根据失效阈值 l,由当前时刻性能参数的概率密度函数 $g[x,\Theta(t)\mid D_j]$ 或 $g[x,\Theta(t)]$ 得到 $t_1,t_2,\cdots,t_n$ 时刻的可靠度 $R_1,R_2,\cdots,R_n$,实现现场信息的局部更新。

(6) 选择合适的失效分布 $F(t)$,采用 n 个数据点 $(t_i,R_i)(i=1,2,\cdots,n)$,利用回归分析技术得到产品失效分布 $F(t)$ 中未知参数的估计值,进而得到可靠性模型的参数。

上述方法要求每个样品的测试时间点必须相同,这样的数据称为规则型数据。若样品数据为非规则型数据,即每个样品的测试时间点不同,则需先将非规则型数据转化为规则型数据。转化方法如下所示。

(1) 根据第 $i(i=1,2,\cdots,m)$ 个样品的监测数据 $x_{i1},x_{i2},\cdots,x_{im}$,拟合其性能参数随时间变化的函数 $h_i(t)$。

(2) 根据各样品性能参数变量的函数 $h_i(t)(i=1,2,\cdots,m)$,求得各测量时刻 $t_1,t_2,\cdots,t_j,\cdots,t_n$ 的性能参数值 $h_i(t_j)$,将这种利用拟合性能参数值的函数得到的规则性数据称为规则型测量数据。

2) 隐马尔科夫和隐半马尔科夫模型

HMM 是一种描述随机过程统计特性的概率模型,由马尔科夫链演变发展而来。马尔科夫链是一个离散变量的随机过程,通过一个状态转移概率矩阵描述它的一系列状态之间的联系。实际问题比马尔科夫链所描述的更为复杂,与马尔科夫链不同的是:HMM 是一个双重随机过程,一重随机过程是具有有限状态的马尔科夫链,描述状态的转移;另一重随机过程描述每个状态和观察值之间的统计对应关系。不仅状态之间的转移是随机的，而且每个状态的观察值也是随机的，站在观察者的角度只能看到观察值，不能直接看到状态，而是通过一个随机过程去感知状态的存在及其特性。对观察者而言，实际的状态序列不能直接观察到，而是被隐藏起来，因此该模型称为隐马尔科夫模型。

HMM 根据观测信号的性质分为两类：连续隐马尔科夫模型（continuous HMM，CHMM）和离散隐马尔科夫模型（discrete HMM，DHMM）。HMM 包括具有状态转移概率矩阵 A 的马尔科夫链和输出观测值的随机过程，其状态是不确定或不可见的（即隐藏的），只有通过观测序列的随机过程才能表现出来（即通过观测值概率矩阵 B 相联系）。一个 HMM 可以由下列参数描述。

（1）N：模型中马尔科夫链的状态数目。记 N 个状态为 S_1，S_2，$\cdots$，S_N，记 t 时刻马尔科夫链所处的状态为 q，且 $q \in \{S_1, S_2, \cdots, S_N\}$。

（2）M：每个状态对应的可能的观测值数目。记 M 个观测值为 o_1，o_2，$\cdots$，o_M，记 t 时刻的观测值为 o_i，且 $o_i \in \{o_1, o_2, \cdots, o_M\}$。

（3）$\boldsymbol{\pi}$：初始状态概率分布向量，$\boldsymbol{\pi} = (\pi_1, \pi_2, \cdots, \pi_N)$，其中 $\pi_i = P(q_i = S_i)$，$1 \leqslant i \leqslant N$，式中 q_i 表示初始时刻为 i 的状态。

（4）A：状态转移概率矩阵，$A = \{a_{ij}\}_{N \times N}$，其中 $a_{ij} = P(q_{i+1} = S_j \mid q_i = S_i)$，$1 \leqslant i, j \leqslant N$。

（5）B：观测值概率矩阵，$B = \{b_{jk}\}_{N \times M}$，其中 $b_{jk} = P(o_i = V_k \mid q_i = S_j)$，$1 \leqslant j \leqslant N$，$1 \leqslant k \leqslant M$；对于连续 HMM，$B$ 是一组观测值概率函数，即 $B = \{b_j(X), j = 1, \cdots, N\}$。

故一个 HMM 可记为 $\lambda = (N, M, \boldsymbol{\pi}, A, B)$，简记为 $\lambda = (\boldsymbol{\pi}, A, B)$。HMM 主要解决如下三类问题。

（1）评估问题：计算由给定模型 λ 产生观测序列 O 的概率 $p\{O \mid \lambda\}$。

（2）解码问题：对于给定模型 λ 和观测序列 O，求可能性最大的状态序列 S。

（3）学习问题：对于给定观测序列 O，在最大似然度下学习得到模型 $\lambda = (\boldsymbol{A}, \boldsymbol{B}, \boldsymbol{\pi}) = \max p\{O \mid \lambda\}$。

HMM 作为一种信号动态时间序列统计模型，非常适合处理连续动态信号，并且它具有坚实的理论基础，具有学习功能和自适应能力，能够通过训练获取知识以监测系统的状态，实现对设备运行状态趋势的预测。此外，可以通过将反映设备当前状态信息的特征向量代入训练好的 HMM 模型，经过模式匹配识别设备当前健康状态；也可根据设备全寿命周期数据训练得到状态驻留时间的均值和方差，从而可进一步预测剩余寿命。

但是 HMM 也存在着不足之处：首先，HMM 是一种模式识别方法，强调的是其分类能力，但缺乏对故障本身的描述信息，对模型的学习参数无法恰当地解释；其次，HMM 初始模型的选取仍是一个悬而未决的问题，仅是凭经验选取；最后，HMM 对于隐藏状态的物理意义不能给出恰如其分的解释。

隐半马尔科夫模型（hidden semi Markov models，HSMM）是 HMM 的一种扩展形式，是介于 CHMM 和 DHMM 之间的半连续 HMM。与常规 HMM 中一个状态只对应一个观测值不同，HSMM 中一个状态对应一节观测值。HSMM 是综合了 CHMM 和 DHMM 思想后提出来的，通过在已定义的 HMM 的结构上加入表现状态持续时间的时间驻留概率密度函数，能比较形象地描述部件故障发展的规律。

HSMM 的特性是由以下参数来描述的：初始状态概率分布向量 $\boldsymbol{\pi}$、状态转移概率矩阵 $\boldsymbol{A}$、状态驻留分布 D、观察值概率矩阵 $\boldsymbol{B}$，因此可以记 $HSMM$ 为 $\lambda = (\boldsymbol{\pi}, D, \boldsymbol{A}, \boldsymbol{B})$。其中 $\boldsymbol{\pi}$ 与常规 HMM 相同，$\boldsymbol{A}$ 与常规 HMM 基本相同。在 $HSMM$ 中，虽然宏观状态之间的状态转移 $s_{q_{l-1}} \rightarrow s_{q_l}$ 是马尔科夫过程，$P(s_{q_l}=j \mid s_{q_{l-1}}=i)=a_{ij}$，但是微观状态之间的转移 $s_{t-1} \rightarrow s_t$ 并不是马尔科夫过程，这也是为什么称其为半马尔科夫模型的原因。各状态的 $\boldsymbol{B}$（对 $DHMM$ 来说是概率分布函数）与常规 HMM 相同，D 为每个宏观状态的状态驻留最大时间，用概率值 $p_i(d)(i=1, 2, \cdots, L)$ 描述状态驻留时间。

与 HMM 相比，$HSMM$ 具有两大优点。

(1) $HSMM$ 克服了因马尔科夫链的假设造成的 HMM 建模所具有的局限性。在解决现实问题的过程中，$HSMM$ 提供了更好的建模能力和分析能力。因此，$HSMM$ 改进了诊断能力，在故障诊断中具有更好的分类精度，提高了模式的分类精度及诊断的准确性。

(2) $HSMM$ 可以直接预测。因此 $HSMM$ 与 HMM 相比，更适合于描述设备故障演化规律，处理设备故障预测问题。

3）回归分析预测

回归分析预测根据历史数据的变化规律，寻找自变量与因变量之间的回归方程式，确定模型参数，据此做出预测。回归分析预测一般适用于中期预测。

回归分析预测方法就是将关于设备性能退化过程的先验认识与收集到的状态监测数据相结合，通过描述设备处于退化趋势时的回归模型，可以对设备或系统的故障或可靠性进行较长时间的预测。回归分析预测的一般步骤如图 3-59 所示。

图 3-59　回归分析预测的一般步骤

(1) 根据预测目标，确定自变量和因变量：明确预测的具体目标，也就确定了因变量，寻找与预测目标的相关影响因素，即自变量，并从中选出主要的影响因素。

(2) 建立回归预测模型：依据自变量和因变量的性能监测数据进行计算，在此基础上建立回归分析方程，即回归分析预测模型。

(3) 进行相关分析：相关分析是对具有因果关系的影响因素（自变量）和预测对象（因变量）所进行的数理统计分析处理。只有当自变量与因变量确实存在某种关系时，建立的回归方程才有意义。进行相关分析时一般要求出相关关系，以相关系数的大小来判断自变量和因变量的相关程度。

（4）回归分析预测模型检验与修改：回归分析预测模型是否可用于实际预测，取决于对回归分析预测模型的检验和对预测误差的计算。如果不符合检验标准，则需要考虑修改模型，直到回归方程通过各种检验，且预测误差较小时，才能将回归方程作为预测模型进行预测。

（5）计算并确定预测值：利用回归分析预测模型计算预测值，并对预测值进行综合分析，确定最后的预测值。

回归分析预测法有多种类型。根据自变量的多少可将回归问题分为一元回归和多元回归；按照自变量和因变量之间的相关关系不同，可分为线性回归分析预测和非线性回归分析预测。

在民用客机健康状态预测中，可能会遇到某一故障现象的发展和变化取决于几个影响因素的情况，也就是一个因变量和几个自变量有依存关系的情况。这时需要采用多元回归分析预测法。

多元回归分析预测法是指通过对两个或两个以上的自变量与一个因变量的相关分析，建立预测模型进行预测的方法。当自变量与因变量之间存在线性关系时，称为多元线性回归分析。

多元线性回归分析预测模型一般公式为

$$\hat{Y}_t = a + b_1 x_1 + b_2 x_2 + b_3 x_3 + \cdots + b_n x_n \tag{3.51}$$

下面我们以二元线性回归分析预测法为例，说明多元线性回归分析预测法的应用。

多元线性回归模型中最简单的是只有两个自变量（$n=2$）的二元线性回归模型，其一般形式为

$$\hat{Y}_t = a + b_1 x_1 + b_2 x_2 \tag{3.52}$$

式中，$\hat{Y}_t$ 为因变量；x_1，x_2 为两个不同的自变量，即与因变量有紧密联系的影响因素；a，b_1，b_2 为线性回归方程的参数，通过解下列方程组得到。

$$\sum y = na + b_1 \sum x_1 + b_2 \sum x_2$$

$$\sum x_1 y = a \sum x_1 + b_1 \sum x_1^2 + b_2 \sum x_1 x_2$$

$$\sum x_2 y = a \sum x_2 + b_1 \sum x_1 x_2 + b_2 \sum x_2^2 \tag{3.53}$$

非线性回归分析预测方法是指自变量与因变量之间的关系不是线性的,而是某种非线性关系时的回归分析预测法。非线性回归分析预测法的常见回归模型有以下几种:双曲线模型、二次曲线模型、对数模型、三角函数模型、指数模型、幂函数模型、罗吉斯曲线模型、修正指数增长模型等。上述模型的具体建立过程可参考文献。根据上面介绍的预测模型可以进行所需的预测计算。

在回归分析预测方法中,需要判断 X、Y 之间的相关程度,这就要计算相关系数 r,公式如下

$$r = \frac{\sum (X_i - \bar{X})(Y_i - \bar{Y})}{\sqrt{\sum (X_i - \bar{X})^2 \sum (Y_i - \bar{Y})^2}} = \frac{S_{xy}}{\sqrt{S_{xx} S_{yy}}} \tag{3.54}$$

相关系数 r 有如下特征。

(1) 相关系数取值范围为 $-1 \leqslant r \leqslant 1$。

(2) 当 $r > 0$ 时,为正线性相关,X_i 上升,且呈线性增加;当 $r < 0$ 时,为负线性相关,X_i 上升,且 Y_i 呈线性减少。

(3) 当 $|r| = 0$ 时,X 与 Y 无线性相关关系;当 $|r| = 1$ 时,X 与 Y 有完全确定的线性相关关系;当 $0 < |r| < 1$ 时,X 与 Y 存在一定的线性相关关系;当 $|r| > 0.7$ 时,X 与 Y 高度线性相关;当 $0.3 < |r| \leqslant 0.7$ 时,X 与 Y 中度线性相关;当 $|r| \leqslant 0.3$ 时,X 与 Y 低度线性相关。

在进行相关性分析之后,需要检验所得的回归分析预测模型,才能确定该模型是否可用。常用的检验方法有 F 检验、t 检验、r 检验等,有时为了把握预测模型的精度,还需要做标准差检验。这里以 F 检验为例,介绍回归分析预测模型检验的过程。

F 检验的目的主要是说明回归分析预测模型中自变量的变化能否完全解释因变量的变化,回归分析预测模型是否有效,其计算公式如下所示。

$$F = \frac{\dfrac{\sum (\hat{Y} - \bar{Y})^2}{m}}{\dfrac{\sum (Y_i - \bar{Y})^2}{n - m - 1}} = \frac{\dfrac{S_{xy}^2}{S_{xy}}}{\dfrac{S_{xy} - S_{xy}^2/S_{xx}}{n - 2}} \qquad (3.55)$$

式中：m 代表自变量个数；n 代表资料数据的个数。

F 检验的步骤如下所示。

(1) 选择检验的显著性水平 α。

(2) 根据 α 以及自由度 m 和自由度 $(n - m - 1)$,查 F 分布表的值 F_c。

(3) 将计算的 F 与 F_c 做比较判断。若 $F > F_c(\alpha, m, n - m - 1)$,则认为回归分析预测模型具有显著水平,回归分析预测模型所含自变量的变化足够解释因变量的变化,在选择显著水平 α 上,从总体看回归分析预测模型的有效性。若 $F < F_c(\alpha, m, n - m - 1)$,则认为回归分析预测模型达不到显著水平,回归分析预测模型所含自变量的变化不足以解释因变量的变化,在选择显著水平 α 上,从总体上看回归分析预测模型无效。显然,只有在选择的一定显著水平 α 上回归分析预测模型有效,才能应用于预测;反之,则不能应用于预测。

如果检验可得回归分析模型可用,那么可以根据上述公式,利用回归模型计算出预测值。

回归分析预测的主要特点如下所示。

(1) 技术比较成熟,预测过程简单。

(2) 分解预测对象的影响因素,考察各因素的变化情况,从而估计预测对象未来的数量状态。

(3) 回归分析预测模型误差较大,外推特性差。当影响因素错综复杂或相关因素数据资料无法得到时,即使增加计算量和复杂程度,也无法修正回归分析预测模型的误差。

（4）回归分析预测要求样本量大且样本有较好的分布规律，当预测的长度大于占有的原始数据长度时，采用该方法进行预测在理论上不能保证预测结果的精度。

此外，可能出现量化结果与定性分析结果不符的现象，有时难以找到合适的回归方程类型。

4）*Weibull* 分布的稳定区与退化区间隔表示的预测方法

目前关于剩余寿命预测的很多文献主要基于可靠性理论或者各种复杂的数学模型，在工程应用中很难实现。因此，急需一种简单的系统级的预测模型应用于工业实践中。*Weibull* 分布的稳定区和退化区间隔表示的预测方法满足了这种要求。

Weibull 分布的稳定区和退化区间隔表示的预测方法的基本思路是把状态监测的数据分成两个阶段：稳定区与退化区，如图 3 - 60 所示。在稳定区中，状态数据没有太大差异，因此在稳定区要进行剩余寿命的预测，就需要采用基于可靠性理论的模型，如简单实用且非常具有灵活性的 *Weibull* 寿命分布模型；而当状态数据检测到问题时，即当设备开始发生性能退化时，就采用可靠性信息与状态监测信息相结合的方法预测剩余寿命。

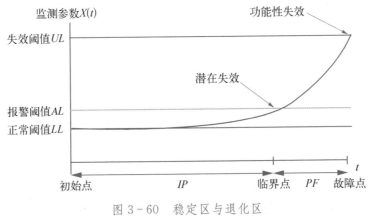

图 3 - 60　稳定区与退化区

如果所示的稳定区的时间段长度(IP)与退化区的时间段长度(PF)是恒定的,那么设备在任意时间 t 的剩余寿命可以表达为

$$TTF = IP + PF - t \tag{3.56}$$

因此,在本寿命预测的方法中,最重要的是确定 IP 与 PF。

具体应用步骤如下所示。

(1) 稳定区:根据每次状态监测的时间点将稳定区进行划分,如图 3-61 所示。

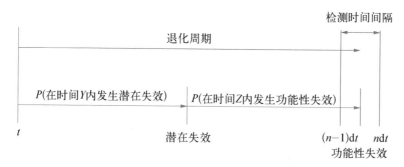

图 3-61　根据每次状态监测的时间点将稳定区进行划分

假定设备在发生功能性失效前,必然发生潜在失效,则功能性失效的概率为

$$P(功能性失效) = \sum \big[P(在时间 \, Y \, 内发生潜在失效)$$
$$\times P(在时间 \, Z \, 内发生功能性失效) \big]$$

(2) 退化区:当状态监测数据 $X(t)$ 进入退化区后,就可以用于预测剩余寿命。假定状态监测数据 $X(t)$ 的变化为指数曲线,则有

$$X(t) = LL + (AL - LL) \times \exp \left\{ \frac{\ln\big[(UL - LL)/(AL - LL)\big]}{PF} t \right\}$$

$$\tag{3.57}$$

式中:LL 为状态监测数据 $X(t)$ 的正常阈值;AL 为设备发生潜在失效后,状

态监测数据 $X(t)$ 的报警阈值；UL 为设备发生功能性失效后，状态监测数据 $X(t)$ 的失效阈值。

因此，结合了可靠性信息与状态监测信息的剩余寿命为

$$TTF = \{\gamma_{PF} + \eta_{PF}[-\ln(1 - F(t))]^{1/\beta_{PF}}\}$$
$$\times \left\{1 - \frac{\ln[(X(t) - LL)/(AL - LL)]}{\ln[(UL - LL)/(AL - LL)]}\right\} \tag{3.58}$$

通过此预测模型的应用实践发现，该模型简单、高效、实用，适用于几乎所有的状态监测条件，具有一定的应用价值，但也暴露了一些问题，如此模型需要假设机器的寿命分布为 $Weibull$ 分布，在进入退化区后，状态监测数据变化为指数曲线，对于那些不服从此规律的机器，很难保证较高的预测精度；此外，此模型受状态监测数据的质量与精确度的影响较大，抗噪能力一般。

3.4.3　基于数据驱动的预测技术

基于可用的历史信息，从统计和概率角度出发，对机载设备的健康状况和可靠性进行推断、估计和预测的方法称为基于数据驱动的预测技术。它的基本思想是通过学习机载设备历史信息，掌握健康机载设备和非健康机载设备的表现行为的差异，从而预测机载设备将来的状态。

3.4.3.1　概述

基于数据驱动的预测技术以机载设备处于健康时的数据作为训练数据，以实际使用过程中实时采集到的数据作为测试数据，利用各种统计方法和学习方法对这些数据进行处理和分析，检查测试数据的特征与训练数据的特征之间的退化或差异情况，从而实现对机载设备的健康状况评估、故障诊断及寿命预测。基于数据驱动的预测与健康管理技术体系如图 3 - 62 所示。

该技术体系将整个预测体系分为离线算法开发和在线实际应用两大部分，离线部分和在线部分互相补充、互相支持。在离线算法的开发阶段，根据系统

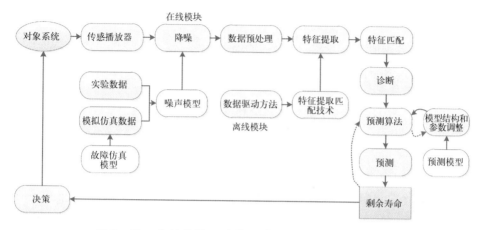

图 3-62 基于数据驱动的预测与健康管理技术体系

的历史数据、试验数据、子系统或单元的物理模型,建立面向在线应用的去噪、特征提取、退化状态识别和剩余寿命预测的模型;在在线应用阶段中,对实际采集到的数据进行必要的降噪和特征提取后,根据系统实际的操作条件和负载情况,采用预测算法评估系统。此技术体系构成一个从离线算法开发到在线应用的闭环系统,能够根据实际在线应用过程中的预测效果,不断对预测模型和算法进行调整和优化。

　　基于数据驱动的预测的关键技术主要包括特征参数提取方法和预测方法。特征参数提取方法是准备获知故障征兆的关键技术,而预测方法是获取故障征兆参数的变化趋势并对未来进行预测的关键技术。该方法通过将传感器嵌入电子产品中,搜集监测并提取反映产品降级状态的特征参数,如模块的温度数据、电压数据、电流数据和振动数据等,利用预测算法估计相应 LRM 或 LRU 的降级趋势。预测流程包括特征参数选取、特征参数监测和处理、特征参数趋势预测、故障识别以及状态评估与寿命预测。基于数据驱动的预测流程如图 3-63 所示。

　　(1) 特征参数选取:在可用传感器数据、状态监测数据、测试和试验数据中,识别可用的、能够包含或隐含目标系统健康退化特征的性能参数,与待测对象的故障模式一致,并正确反映待测对象的各种故障情况。

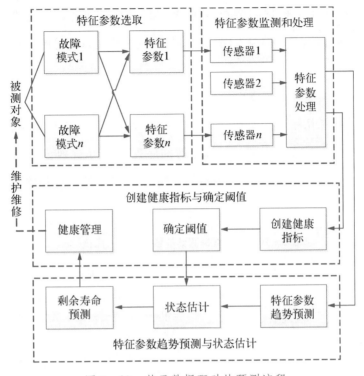

图 3-63　基于数据驱动的预测流程

（2）特征参数监测和处理：采用传感器对特征参数进行连续测量，有效地获取可用数据资源，才能够建立合适的模型或识别算法的参数，并进行降噪、平滑、滤波及变换等预处理，从而提取特征参数值。

（3）创建健康指标与确定阈值：通过主成分分析等方法创建表征对象系统健康状态的指标，并确定对应的失效阈值或退化模式条件，在必要时，还需对健康指标进行变换、映射或多指标融合、约减等，确认构造的健康指标与对象系统健康状态的定量或定性的函数关系。

（4）特征参数趋势预测与状态估计：预测算法是决定预测性能的关键，采用自回归滑动平均（autoregression moving average，ARMA）时间序列、神经网络预测等相关技术，依据 t 时刻特征参数的变化，采用如特征参数阈值、主元分析等方法确定特征参数变化趋势，预测（$t+n$）时刻的特征参数值。

（5）健康管理：根据剩余寿命预测结果，结合不同对象系统的需求和特征，给出对应维护、维修的决策建议，或对维护、维修进行动态的调整和优化建模等。

3.4.3.2 典型技术的应用

本节介绍了几种呈现不同特征的基于数据驱动的预测技术，各方法及其优、缺点如表 3‑10 所示。主要包括基于时间序列、基于人工神经网络（artificial neural network，ANN）、基于滤波器的预测技术，各自的原理和预测功能介绍如下。

表 3‑10　基于数据驱动的预测技术的优、缺点

方　　法	优　　点	缺　　点
基于时间序列的预测技术	计算方便快捷 进行线性平稳预测	识别模型需要确定许多参数 很难全面地反映序列数据中存在的复杂非线性关系
基于 ANN 的预测技术	处理多变量分析速度快捷 能进行非线性预测 不需要先验知识	假设状态特征指标确定性地代表实际健康状态 假设状态特征指标一旦超出预设的阈值，故障和失效就会发生 较短地表示模式预测区间
基于滤波器的预测技术	能进行非线性预测	需要高维数据，性能低

1）基于时间序列的预测技术

时间序列是按时间次序排列的随机变量序列 X。时间序列预测就是根据时间序列所反映出来的发展过程、方向和趋势，进行类推或延伸，借以预测下一段时间或以后若干时间内可能达到的水平。常用的时间序列模型有自回归（auto regression，AR）模型、滑动平均（moving average，MA）模型、ARMA 模型等线性平稳模型。下面以 ARMA 模型为例做详细介绍。

ARMA 模型是一种比较成熟的模型，由 AR 模型和 MA 模型组合而成，适用于短期预测。对于建立模型，它要求时间序列是随机和平稳的，而且需要大

量数据,需编写计算机程序辨识模型。该模型的数学公式为

$$y_t = \sum_{i=1}^{p} \varphi_i y_{t-i} + \varepsilon_t - \sum_{j=1}^{q} \theta_j \varepsilon_{t-j} \tag{3.59}$$

其中 p、q 分别为 AR 和 MA 的阶数,简记 ARMA(p、q)。实数 φ_i 称为 AR 系数,实数 θ_j 称为 MA 系数。特殊地,若 $p = 0$,则此模型为 MA 模型;若 $q = 0$,则此模型为 AR 模型。对于模型预测,要找到与其拟合得最好的预测模型,阶数的确定和参数的估计是模型辨识的关键。

(1) 模型阶数的确定。对于时间序列 $\{y_n\}$,其统计分析如下:

均值
$$\mu_y = \frac{1}{n} \sum_{t=1}^{n} y_t$$

方差
$$\text{var}(y_t) = \sigma_y^2 = \frac{1}{n} \sum_{t=1}^{n} (y_t - \mu_y)^2$$

协方差
$$\text{cov}(y_t,\ y_{t+k}) = \frac{1}{n-k} (y_t - \mu_y)(y_{t+k} - \mu_y)$$

自相关函数
$$\hat{\sigma_e} = \hat{\rho_k} - \sum_{j=1}^{p} \varphi_j \hat{\rho_j} \rho_k = \frac{\text{cov}(y_t,\ y_{t+k})}{\sigma_y^2}$$

对于 ARMA 模型,应采用最佳准则函数法确定其模型阶数。这里选择最小 AIC 准则作为定阶准则,AIC 函数定义为令 $\hat{\sigma_e} = \hat{\rho_k} - \sum_{j=1}^{p} \varphi_j \hat{\rho_j}$,则 $AIC(l) = \ln \hat{\sigma}^2(l) + \frac{2l}{n}$,其中 $\hat{\sigma}^2(l)$ 为各种算法相应的 $\hat{\sigma_e^2}$ 的估计值,l 为模型待估参数的个数。这样,从低阶到高阶对 p、q 的不同取值分别建立模型,并进行参数估计,比较各模型的 AIC 值,使其达到极小的模型就确定为最佳模型。

(2) 模型参数的估计。选定模型的阶数后,需进一步计算模型的未知参数。这里选择最小二乘法估算参数值。设 $Y = X\beta + U$,Y 为现在的观测值,X 为历史的观测值,U 为误差。关于 β 的估计,建立误差平方和 $Q = (Y -$

$X\beta)'(Y - X\beta) = U'U$，使 Q 达到最小值的 $\hat{\beta}$ 称为 β 的最小二乘估计量。

具体的 ARMA 模型对时间序列进行预测的流程如下所示。

a. 对时间序列进行季节差分或差分，以得到一个平稳随机序列，然后 0~1 均值化序列。

b. 计算差分后序列的自相关系数和偏相关系数，选择一个合适的 ARMA 模型。

c. 用最小二乘法分析 ARMA 模型，计算模型参数值。

d. 对估计得到的模型进行适应性检验，可重新改进模型，直至得到最优模型。

e. 预测应用。识别模型需要确定许多参数，然而许多时间序列的数据特征存在非常复杂的非线性函数关系，线性模型无法全面地反映这种复杂关系，从而需要建立非线性模型，但很难为这种模型找到一个恰当的参数估计方法。人工神经网络具有通过学习逼近任意非线性映射的能力，而且精度高，因此在非线性系统的时间序列预测方面得到了广泛的应用。

2) 基于 ANN 的预测技术

飞机在长期飞行过程中会存储大量飞行参数数据，对于通常的预测算法很难在短时间内训练出稳定的模型。对于飞机飞行参数数据的非线性，使用传统随机过程预测方法不但需要建立该非线性时间序列的预测模型，而且要通过不确定性的测量结果来估计模型参数。神经网络不涉及具体如何运算的问题，提供一个黑箱，指定输入值与输出值，然后在网络内部根据神经元的组织结构，对神经元进行不同比重的加权。利用 ANN 的学习功能，用大量样本对神经元网络进行训练，调整其连接权重和阈值，经反复训练之后，这一组权重可以用来控制输入与输出的结果，然后可以利用已确定的模型进行预测。神经网络预测方法较多，包括反向传播（back propagation，BP）神经网络、概率神经网络、支持向量机（supporting vector machine，SVM）等。

神经网络主要以两种方式实现预测功能：一种是以神经网络作为函数逼

近器,对机组工况的某参数进行拟合预测;另一种是考虑输入、输出间的动态关系,用带反馈连接的动态神经网络对过程或工况参数建立动态模型进而预测故障。

以简单的三层前向神经网络为例,简单介绍神经网络预测的原理,如图3-64所示。人工神经网络预测需要三种样本:学习样本、测试样本和分析样本,每个样本都包括输入值和输出值。

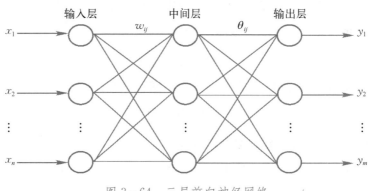

图3-64　三层前向神经网络

（1）输入层:输入向量 $\boldsymbol{X}=(x_1, x_2, \cdots, x_n)$ 为设备或系统的状态监测数据,并经过一定的预处理,如降噪、归一化等。

（2）中间层:又称隐含层,从输入得到的信息经内部学习和处理,转化为有针对性的解决办法。中间层含有隐节点,它通过数值 w_{ij} 连接输入层,通过阈值 θ_{ij} 连接输出层。选用S(Sigmoid)型函数等类型的传递函数,可以完成输入模式到输出模式的非线性映射。

（3）输出层:通过比较神经元输出与阈值,得到预测结果 $Y_j = (y_1, y_2, \cdots, y_m)$。 输出层节点数 m 为预测的总数。

利用ANN进行预测的基本步骤如下所示。

（1）选取网络样本:以状态监测数据作为样本,选择合理的训练、测试和分析样本等。

（2）训练网络:利用已有的历史性能监测数据,确定输入向量和目标向量,设置网络参数,对网络进行训练。直到网络的训练达到给定的误差标准为止。

(3)测试网络:利用测试样本,对已训练好的网络进行测试,检验网络的性能。

(4)分析预测:利用已确定的网络预测模型以及分析样本,应用网络解决故障预测的问题。

目前,实际应用于故障预测的神经网络类型有很多,如 BP 神经网络、径向基函数(radial basis function,RBF)神经网络、小波神经网络、递归型神经网络(如 Elman 网络)、SOM、概率神经网络等。

基于 ANN 的预测技术的优点是在不同程度和层次上模仿人脑神经系统的结构及信息处理和检索等功能,对大量非结构性、非精确性规律具有极强的自适应功能,具有信息记忆、自主学习、知识推理和优化计算等特点,其自学习和自适应功能是常规算法和专家系统技术所不具备的,同时在一定程度上克服了由于随机性和非定量因素而难以用数学公式严密表达的困难。

但是,神经网络预测过程往往没有一个明确的形式来解释和分析神经网络输入与输出之间的关系,这样就面临着如何根据网络输出来解释预报结果的困难。此外,该方法要求有足够多的历史数据,这在实际工业应用中很难实现;而且算法复杂,极易陷入局部极小点,特别是硬件实现需要一定的条件。

3)基于滤波器的预测技术

Kalman 和 Bucy 最先提出状态空间方法以及递推滤波算法,也即 Kalman 滤波器。随着对非线性、非高斯系统的研究分析,之后又逐步提出、发展了扩展式 Kalman 滤波器、粒子滤波器和强跟踪滤波器等,并在故障预测领域得到广泛应用。

(1)Kalman 滤波器以线性、无偏、最小方差为准则递推估值,通过极小化系统状态估计误差,得到递推估计的一组方程。Kalman 滤波器是一种最佳线性估计器,其基本思想是通过处理含有噪声的观测信号,得到被观测系统状态的统计估计信息。由于 Kalman 滤波器同时能得到系统的预报方程,所以在故障预测领域也得到了广泛的应用。

Kalman 滤波器的处理对象是随机数据,是由计算机实现的实时递推算法,利用系统噪声和观测噪声的统计特性,以系统的观测量作为滤波器的输入,以所要估计的数据作为滤波器的输出,根据状态预测方程和状态估计方程实现预测,Kalman 滤波器的工作原理如图 3 - 65 所示。

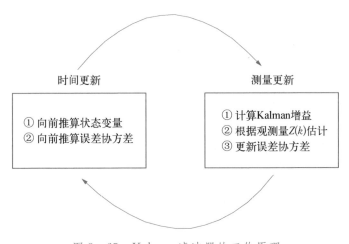

图 3 - 65　Kalman 滤波器的工作原理

状态预测方程　　$\hat{\boldsymbol{X}}(k \mid k-1)=\boldsymbol{A}(k, k-1)\hat{\boldsymbol{X}}(k-1 \mid k-1)$

状态估计方程　　$\hat{\boldsymbol{X}}(k \mid k)=\hat{\boldsymbol{X}}(k \mid k-1)+\boldsymbol{K}(k)[\boldsymbol{Y}(k)-\boldsymbol{H}(k)\hat{\boldsymbol{X}}(k \mid k-1)]$

式中:$\boldsymbol{A}$ 为 $n \times n$ 阶非奇异状态一步转移矩阵;$K(k)$ 为 Kalman 增益;$\boldsymbol{H}$ 为 $m \times m$ 维测量转移矩阵。

Kalman 滤波算法流程如图 3 - 66 所示。

Kalman 滤波器采用时域内的递推形式,计算过程是一个不断预测和修正的过程,当得到新的观测值时,便可以根据前一个估计值和最后一个观测数据估计信号的当前值。若已知 $(k-1)$ 时刻的预测状态估计值和 k 时刻的观测

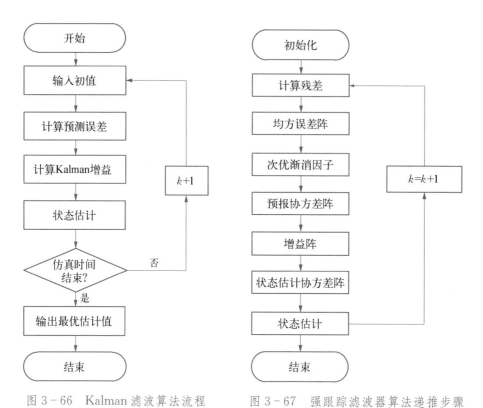

图 3-66　Kalman 滤波算法流程　　图 3-67　强跟踪滤波器算法递推步骤

值,则根据 $(k-1)$ 时刻的预测协方差就可以求出 k 时刻的状态估计协方差,并可预测 $(k+1)$ 时刻的状态估计值和测量值。

(2) 强跟踪滤波器实际上是一种带次优渐消因子的扩展 Kalman 滤波器,强跟踪滤波器通过引入渐消因子 λ ,可以根据滤波效果动态地调整增益矩阵 $\boldsymbol{K}(k+1)$,以保持准确跟踪系统状态的能力。强跟踪滤波器算法的递推步骤如图 3-67 所示。

强跟踪滤波器对模型不确定系统或参数时变系统具有较强的鲁棒性;对系统噪声、测量噪声以及初值统计特性的敏感度较低;对系统达到稳态后的缓变或突变状态具有极强的跟踪能力。此外,强跟踪滤波器是一种自适应滤波器,它能同时估计状态和时变参数,因此这种方法能够对具有时变参数的非线性系统进行故障预报。

3.4.4　应用实例

轴承作为机械传动过程中起固定作用和减小载荷摩擦系数的关键部件,在许多设备中起到重要的作用,并且轴承失效造成的关键设备致命停机常有发生,因此选择轴承作为预测退化状态及估计剩余寿命的研究对象。

1) 试验装置

轴承试验台组成与结构关系如图 3-68 所示,4 个轴承安装在一根轴上,转轴转速稳定在 2 000 r/min,并通过一个弹簧装置对轴和轴承施加 6 000 lb (2 722 kg)的径向载荷,所有轴承强制润滑。选择加速度振动传感器采集振动信号,采样频率设定为 20 kHz。

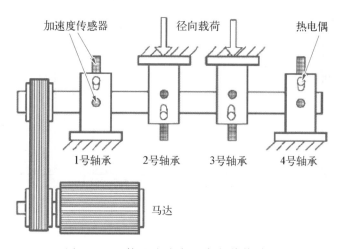

图 3-68　轴承试验台组成与结构关系

2) 状态评估及退化模式划分

选择 1 号轴承的状态监测数据作为输入,经过能量特征提取及 SOM 评估健康状态,得出该轴承的健康状态评估结果 CV 值。轴承健康状态评估及其拟合结果如图 3-69 所示,纵坐标为轴承健康 CV 值,横坐标为时间,每一个单位时刻代表一个评估间隔的时长。

对拟合的结果进行微分计算可得出轴承健康状态的瞬时退化率曲线,如图 3-70 所示。

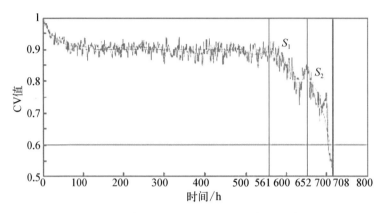

图 3-69 轴承健康状态评估及其拟合结果

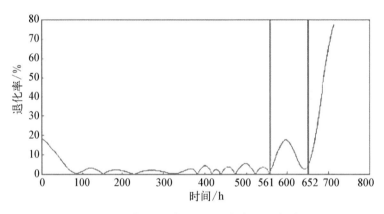

图 3-70 轴承健康状态的瞬时退化率曲线

3) 预测模型的选择

目前,已有较多模型能够用于预测系统健康状态。在本案例中,针对轴承的健康状态预测选取常用的两种预测模型:适合线性系统预测的 ARMA 模型和适合非线性系统预测的 Elman 递归神经网络(Elman recurrent neural network,ERNN)模型。

4) 预测模型自适应优选结果

采用 ERNN、ARMA(2,1)和 ARMA(3,2)三个预测模型分别进行退化模式 S_1 和 S_2 的预测。针对退化模式 S_1,选择时刻 528~597 的 CV

值作为预测模型的训练输入,选择时刻 $598\sim652$ 的 CV 值作为预测模型的测试输入,并计算各预测模型的预测平均绝对误差。针对退化模式 S_2,选择时刻 $632\sim676$ 的 CV 值作为预测模型的训练样本,选择时刻 $677\sim708$ 的 CV 值作为预测模型的测试样本,并计算各预测模型预测结果的平均绝对误差。根据在不同退化模式下各预测模型的预测效果,即平均绝对误差(mean absolute error,MAE),构建模式-模型对照表,如表 3-11 所示。

表 3-11　模式-模型对照表

	ERNN	ARMA (2, 1)	ARMA (3, 2)	最小值	模　型
S_1	**0.000 76**	0.042 68	0.006 71	**0.000 76**	ERNN
S_2	0.002 37	0.031 65	**0.001 33**	**0.001 33**	ARMA (3, 2)

表中,ERNN 和 ARMA(3, 2)分别为退化模式 S_1 和 S_2 的最适合预测模型。在退化模式 S_1 和 S_2 下,ERNN 和 ARMA(3, 2)的预测结果与真实值最为接近。由于在退化模式 S_1 下,健康状态呈曲线形式退化且瞬时退化率呈非线性波动趋势,因此 ERNN 模型适用于退化模式 S_1 下健康状态的预测;S_2 模式对应的健康状态呈直线形式剧烈下降且瞬时退化率呈直线上升,因此 ARMA 模型适合该退化模式下健康状态的预测。

当健康退化状态进入退化模式 S_1 时,ERNN 模型能够很好地预测退化状态发展趋势,但是在 S_2 模式下时,该模型的潜在退化过程识别和预测效果明显下降。因此,当 CV 值低于报警阈值 0.8 且瞬时退化率呈直线垂直上升时,可判定退化状态进入退化模式 S_2,根据模式-模型对照表选择 ARMA(3, 2)预测未来的退化状态,直至预测的 CV 值达到失效阈值。根据达到失效阈值时的预测步长及数据信号采样评估间隔期,可估计剩余寿命,自适应预测方法的预测结果如图 3-71 所示。

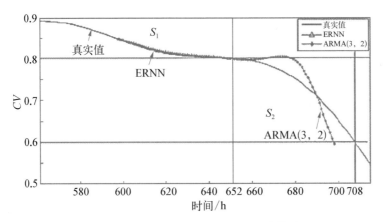

图 3-71　自适应预测方法的预测结果

3.5　健康评估与维修决策技术

民用客机健康管理系统的一个重要功能就是实现健康管理,即在状态监测、故障诊断、故障预测、健康评估的基础上,结合各种可利用的资源,提供一系列的维修保障决策和更换、维修活动等建议措施,以实现民用客机系统的视情维修。

3.5.1　健康评估技术

3.5.1.1　定义与目的

健康评估是指根据系统的监测信息评估系统的健康退化情况,给出带有置信度水平的系统故障诊断结论,并结合系统的健康历史信息、运行状态和运作负载特性,预报系统未来的健康状态。其中预报是健康评估的功能之一,是指根据健康评估的诊断结论,结合系统故障传播特性和系统运作情况,定性评估故障的二次影响方向或组件,它不同于预测,但是可以驱动预测算法。

健康评估的目的在于管理、分类评估数据并采取积极主动的措施,监视飞机设备或系统的健康状态,预测其性能变化趋势、部件或设备发生故障的时机及剩余使用寿命,并采取必要的措施缓解设备或系统的性能衰退。

3.5.1.2　典型技术应用

应用于健康状态评估的方法有很多种,如 ANN、粒子滤波器、Petri 网、灰色系统等。具体而言,如统计模式识别,计算当前行为与正常行为间的重叠,但它要求特征是严格的正态分布,只需正常状态的数据。下面介绍几种常用的先进健康评估方法。

1) 统计过程控制

飞机系统和设备的健康状态一般指在稳定运行工况或模式下健康波动范围的大小,或健康固有波动范围的大小,即设备处于稳定状态下的实际运行情况,是衡量设备健康的一种标志。监测和分析设备的健康状态,可随时掌握设备运行过程中的运行状态,从而为保证飞机系统持续、可靠运行提供必要的信息和依据。

飞机在运行过程中,其各个性能特性值的波动总是存在的。实践经验表明,飞机系统和设备健康程度越高,其运行特性值的波动就越小;健康程度越低,其运行特性值的波动就越大。因此,可用设备特性值波动的大小来描述飞机系统和设备健康程度的高低。

设备健康指数是衡量设备健康状态对设备运行质量满足程度的值,一般设备健康指数用 C_p 或 C_{pk} 表示。通常以设备的健康表征参数在指定工况下的最高值(UHL)和最低值(LHL)的差与 6σ 的比值来表示。

$$C_{pk} = \frac{UHL - LHL}{6\sigma} \tag{3.60}$$

式中: σ 为健康表征参数值的标准差, 6σ 越大,设备健康程度越低; 6σ 越小,设备健康程度越高。

根据每个健康表征参数的权重,综合权衡设备的所有健康表征参数的 C_{pk}

值,得到表征设备的总体健康指数值 C_{pkT}。在线性情况下可表示为

$$C_{pkT} = a_1 C_{pk1} + a_2 C_{pk2} + a_3 C_{pk3} + \cdots + a_n C_{pkn} \tag{3.61}$$

式中：a_1,a_2,a_3,$\cdots$,a_n 为各参数权重。设备健康指数的值越大,说明设备运行情况越能满足技术要求,设备运行越可靠。

该思想同样可以进一步应用于飞机系统的健康评估,综合系统内各个设备的健康表征参数,并设定各设备的权重,即可得出飞机系统的健康指数。

应用统计过程控制方法进行多变量和多尺度下的健康评估,能够使得设备健康评估结果更加可靠和精确,同时也可以更加有效地利用不同尺度下的变量信息。

2) 统计重叠

飞机设备和系统的健康状态可以用偏离正常状态的程度来度量,从而对系统和设备进行健康评估,由此引入了一种新的度量方法——统计重叠。

健康定量评价函数以评估近期观测的设备特征和这些特征在设备正常运行时的观测值之间的重叠度为基础。这种重叠可以采用在 0 和 1 之间取值的设备性能 CV 值来度量。CV 值越高,表明重叠度越高,因此设备性能就越接近正常状态。图 3-72 为在设备健康评估中特征匹配的过程,左图封闭区域的面积与正常状态曲线覆盖面积的比值即为设备性能 CV 值。

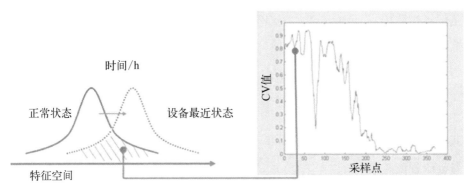

图 3-72　在设备健康评估中特征匹配的过程

高斯混合模型(Gaussian mixture model，GMM)是概率论与数理统计中很重要的一种模型，它是多个高斯密度函数的线性组合，可以看作一种状态数为1的连续分布的 HMM，可以用来拟合与估计数据空间的密度分布情况。

标准的正态数据分布可以用一个高斯密度函数描述，但在一般情况下，数据空间的点往往不服从标准正态分布，此时可以采用多个不同权重的单一高斯概率密度函数的线性组合，即用 GMM 近似地拟合数据空间的分布。从理论上讲，只要有足够多的混合数，就可以使用 GMM 对数据空间的任意分布做出任意精度的拟合。

GMM 的机器学习方法是一种无监督学习方法，它可以用来估计数据空间的密度分布情况。振动信号经过一系列预处理及特征提取之后，在空间中也存在一个分布区间，不同状态的信号特征值所在的特征空间不同。如果能充分利用 GMM 的优点，对这些特征空间进行拟合，则可以为下一步的性能退化评估以及故障模式识别打下良好的前期基础。

两个 GMM 之间可以通过下式计算得到一个重叠度(overlap)，以表征两个 GMM 之间的接近程度，其中 $g_1(x)$ 和 $g_2(x)$ 分别代表两个 GMM 的密度分布函数。

$$overlap = \frac{\int g_1(x)g_2(x)\mathrm{d}x}{\sqrt{\int [g_1(x)]^2\mathrm{d}x}\sqrt{\int [g_2(x)]^2\mathrm{d}x}} \tag{3.62}$$

定义设备在性能退化状态下与正常运行状态下的特征分布空间存在一个偏移度(偏移度＝1－重叠度)，退化越严重，偏移度越大，可以通过计算偏移度的大小，表征性能退化的程度，这里的重叠度就是前面定义的CV 值。

如图 3-73 所示，正常运行状态的特征分布处于一定的空间内，两个监测

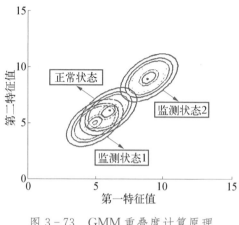

图 3-73　GMM 重叠度计算原理

运行状态的特征分布也分别处于各自对应的空间内。监测状态 1 是在轻度退化状态下采集的数据,它的特征分布空间与正常运行状态相比,有一定的偏移,计算所得 CV 值小于 1;监测状态 2 是在重度退化状态下采集的数据,它的特征分布空间与正常运行状态相比,有显著的偏移,计算所得 CV 值远远小于 1,接近于 0。我们可以通过公式准确计算出这些 CV 值,以定性、定量地表征设备的健康程度。

3) SOM

关于 SOM 算法的原理,已在 3.3.2.4 节中介绍。

在健康评估模型训练过程中通过构建 SOM 网络,输入正常特征数据后,反复训练 SOM。在每次训练步骤中,从输入数据集中随机选择一个样本向量 X,SOM 的权向量在最初随机地赋初始值,用距离测量法计算 X 和所有 SOM 权向量间的距离。BMU 的权向量和 X 距离最近。确认了 BMU 之后,更新 BMU 的权向量及与它拓扑相邻的向量,使得它们与输入空间中输入向量距离更近。

然后输入实时特征数据进行评估。对于每一实时特征数据 X,在 SOM 网络中都会有一个 BMU 与其相对应,通过计算所输入实时特征数据 X 与 BMU 之间的距离,即 MQE,可定量得出实时数据相对于正常数据的偏离状况;进行归一化,将所得 MQE 转化为 CV 值(0～1),此时的 CV 值就能表征设备当前的健康状态,CV 值越接近于 1 表明设备健康状态越好,CV 值的下降表明设备处于退化阶段。该方法多用于不能够保证提取特征的高斯性的情况下。

4）Logistic 回归模型

该方法通过 Logistic 回归模型计算设备发生故障的概率，然后评价设备的健康状态，进而进行健康评估。

Logistic 回归模型是一种多元统计方法，适用于响应变量是二分类变量（飞机设备和系统正常与不正常）的情况，自变量（各种影响因素）可以是分类变量，也可以是连续变量。对于任意自变量 X，在其他自变量不变的情况下，随着取值的增大，一开始概率 P 增大得很慢，然后加速，最后又趋于平缓，但始终不超过 1。

在一些情况下，飞机设备状态健康评估是一种对设备运行健康状况的简单评估，具有二值性，即正常运行状态和非正常运行状态。这时，采用健康评估算法对同类型目标数据进行识别，第 i 次识别结果可用一个取值为 0 或 1 的二值变量 $Y_i (i=1, 2, \cdots, n)$ 表示，例如以 1 表示正常运行状态，0 表示非正常运行状态。设 P_i 为第 i 次评估所处的测试条件下 $Y_i = 1$ 的概率（即 $P\{Y_i = 1\} = P_i$），显然，P_i 就是健康评估算法在此条件下对这类目标的条件概率。

对于 Logistic 回归模型，设置自变量 x，应变量 Y，第 i 次训练时影响因素 $x = x_i$，则对应的应变量 $Y_i = 1$ 发生的条件概率 P_i 只可表示为 $P\{Y_i = 1 \mid x_i\} = P_i$。对具体的一组观测值 $(x_i, Y_i)(i=1, 2, \cdots, n)$，Logistic 回归模型的形式如下式所示。

$$P_i = \frac{e^{(\alpha + \beta_1 x_1 + \beta_2 x_2 + \cdots + \beta_k x_k)}}{1 + e^{(\alpha + \beta_1 x_1 + \beta_2 x_2 + \cdots + \beta_k x_k)}} \tag{3.63}$$

它关于参数 $\alpha, \beta_1, \cdots, \beta_n$ 是非线性的。但通过 logit 变换可以将它线性化，最终可以得到下式。

$$g(x_1, \cdots, x_n) = \lg \left| \frac{p}{1-p} \right| = \alpha + \beta_1 x_1 + \beta_2 x_2 + \cdots + \beta_n x_n + \cdots \tag{3.64}$$

使用设备发生故障的概率形象地描述设备的健康状态是不够的。因此,设备的健康程度与设备发生故障的概率之间的关系需要一个明确的联系。设备发生故障的概率与设备的健康程度显然不可能是线性关系。因此,只能将设备的健康状态设置为三个状态:正常、亚健康、失效。如前所述,同样定义一个归一化参数 CV 作为最终描述设备状态健康程度的指标,即 CV 值接近于 1 表示数据样本对应的设备处于健康状态,CV 值接近于 0 表示数据样本对应的设备处于性能较差状态。

在用 Logistic 回归模型对设备状态进行健康评估时,先根据具体设备可能失效的原因,在时域和频域中提取关键对应的特征参数作为 Logistic 回归模型中的自变量,选取先前的设备运行的历史数据对 Logistic 回归模型进行训练,通常采用极大似然估计法求解参数 α, β_1, $\cdots$, β_n 的数值解,从而建立起用于评价设备状态健康与否的 Logistic 回归模型。对于现有的每一时刻的信号都可以求出与之对应的故障发生概率值 P,如果将这些 P 值在坐标轴中以时间序列连起来,则可以得到每一时刻设备发生故障的概率。由此,即可应用 Logistic 回归模型评估设备的健康状态。

可以看出,只有在正常状态数据和故障数据都能获得的情况下,才能用此方法。

5) 层次分析法

对于飞机设备和系统,其健康评估一般属于多目标决策问题,需要运用系统工程理论的综合评估法。因此,必须分类考虑影响飞机设备和系统健康的因素,最后综合得出评价结果。

层次分析法是一种灵活、简便的多目标、多准则的决策分析方法。它将定量与定性分析相结合,把一个复杂的问题按一定原则分而治之。根据问题的性质和总目标,将问题分解为不同的组成因素,并按照因素间的相互影响以及隶属关系,将各因素按不同层次组合,建立层次结构模型。最终把系统分析归结为最低层(如飞机不同设备的各个性能参数层)相对于最高层(系统健康状态层)的相对重要性权值的确定或相对优劣的排序问题,从而为决策方案的选择提供依据。

建模的关键在于建立层次结构模型、构造判断矩阵和完成层次单排序、总排序以及它们的一致性检验。例如可以将系统划分为 3 个层次(目标层、准则层、指标层)和 5 个部分(性能、故障、时间、初始权值和预计剩余寿命),以对设备和系统的健康状况进行评估。

这种层次分析的方法充分体现了影响飞机健康状态的因素类比,可以综合考虑各种因素进行状态评估,并对各个子系统和设备的健康状况进行排序,从而确定飞机系统的整体健康状态,并制订维修计划。

3.5.2　维修决策技术

维修决策技术根据飞机状态监测、健康评估和故障预测部分的数据,尽量在被监测系统发生故障之前的适宜时机提供飞机部件更换、维修活动等建议措施。利用维修决策系统可实现维修方案自动生成、维修资源统一调配、各相关部门协同保障等,可极大地提高维修保障的效率和精确度。

3.5.2.1　维修决策的主要工作

维修决策系统的主要工作包括如下几个方面。

(1)维护、维修辅助建议:通过维护、维修决策模型,判断维护、维修时机,维护、维修内容,维护、维修可能所需资源,并生成维护保养建议和维修辅助建议报告。

(2)故障与维修状态跟踪:对故障设备运行情况、故障诊断信息、维修状态信息、维修决策建议等信息进行综合管理显示,实现故障与维修状态跟踪。

(3)维护、维修活动支持:建立重要设备不同故障及其严重程度等相关信息的维修资料数据库,利用便携式维修辅助工具实现非在线信息采集,并提供技术资料等维护、维修活动相关技术支持。

3.5.2.2 典型技术应用

建立维修决策支持系统的主要技术有基于专家系统的维修方式决策、基于维修时间仿真的最佳维修周期决策、基于剩余寿命预测的维修决策、基于信息融合技术的维修决策等。

1）基于专家系统的维修方式决策

维修决策是一个复杂的过程，其复杂性体现在决策的结果是多样的，而且与决策过程密切相关；影响维修决策的因素众多，关系复杂。主要影响因素如下所示。

（1）可靠性：包括故障后的替代程度、专用程度、在生产中的重要程度、对安全环境的影响程度、设备质量的稳定性和对工期的影响程度。

（2）维修性：包括维修的难易程度、备件供应程度和维修时间长短。

（3）可监测性：包括监测设备数量、监测设备费用、对监测人员的技术要求和监测设备的可靠性。

（4）经济性：包括设备原价值、停机损失费用、维修费用和年计划检修情况。

（5）维修后勤保障能力。

利用专家系统实现维修决策的关键是建立知识库和推理机。知识库由七个规则库组成：可靠性判定规则库、维修性判定规则库、可监测性规则库、经济性判定规则库、维修后勤保障能力判定规则库、维修方式选择规则库和控制规则库。前六个规则库保存事实性知识，最后一个规则库保存规则控制知识。多规则库便于知识的管理，还可以提高推理效率。推理方式采用正向推理，工作存储器中的事实与规则库中的规则在冲突消解策略下进行匹配，推出结论。通过前五个规则库的知识判定设备的可靠性、维修性、可监测性、经济性和维修后勤保障能力的等级，然后根据这些中间结论，通过维修方式选择规则库进行推理，得到一个优化的维修方式。

2）基于维修时间仿真的最佳维修周期决策

求解最佳维修周期的步骤如下。

（1）根据经验先假设一个大修周期 T。

（2）根据故障分布函数 $F(t)$、修复时间分布函数 $F_{MO}(t)$ 和大修时间分布函数 $F_{pt}(t)$ 随机抽样。

（3）计算在 T 周期内的随机故障数 N。

（4）将假设的大修周期 T 和随机抽样得到的特殊随机数代入 $A = \dfrac{T}{T + \sum\limits_{j=1}^{N} M_{ct_j} + M_{pt}}$，$M_{pt}$ 为大修所需时间，M_{ct_j} 为每次故障所需修理时间，N

为预防维修周期内发生故障的次数，$\sum\limits_{j=1}^{N} M_{ct_j}$ 为一个预防维修周期内总的维修时间。通过计算就可以得到一个 $A(t)$ 值，反复进行足够次数的抽样和计算可以得到稳定的可用度 $A(t)$。

（5）改变假设的大修周期（均匀递增）T_i，重复上面的步骤就可以求出一系列与 T_i 对应的 A_i 值，画出 A_i-T_i 曲线就可确定最佳大修周期。

3）基于剩余寿命预测的维修决策

在工程应用中，寿命累计的作用不容忽视，而且目前看来，寿命预测与在其基础之上的维修决策也在工程应用中逐步得到认可。

在滤波理论的基础上，借助概率统计理论，通过剩余寿命预测模型的建立及参数估计，有助于维修管理人员从定量的角度根据设备的状态信息确定其剩余寿命。该方法能较好地利用已有的状态信息预测其剩余寿命，且随着状态信息的不断累积，其预测的平均剩余寿命越来越接近真实值，这与实际情况也是吻合的。在应用剩余寿命预测模型得到剩余寿命密度函数后，可结合装备的可靠度最优与费用最少等目标要求确定维修决策，帮助辅助维修人员确立最佳维修时机。

4）基于信息融合技术的维修决策

为了恰当地利用状态监测、健康评估和故障预测的推理结果，并提高所生成的维修决策方案的置信度，可以利用信息融合技术。信息融合是指通过协作或者竞争的过程获得更准确的推论结果。在飞机健康管理系统中一般有 3 个层次的信息融合。

（1）较低层次的信息融合：直接融合来自多传感器的信息以进行信号识别和特征抽取，如将振动信号和速度信号融合，可获得时域同步振动特征。

（2）较高层次的信息融合：将抽取的特征信息进一步融合获得故障诊断方面的信息，如将轴承润滑油中颗粒含量和大小信息同振动特征信息融合，可获得轴承的健康状态信息。

（3）最高层次的信息融合：融合基于经验的信息，如历史故障率、物理模型的预计结果与基于信号的信息，通常用于系统级的预测推理和制订维修决策。

3.5.3　应用实例

某型航空飞机发动机中介轴承内刚套安装在低压涡轮轴上，外刚套安装在高压涡轮轴上，转速是高、低压的相对转速。由于内、外刚套都是旋转部件，因此只能依靠供油环甩油。供油条件恶劣，润滑不良容易导致该轴承损坏、刚套磨损或保持架断裂，从而使发动机的振动值增大。发动机旋转部件是可靠性要求极高的装备，一旦出现故障就可能造成严重的后果。因此，在准确预知旋转部件状态的基础上，应该以提高可靠度为目标制订其维修决策。

在实际应用中，可利用轴承振动数据作为比例风险模型的回归变量，建立轴承比例风险模型，再通过设定比例风险模型的可靠度阈值以保证轴承的可靠性，在状态监测过程中，保证任意时刻的可靠度都大于该设定阈值。

通过调研，收集到该轴承的故障数据和振动监控数据，部分数据如表 3-12 和表 3-13 所示。

表 3-12　轴承寿命数据

轴承编号	1	2	3	4	5	6
最大振动值/(mm/s)	42.1	47.2	56.32	50.3	52.7	46.12
寿命/h：min	259：42	347：48	298：49	694：14	478：31	398：29

表 3－13　轴承 1 振动监控数据

序　号	轴承总工作时间/h：min	最大振动值/(mm/s)
1	100	16.2
2	101：48	17.4
3	103：25	19.3
…	…	…
125	257：59	36.8
126	259：42	42.1

　　将振动监测数据作为 Weibull 比例风险模型中的回归变量，接下来进行参数估计，利用 MATLAB 编程算出各参数，得 Weibull 比例风险模型为

$$h(t \mid X) = \frac{2.724\,6}{825.793\,1} \left(\frac{t}{825.793\,1} \right)^{1.724\,6} \exp(1.471\,5X) \quad (3.65)$$

　　发动机旋转部件属于极其重要的部件，根据专家经验，要求可靠度不低于 0.95，这时，比例风险模型中的可靠度函数为

$$R(t \mid X_k) = \exp \left\{ -\sum_{k=0}^{k-1} \exp(X_j) \left[\left(\frac{t_{j+1}}{825.793\,1} \right)^{2.724\,6} - \left(\frac{t_j}{825.793\,1} \right)^{2.724\,6} \right] \right\} -$$

$$\exp(\beta X_k) \left[\left(\frac{t}{825.793\,1} \right)^{2.724\,6} - \left(\frac{t_k}{825.793\,1} \right)^{2.724\,6} \right] \geqslant 0.95 \quad (3.66)$$

　　选取另一组同类轴承振动数据，在保证其可靠度的前提下，预测其最佳维修时机 t，结果如表 3－14 所示。

表 3－14　轴承维修决策表

轴承总工作时间/h	最大振动值/(mm/s)	预测剩余寿命/h	实际剩余寿命/h	维修决策
20	16.7	402	376	继续监测
51	18.4	367	339	继续监测
103	20.3	305	273	继续监测

续 表

轴承总工作 时间/h	最大振动值 /(mm/s)	预测剩余 寿命/h	实际剩余 寿命/h	维修决策
152	24.1	279	243	继续监测
204	27.9	224	192	继续监测
247	31.2	181	155	继续监测
289	37.9	128	101	继续监测
341	44.3	72	48	继续监测
388	48.2	31	15	维修更换

从该轴承维修决策表中可以看出，在保证轴承可靠度的前提下，利用比例风险模型对轴承剩余寿命进行预测，可以掌握最佳维修时机，在轴承剩余寿命为 15 h 时采取维修更换措施，最大限度地利用了轴承的寿命。

3.6　故障缓解技术

民用客机的故障缓解技术包含飞机系统的结构自愈、故障阻断和余度配置。

飞机系统故障缓解是指阻断故障的传播路径，防止其触发级联故障，造成更为严重的后果；同时利用余度机制启动备用单元，保持系统整体功能运行正常。

故障缓解是健康管理的核心功能之一，是在飞机飞行过程中已经检测到系统故障和结构损伤的情况下采取的一种应急措施。该功能需要在线实时处理故障，因为其完全位于健康管理系统的机载部分。

故障缓解仅仅是对已发生的故障进行应急处理，这种处理是临时性的。当飞机着陆后，需要地面维护人员对系统故障和结构损伤做进一步的检查和处理。

本节后续将分别介绍故障缓解所包含的结构自愈、故障阻断和余度配置这三方面内容,并介绍相应的应用实例。

3.6.1　结构自愈

结构自愈是指在具有自愈功能的结构损伤时,在载荷不变的情况下,能够全部或者部分恢复结构的承载能力;或者在循环加载载荷的情况下,降低损伤累积。

带有自愈功能的材料非常适合构建飞机结构,因为在飞行过程中很多损伤无法监测到,即使能够监测到也无法人工修复。使用自愈材料大大提高了飞机的服役寿命和安全性。自愈材料包括自愈金属材料和自愈复合材料。

自愈金属材料组成的金属结构在金属结构中加入带有自愈功能的涂层。自愈金属材料的品质由金属结构恢复原有机械特性的程度或者疲劳损伤被抑制的等级来衡量。它不仅取决于自愈材料的机械特性(强度和韧性),而且取决于自愈材料(涂层)和金属材料的接触特性。将自愈材料和金属材料组合时需要考虑强度和韧性两个指标。

自愈复合材料的品质取决于黏弹性基质的合理组合,以保证损伤引发的能量沿基质传播并吸收。目前很多研究致力于优化基质材料的基本特性,以保证复合材料有足够的能力抑制脱层和基质开裂。

3.6.2　故障阻断

飞机系统之间或系统内的功能模块之间存在复杂的交联关系,这些交联包括信息的传递,能量的转移、转换和物质的流动。因此,当系统 A 故障发生后,其输出的信息、能量和物质都会发生异常,从而引起与之交联的系统功能异常,这就是所谓级联故障。级联故障不仅是导致飞机虚警率过高的重要原因,而且是引发灾难性事故的重要因素。防止级联故障发生的措施就是故障阻断。故障阻断的具体步骤如下。

（1）故障单元停止接收信息、能量和物质。

（2）故障单元停止工作。

（3）故障单元停止输出能量、物质，以及除报警信息外的其他信息。

在故障传播形成级联故障的过程中，会有很多单元同时出现功能异常，而我们需要做的是阻断根因故障传播路径，同时保证故障链上的其他单元正常工作，如图 3-74 所示。如果不能定位根因故障或者根因故障定位不准确，则可能错误地对非根因故障单元进行故障阻断，显著降低系统可用性，威胁飞行安全。因此，准确定位级联故障的根因故障是进行故障阻断的前提，这一工作需要在故障诊断环节完成。

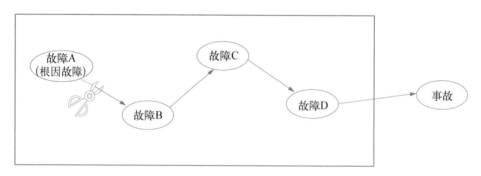

图 3-74　阻断根因故障

衡量故障阻断效果的主要指标是故障拒绝时间，即从诊断并隔离故障到故障单元被阻断所需的时间，这一指标对降低系统的危险失效率有显著影响，在设计过程中应当最大限度地缩短故障拒绝时间。

3.6.3　余度配置

余度配置是飞机系统中常用的提高可用性和安全性的措施，安全关键部件多采用多余度配置以保证安全性指标达到要求。美军标 MIL-F-9490D 对余度的定义是：余度是需要出现两个或两个以上故障，而不是一个单独故障，才引起既定不希望发生工作状态的一种设计方法。

余度配置一般有两种方案：一主多备配置和表决式配置。

1）一主多备配置

此类余度系统一般由多个具备相同功能的独立子系统构成，每个子系统均可独立完成系统任务。在通常情况下，一个子系统工作，其他子系统处于待机状态，形成一主多备的组合形式。当工作的子系统发生故障时，该子系统自动进行故障阻断，同时触发待机状态的子系统继续工作。一主多备式余变配置如图3-75所示。

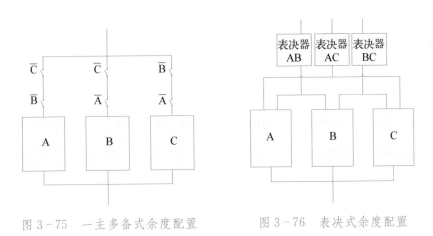

图3-75　一主多备式余度配置　　　图3-76　表决式余度配置

2）表决式配置

此类余度系统一般由多个具备相同功能的独立子系统构成。在通常情况下，每个子系统均在运行，任意两个子系统输出端连接一个表决器。表决器对所连接的两个子系统输出进行判断，如果两个子系统输出一致，则表明这两个子系统工作正常，表决器允许输出；如果两个子系统输出不一致，则表明两个子系统至少一个发生故障，表决器禁止输出。表决式余度配置如图3-76所示。

余度配置需要注意如下问题：

（1）防止多主系。系统在工作过程中，由于切换指令误触发，出现两个或两个以上子系统同时进入工作状态。在这种情况下，如果两个子系统输入非完全同步，则可能造成系统功能紊乱。

（2）防止无主系。系统在工作过程中，主系统失效后切换失败，所有子系统均未进入工作状态。在这种情况下,系统处于停机状态。

3.6.4 应用实例

飞行控制计算机的高可靠性是无人机安全飞行的保证,为了提高飞行控制计算机的可靠性,通常采用余度技术设计飞行控制计算机。其实质是通过增加余度资源,屏蔽故障部件的影响,提高飞行控制计算机的可靠性。

1) 逻辑结构

3 台样例飞行控制计算机通过数据交叉链路互连组成余度飞行控制计算机的逻辑结构如图 3-77 所示。样例飞行控制计算机 A、B 和 C 组成三余度飞行控制计算机,负责无人机的飞行控制和余度资源管理。飞行控制计算机之间通过数据交叉链路组成网络,构成松耦合系统,当某一通道飞行控制计算机故障时,可以迅速切换。

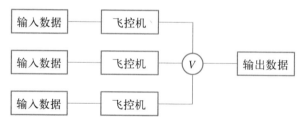

图 3-77 三余度飞行控制计算机的逻辑结构

2) 总体设计

余度管理就是在每个飞行控制周期内把 3 台飞行控制计算机产生的独立运算结果综合成一个正确的结果。主要解决的问题如下。

(1) 计算结果的可信性。

(2) 计算过程的一致性。

(3) 系统的故障处理。

(4) 状态记录。

为了解决上述问题,将余度管理的工作分为两部分:一部分是与自身飞行控制计算机相关的工作；另一部分是与其他飞行控制计算机相关的工作。与自身飞行控制计算机相关的工作包括状态记录、成员关系计算和数据投票表决（主飞行控制计算机），在余度管理接口中完成；与其他飞行控制计算机相关的工作包括同步任务、接收总线和发送总线任务。

3）通信方式

余度飞行控制计算机的数据交叉链路用于每个飞行控制周期内飞行控制计算机计算结束交换计算结果。余度飞行控制计算机之间通信采用全广播方式，如图3-78所示。

在全广播网络中，信息同时发送给0、1、2和3，所有收到信息的飞行控制计算机通过软件判断该消息是否需要。

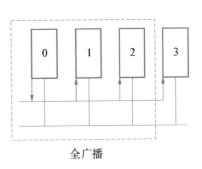

全广播

图3-78　余度飞行控制计算机之间通信方式

4）同步方式

在余度飞行控制计算机系统中，各飞行控制计算机运行相同的计算任务，比较、表决计算结果，从而达到提高整个余度飞行控制计算机可靠性的目的。为保证各飞行控制计算机在比较、表决时的数据是同一次计算的结果，以维持计算数据的一致性，就必须同步，使各飞行控制计算机在同一段时间内运行相同的计算任务。

考虑到飞行控制任务的实时周期性特点，飞行控制计算机采用飞行控制任务同步方式。任务级同步是指系统中各冗余模块在每个任务的调度周期内同步，如图3-79所示。

任务级同步以一个冗余模块中独立运行的、具有一定逻辑任务的一次执行作为同步的基础，维持冗余模块任务级数据的一致性。任务在其执行周期结束后把表决信息发送到表决器，并从执行周期进入等待状态。

5）表决算法

表决算法为余度飞行控制计算机系统屏蔽故障提供技术支持，其基本工作

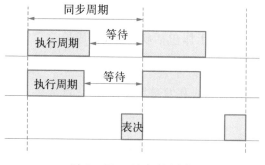

图 3-79 任务级同步

原理是使用 N 个功能相同的部件同时参加工作,对它们的结果进行投票表决,以多取胜,达到屏蔽系统故障的目的。

飞行控制计算机 A 输出向量和飞行控制计算机 B 输出向量之间的距离为 $D_{A,B} = \max(j = 1, 2, \cdots, m-1) \mid w_j(P_{Aj} - P_{Bj}) \mid$,其中 w_j 为表征第 j 个数据重要性程度的加权值,其具体值根据原始数据的物理意义确定。

基于向量距离计算,投票表决算法如下。

(1) 计算任意两台飞行控制计算机的封装表示向量之间的距离。

(2) 如果两台飞行控制计算机的封装表示向量之间的距离小于用户确定的阈值,则向两台飞行控制计算机各投一票。

(3) 处理完所有飞行控制计算机的数据后,统计各飞行控制计算机得票情况,超过 2/3 票的飞行控制计算机为正常,低于 1/3 票的飞行控制计算机为不正常,最终输出结果为票数最多的飞行控制计算机的解算结果。

余度管理采用逻辑意义上的重构,重构的系统是同步正确且总线运行完整的飞行控制计算机所构建的系统。当系统中有 3 台飞行控制计算机工作时,系统是三模表决方式,当有一台飞行控制计算机发生故障时,表决算法根据多数一致原则输出正确结果。此后,系统变成双机比较方式,当剩余的两台飞行控制计算机的输出一致时,系统认为两台飞行控制计算机都正常并输出结果;如果两台飞行控制计算机的输出不一致,则系统能判断出发生故障并模糊化输出。

3.7　小结

本章详细介绍了民用客机健康管理系统功能实现的关键技术,包括传感器与 BIT 技术、信号处理与状态监测技术、故障诊断技术、预测技术、健康评估与维修决策技术、故障缓解技术,并针对各个关键技术的工程化应用,给出相应的具体应用实例。

参考文献

［1］魏永广,刘存.现代传感技术[M].沈阳:东北大学出版社,2001.

［2］安毓英,曾小东.光学传感与测量[M].北京:电子工业出版社,2001.

［3］余成波,胡新宇,赵勇.传感器与自动检测技术[M].北京:高等教育出版社,2004.

［4］石山.飞机机电 BIT 技术[M].北京:国防工业出版社,2010.

［5］段红,魏俊民.现代测试信号处理理论与实践[M].北京:中国纺织出版社,2005.

［6］陈怀琛,王朝英,高西全,等.数字信号处理及其 MATLAB 实现[M].北京:电子工业出版社,1999.

［7］刘长征,黄茂成.快速提升小波变换的研究及其实现[J].微计算机信息,2009,25(27):32-34.

［8］王少萍.大型飞机机载系统预测与健康管理关键技术[J].航空学报,2014,35(6):1459-1472.

［9］曾声奎,Pecht M G,吴际.故障预测与健康管理(PHM)技术的现状与发展[J].航空学报,2005,26(5):626-632.

［10］CHEN L, QIAN S, LAI F T, et al. Bearing health assessment based on chaotic characteristics[J]. Shock and Vibration, 2013, 20(3):519-530.

［11］王洪,黄加阳.民用飞机关联性诊断技术研究[J].计算机测量与控制,2015,23(10):3301-3306.

[12] HESS A, FILA L. Prognostics, from the need to reality-from the fleet users and PHM system designer/developers perspectives[C]//Aerospace Conference. IEEE, 2002.

[13] 张宝珍,曾天翔.先进的故障预测与状态管理技术[J].测控技术,2003,22(11):4-6.

[14] HESS A, FILA L. The joint strike fighter (JSF) PHM concept: Potential impact on aging aircraft problems[C]//Aerospace Conference. IEEE, 2003.

[15] 孙博,康锐,谢劲松.故障预测与健康管理系统研究和应用现状综述[J].系统工程与电子技术,2007,29(10):1762-1767.

[16] JOHNSON S B. Introduction to system health engineering and management in aerospace [C]//First International Forum on Integrated System Health Engineering and Management in Aerospace. 2005.

[17] 张宝珍.预测与健康管理技术的发展及应用[J].测控技术,2008(2):5-7.

[18] BENGTSSON M, OLSSON E, FUNK P, et al. Technical design of condition based maintenance system — A case study using sound analysis and case-based reasoning[C]//In: Maintenance and Reliability Conference Proceedings of the 8th Congress. 2004.

[19] 王文欢,王细洋,万在红.基于细化谱和隐马尔科夫模型的齿轮故障分类方法[J].失效分析与预防,2014,9(1):30-34.

[20] 姜兴旺,景博,张劼,等.综合飞行器故障预测与健康管理系统研究[J].航空维修与工程,2008(5):37-40.

[21] 张磊,李行善,于劲松,等.一种基于高斯混合模型粒子滤波的故障预测算法[J].航空学报,2009,30(2):319-324.

[22] 许丽佳,王厚军,龙兵.基于贝叶斯网络的复杂系统故障预测[J].系统工程与电子技术,2008(4):780-784.

[23] 周建宝,王少军,马丽萍,等.可重构卫星锂离子电池剩余寿命预测系统研究[J].仪器仪表学报,2013,34(9):2034-2044.

［24］ 李鑫,吕琛,王自力,等.考虑退化模式动态转移的健康状态自适应预测[J].自动化学报,2014,40(9):1889-1895.

［25］ HESS A, CALVELLO G, DABNEY T. PHM: a key enabler for the JSF autonomic logistics support concept[C]//Aerospace Conference. 2004.

［26］ 郭阳明,蔡小斌,张宝珍,等.新一代装备的预测与健康状态管理技术[J].计算机工程与应用,2008,44(13):199-202.

［27］ 李小波,王宏伟,李良锋,等.基于 PHM 的发动机旋转部件状态维修决策研究[J].科学技术与工程,2011,11(36):9113-9115.

［28］ FERRELL B L. Air vehicle prognostics and health management[C]//Aerospace Conference. IEEE, 2002.

［29］ 王琴,陈欣,吕迅竑.飞行控制计算机余度管理策略研究[J].信息技术,2012(6):60-64.

［30］ 王丽丽,陈欣.无人机飞行控制计算机余度管理软件[J].南京航空航天大学学报,2009,41(z2):28-33.

4

工程开发方法

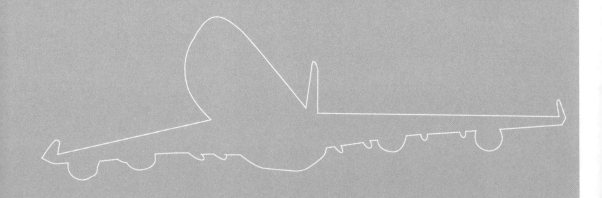

本章从健康管理系统的基本开发流程、权衡研究及成本效益分析、质量特性工程、系统实现方法、知识工程、系统验证及性能评估方面进行阐述,可指导民用客机健康管理系统的开发和实践。

4.1　基本开发流程

民用客机健康管理系统作为唯一与所有其他机载系统交联,并具备一定智能计算能力的飞机子系统,其开发方法和流程既遵循飞机系统开发的一般要求,又具有一定的特殊性。健康管理系统能发挥作用离不开成员系统的有效支持,因此必须将两者作为一个整体统一考虑。健康管理系统的功能和性能取决于大量的智能数据模型和先进推理算法,因此必须实现人工智能和知识工程。

此外,健康管理系统的实施主要由两个阶段组成:在线实施阶段和离线实施阶段。健康管理系统的各个实施阶段所进行的活动如图4-1所示。

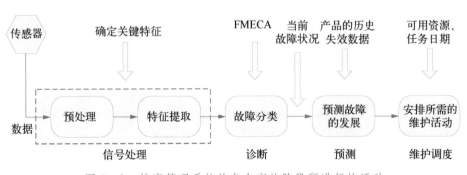

图 4-1　健康管理系统的各个实施阶段所进行的活动

(1) 在线实施阶段包括从传感器获取采集到的数据、信号预处理、从预处理后的信号中提取最有利于确定产品当前状态或故障条件的特征、故障检测与分类、预测故障的演化,并安排所需的维修活动,从而实现机载维护系统和地面维护系统的功能。

（2）离线实施阶段包括在实施在线阶段之前就先开展的相关背景研究，如确定影响产品健康状态评估的关键特征，进行 FMECA 分析，收集产品历史故障数据，以及执行维护活动所需要的相关资源信息，实现系统建模、推理及知识建模、仿真验证等一系列离线支持活动，并将模型、算法的熟化管理贯穿系统的整个使用过程。

从开发者的角度来看，民机健康管理系统由在线应用分系统和离线支持分系统两大部分组成。其中在线应用分系统是直接面向用户的应用系统，包括机载和地面两部分子系统，可采用传统的软、硬件系统工程开发模式；而离线支持分系统则主要面向工程开发人员，它为应用系统提供各种智能推理算法或模型，其开发模式更适合采用知识工程的流程和技术方法。

民机健康管理系统的基本开发流程如图 4-2 所示。其总体遵循一般的系统开发流程，主要开发过程包括用户需求分析、概要设计、详细设计、系统实现、系统集成、验证与确认、系统熟化。这些阶段构成软、硬件在线应用系统的开发流程主线，相关活动一般遵循 ARP 4754A、DO-254、DO-178B/C 等民用客

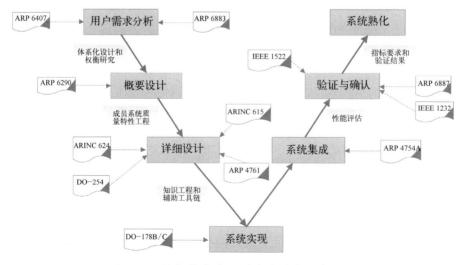

图 4-2　民机健康管理系统的基本开发流程

机和系统的工程研制标准，以及 IEEE 1232、IEEE 1522 等与健康管理相关的标准。同时以体系化设计和权衡研究、成员系统质量特性工程、知识工程和辅助工具链、模型和算法的验证评估、系统熟化管理等活动构成离线支持系统的开发流程副线，相关活动一般应遵循或参考 ARINC 624、ARP 6407、ARP 6883、ARP 6290、ARINC 615、ARP 6887、ARP 4761 等健康管理系统领域专用的技术标准和规范。其中 ARINC 624 是 OMS 设计指南，描述了 OMS 设计和使用的通用性原则和推荐范例。ARP 6407 从系统工程的角度出发，描述了 IVHM 系统的设计流程。ARP 6883 是 IVHM 概念、技术和应用的概述。ARP 6290 是 IVHM 架构开发指南。ARINC 615 是描述数据加、卸载的协议。ARP 6887 描述了健康管理系统及其软件的验证与确认活动。ARP 4761 是对民用机载系统和设备进行安全性评估过程的准则和方法的描述。

4.1.1　体系化设计

民机健康管理系统的体系化设计通常采用自顶向下的方式，定义成员系统需求规范，设计符合适航要求的健康管理系统体系架构和接口，并通过统一部署的辅助工具链规范成员系统设备模型、数据格式与维护功能相关的接口、规范等形成配套的体系。主要从如下几方面考虑需求。

（1）提出健康管理系统的顶层需求，并在此基础上开展健康管理系统的架构设计。

（2）基于健康管理系统的顶层需求，将各个利益相关方的期望和要求体现到健康管理系统的需求中，并形成以成员系统需求为核心的系统顶层 OMS 规范。

（3）部署统一的建模辅助工具集，可提高模型开发与验证方法的规范性、系统性、通用性和实用性，便于模型的集成、管理、验证、使用和维护。

（4）统一考虑和规划健康管理系统自身、驻留平台以及成员系统适航性等方面的要求。

4.1.2　权衡研究

健康管理系统的权衡研究为了研发一个满足设备需求的健康管理系统方案，为设备的诊断和预测提供最合适的解决方法。这是一个从系统可靠性的角度对系统固有可靠性进行评估的问题，通过一种能够进行系统状态监测、故障预测、检测、隔离，并且把系统在不同层级之间产生的影响进行关联分析的综合方法实现。在系统健康管理的研发阶段，对所使用的具体成本，即效益展开研究；对诊断性、预测性或者定期维修方案的费效比，以及对平台上或者平台下的实施效果进行评估。整体评估对实施效果的研究，有利于确定针对系统健康管理整体解决方案的效益总体方案。

权衡研究可从如下几方面展开。

（1）支持系统工程过程的需要。

（2）评估所有可选方案（需求、功能、配置等）。

（3）综合和权衡各种因素。

（4）建议最佳的解决方案。

具体可参见 4.2.1 节。

4.1.3　质量特性工程

民机健康管理系统必须满足安全、可靠和经济的要求。由于使用不精确的模型或者不准确的传感器数据，可能造成健康管理系统的误报率、漏报率高，因此健康管理系统的质量因素、设计标准和功能必须从系统设计的初始阶段开始就与系统的可靠性分析方法、测试性设计方法、安全性设计方法、维修性设计方法以及保障性设计方法相结合，确保通过这些方法可设计出稳定的健康管理系统。

质量特性工程也是准备健康管理系统数据所需知识的重要来源。在设计阶段，通过将质量特性工程与产品功能、结构设计相结合，以获取健康管理系统建模的知识。在实现阶段，通过模型和算法、工艺设计、过程分析、测试和验证等过程和方法获取健康管理系统的知识。在集成阶段,通过系统接口分析、集成测试和联调,以及系统的综合 FMECA 的过程和方法,实现健康管理系统的知识获取。在验证和确认阶段,通过设备管理、供应链管理、训练管理、维修管理、技术数据、操作记录、排故案例等过程和方法获取健康管理系统的知识。在系统熟化阶段,通过统计分析、数据挖掘、跟踪迭代的过程和方法获取健康管理的知识,以支持健康管理系统的正确实现。

4.1.4　辅助工具链

使用统一部署的辅助工具链可以规范健康管理系统模型和算法的开发,可以保证模型和算法开发与验证过程中的规范性、系统性、通用性和实用性。辅助工具链在设计和开发过程中需要考虑的问题主要有如下两点。

(1) 如何定义辅助工具链,以及如何定义数据的完整性和逻辑错误检查规则。

(2) 如何实现对数据仿真、故障注入和模型验证等功能的集成和统一操作。

辅助工具链不仅可以支持状态监测、故障诊断、地面测试与维护的建模,而且可以实现对构型报告、可加载数据文件以及维护相关文档等的规范约束和集成管理。

具体可参见 4.5.5 节。

4.1.5　性能评估

民机健康管理系统的性能评估是指通过性能分析、技术风险分析、费效比和分析建立相应的评价指标体系,用于综合评估健康管理系统。目前,常用的方法是基于实际可测性、实用性和内在价值设置评价指标,运用综合评估理论实现基于性能指标的评估方法。根据性能指标的类型和评估的目的不同,可将健康管理系统评价指标分为基于时效性的评价指标、基于功能性的评价指标和基于终端用户的评价指标。

1）基于时效性的评价指标

按照时效性可将健康管理系统评估分为在线评估和离线评估,相应的评价指标分为在线性能指标和离线性能指标。在线评估需要综合考虑不确定性来源、未来的运行条件和使用环境条件等,对于复杂设备的健康管理系统来说,很难在实际的情况下对其进行性能测试。因此,大多数评价指标均采用离线性能指标。

2）基于功能性的评价指标

基于功能性的评价指标如下所示。

（1）算法性能指标:编程语言和数据结构对算法性能有很大影响,可将同一算法在不同应用中进行评估,从而选出最适合的应用。

（2）计算性能指标:包括复杂度和特殊性计算,通常采用 $O(n)$ 衡量计算复杂度、存储复杂度和时间复杂度。由于不同的算法可以解决同一问题,因此可以评估在特定问题下究竟采用哪种算法更加有效。

（3）费效性能指标:相同的功能可有不同的实现方案,通过对各种方案的费用与效能进行评估,可确定实现功能的最佳方案。

3）基于终端用户的评价指标

基于终端用户的评价指标是指终端用户对健康管理系统进行评价的指标。由于健康管理系统的终端用户一般为使用人员,因此,终端用户评价指标主要有实用性指标、可操作性指标、便利性指标和安全性指标等。

4.2 权衡研究及成本效益分析

4.2.1 权衡研究

权衡研究是一个找到关键部件和子系统故障模式的诊断与预测的最好或

最平衡方案的过程,可实现最理想的健康管理系统功能。该过程通过检查和评估各种可行的方案,最终选出最优方案。在方案的权衡研究过程中,首先需要确定一个公认的标准作为判定的基础;其次需要使用统一的方法衡量这些方案的可行性,依据这些原则进行权衡研究所得到的方案是合理的、客观的和可重复的;最后,对于客户或者决策者来说,若最终得到的方案容易理解和接受,则说明权衡研究的结果是最优的,否则,这个权衡研究过程就不能帮助健康管理系统及时做出决定。通常权衡研究根据三个原则进行,即最少费用、最大诊断能力和最佳费效比。

(1) 最少费用:在各健康管理系统能力满足要求的条件下,计算各备选方案构成的健康管理系统的有关研制和使用费用。其中,费用最少的就是可用的最佳方案。按照此原则优选健康管理系统技术方案需要考虑系统设计、生产费用和维修费用,以及生产数量和使用年限等。

(2) 最大诊断能力:在分析各备选方案的研制生产费用不超过规定限额的条件下,尽可能准确地分析、预计各备选方案的故障检测与隔离能力,选用其中诊断能力最大者为最佳诊断方案。在初步设计阶段确定健康管理系统技术方案时,备选方案不可能很详细完整,很难准确估计其诊断能力。所以按此原则优选健康管理系统技术方案比较困难。

(3) 最佳费效比:用备选方案的诊断能力估计值代表备选方案的效能,可以忽略检测和隔离时间的因素。用备选方案费用和备选方案效能的比值作为优选指标,选用该比值最小者作为最佳健康管理系统技术方案。按此原则优选健康管理系统技术方案,在一定程度上可以弱化健康管理系统能力估计和费用估计不准确而带来的影响。

民机健康管理系统的权衡研究依据上述应遵循的原则,确定维护系统处理决策的需求;通过对需求、功能、配置等方面的考虑,评价备选方案;综合和权衡各方面的因素后,推荐最佳的解决方案,并做出决策。具体的实现如下所示。

（1）确定需求。捕获客户需求，确定设计权衡，并确定组件的功能、性能、监测和测试要求等。

（2）进行功能分析和分配。通过接口、设备、功能划分、需求逐层分解和构型项等方面的考虑，支持功能分析；根据功能接口，定义满足要求的性能需求；支持性能需求的分配；解决在分配性能需求和功能需求时遇到的困难和冲突；评估所有可选的功能架构。

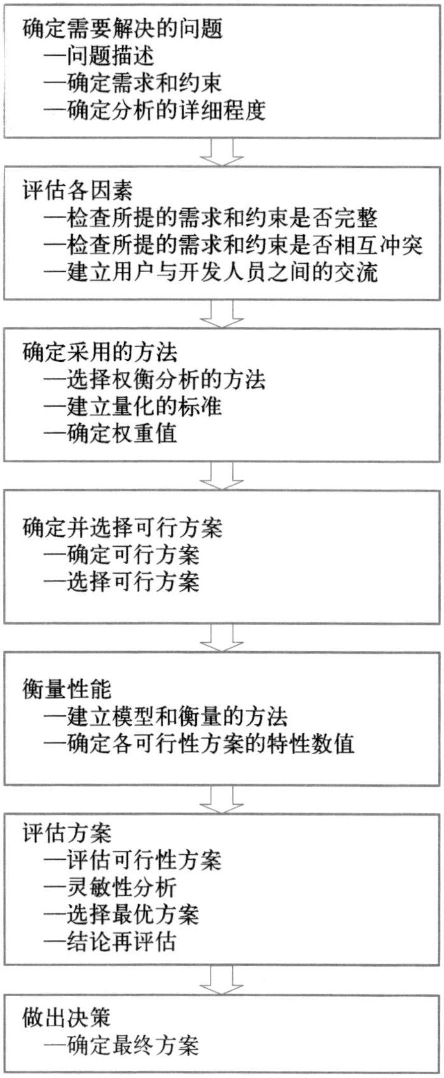

（3）生成可选方案。采用比较的数学方法，用于比较开发标准、量化标准以及确定权重因子；使用恰当的模型和方法生成可选方案，保证权衡研究的合理性、客观性和可重复性。

（4）评估可行方案。在完成评估方案时，需要生成一个权衡矩阵，该矩阵包括输入量数据、权重因子、灵敏度等要素。通过比较可行方案、分析灵敏度，选择一个优化的方案，进行可行方案和权衡研究过程的再评估。由于权重因子和某些量化数据可能有随机性，因此灵敏度分析很关键。若由于输入数据的相关微小变化而引起解决方案改变，则需要评审和修改所采用的方法。

（5）做出决策。完成以上过程后，做出最终决策，确定最优的解决方案。

图 4-3 是健康管理系统权衡研究的过程。

确定需要解决的问题
　　—问题描述
　　—确定需求和约束
　　—确定分析的详细程度

评估各因素
　　—检查所提的需求和约束是否完整
　　—检查所提的需求和约束是否相互冲突
　　—建立用户与开发人员之间的交流

确定采用的方法
　　—选择权衡分析的方法
　　—建立量化的标准
　　—确定权重值

确定并选择可行方案
　　—确定可行方案
　　—选择可行方案

衡量性能
　　—建立模型和衡量的方法
　　—确定各可行性方案的特性数值

评估方案
　　—评估可行性方案
　　—灵敏性分析
　　—选择最优方案
　　—结论再评估

做出决策
　　—确定最终方案

图 4-3　健康管理系统权衡研究的过程

4.2.2　健康管理系统实现成本

实现成本是指在系统中与实现健康管理系统相关的成本,即将健康管理系统集成和融入新的或现有系统中所需要的技术和支持。根据相应活动的频率和作用,健康管理系统的实现成本可分为不可重复成本、可重复成本和基础架构成本。实现成本是成功确定系统剩余可用寿命所需的成本。

1) 不可重复成本

不可重复成本(cost non-repeatable,CNRE)通常与一次性活动相关。这种一次性活动一般发生于健康管理系统项目的初期,在项目末期会出现销毁或循环使用的不可重复成本。不可重复成本可针对每个 LRU 或端口进行计算,也可针对一组 LRU 或端口计算。软、硬件的开发是最显著的不可重复成本,硬件建模成本随制造规格、原产地、复杂程度和材料不同而不同。LRU 独立型预测系统是与其要监控故障的设备同时生产的,该预测设备所需的材料、零件和人力是相同的。这虽然简化了 LRU 数据驱动型预测的成本模型,但没有简化基于模型的方法,因为这种基于模型的方法不需要任何与其所需要监控的设备相同的元素。

健康管理系统软件的开发可以外包,作为单一合同量处理;也可根据构造性成本模型(constructive cost model,COCOMO)等标准软件成本模型进行建模。COCOMO 及其他软件成本模型可基于源代码行、使用的编程语言以及开发所需的人力估计成本。软件和硬件设计都包括测试和质量评估阶段,以确保系统性能对现有架构的兼容性,以及对各种标准和需求的符合性。

其他不可重复成本包括训练、文档编写、集成以及测试和质量评估成本。由于需要编写训练材料,以指导和训练维修人员、运行人员和后勤保障人员使用和维修健康管理系统,并需要将这些人员从其原有岗位上调离以接受训练,因此会产生训练成本。健康管理系统软、硬件必须拥有可作为指南和使用手册的文档,会产生文档编写成本。集成成本指修改并适应系统,使其能够融入健康管理系统的成本。

特定的不可重复成本可通过如下公式计算。

$$CNRE = C_{\text{dev\_hard}} + C_{\text{dev\_soft}} + C_{\text{training}} + C_{\text{doc}} + C_{\text{int}} + C_{\text{qual}} \qquad (4.1)$$

式中：$C_{\text{dev\_hard}}$ 为硬件开发成本；$C_{\text{dev\_soft}}$ 为软件开发成本；C_{training} 为训练成本；C_{doc} 为文档编写成本；C_{int} 为集成成本；C_{qual} 为测试和质量评估成本。

2) 可重复成本

可重复成本（cost repeatable，CRE）与在健康管理系统项目中持续或经常出现的活动相关。与不可重复成本一样，有些可重复成本也可视作每个 LRU 实例或端口，或者一组 LRU 或端口的附加费用。

CRE 可通过如下公式计算。

$$CRE = C_{\text{hard\_add}} + C_{\text{assembly}} + C_{\text{test}} + C_{\text{install}} \qquad (4.2)$$

式中：$C_{\text{hard\_add}}$ 为每个 LRU（如传感器、芯片、额外的主板区域）中的硬件成本，可能包括附加零件成本、生产成本以及每个端口的硬件成本；C_{assembly} 为每个 LRU 中的硬件装配、安装和功能测试成本，或者每个端口或每组端口的硬件装配成本；C_{test} 为每个端口或每组端口的硬件功能测试成本；C_{install} 为每个端口或每组端口的硬件安装成本，可能包括最初安装以及故障、修复或诊断措施的重新安装。

3) 基础架构成本

与不可重复成本和可重复成本不同，基础架构成本（cost infrastructure，CINF）与在指定的活动阶段维持健康管理系统所必需的保障特性和结构相关，并可通过花费的钱数与某一活动时期的比值表示。在一个任务阶段或使用阶段中，健康管理系统设备可能正在收集、处理、分析、存储和使用数据，这些活动构成可实现健康管理系统所需的数据管理，并会在健康管理系统项目的整个寿命周期中持续进行。将健康管理系统融入 LRU 会引发一项额外成本，即维修人员、诊断人员以及其他人员需花费额外的时间来阅读和使用健康管理系统所提供的信息，从而制订有关维修措施的时间和内容的决策。与其所监控的

LRU 一样,健康管理系统设备也需要在其寿命周期内进行维修,包括修复和升级。维修健康管理系统设备可能需要购买备件、耗材或订购新零件,进行这种维修的人力就构成了 CINF。最后,再训练或继续训练也是一项 CINF,以确保相关人员准备好按预期使用和维修健康管理系统设备。

CINF 可通过如下公式进行计算。

$$CINF = C_{\text{prog\_maintenance}} + C_{\text{decision}} + C_{\text{retraining}} + C_{\text{data}} \tag{4.3}$$

式中:$C_{\text{prog\_maintenance}}$ 为预测设备的维修成本;C_{decision} 为决策支持成本;$C_{\text{retraining}}$ 为训练相关人员使用健康管理系统的再训练成本;C_{data} 为数据管理成本,包括数据存档、数据收集、数据分析和数据报告成本。

4) 非经济因素考虑和维修方式

健康管理系统的实现会为系统带来额外的负担,这通常都是金钱不能轻易衡量和考虑的。健康管理系统使用的物理硬件会消耗系统的容量空间,并改变系统的负载。此外,处理、存储和分析健康管理系统数据,以计算维修决策所需的时间,也是一项重要标准。空间、重量、时间和成本(SWTC)是健康管理系统活动能够全面表示的四个维度。某个特定的分析可能不会用到全部四个维度,但了解这些物理和与时间相关的因素,可帮助计算与健康管理系统相关的非经济性影响及潜在的优势。表 4-1 是健康管理系统非经济因素影响的类别。

表 4-1　健康管理系统非经济因素影响的类别

类　别	举　例
空　间 (体积或面积)	LRU 的内部面积
	支持健康管理系统所需的外部设备面积
	电子系统的维度以及与现有设备的集成
重　量	板上或系统上的健康管理系统设备的重量
	支持健康管理系统所需的外部设备重量

类　别	举　例
时　间	收集数据的时间
	分析数据的时间
	生成决策的时间
	讨论决策的时间
	采取措施的时间

维修方式研究是资源管理的一部分,目的是识别在事故或故障发生时可以改进的领域,以确定最为有效的维修人员训练方式。在商用航空领域,12%～15%的事故都可归咎于维修错误。维修方式分析可降低行业的决策性和复杂性,并可指明影响企业变革的主要困难。对于希望在其日常运营中实施变革的企业而言,其通常会受到多种直接和实际的影响,如成本不同的新设备和更少的员工。但是经证实,这些看似不相干的因素对多产和高效企业中的实践和企业文化是非常重要的。目前,人们已经在工业和组织心理学、团队动力、人力因素以及团队和训练效力的环境下对其进行了研究。

在航空领域的文化环境中,团队必须制订高压、安全关键型的决策。健康管理系统与传统的维修流程不同,实施健康管理系统将需要改变以往的维修方式,从而使维修人员能够适应并学会使用健康管理系统。改变维修方式的成本可量化为超过标准训练部分的持续训练。系统工程师和设计师最终将把更多的任务交给健康管理系统处理,并做出相应的处理消除冗余,以实现健康管理系统的全部价值。虽然这不是一项实际或工程成本,但它无疑是一个影响健康管理系统普及的实际因素。

4.2.3　成本效益分析

在建立健康管理系统前,需要分析可能花费的成本和效益。准确地检测、隔离故障以及预报关键故障模式会带来效益,减少虚警;不准确地诊断和预测、发布成本以及实现与运行特定技术所需的资源等因素会付出代价,这两方面因素需要权衡考虑。

下面给出简单的成本函数,其描述了用于特定系统的诊断或预测技术所能提供的技术价值。某一具体应用的健康管理系统技术的价值是其诊断或预测出的所有故障模式所取得的效益,扣除实现成本和使用与维护成本以及错误评估所产生的间接成本以后的总计,也称为总价值,等式结构采用节约成本的形式。

$$技术价值 = P_j(D\alpha + I\beta) - (1 - P_f)(P_D\phi + P_1\theta) \qquad (4.4)$$

式中：P_j 为故障检测指标分值；D 为总体检测量置信水平指标分值；α 为在失效前实现故障检测带来的节约；I 为总体预测置信水平指标分值；β 为在失效前实现故障预测带来的节约；P_f 为某一故障模式发生的概率；P_D 为检测虚警指标分值；ϕ 为检测虚警相关的成本；P_1 为隔离虚警指标分值；θ 为隔离虚警相关的成本。因此有

$$总价值 = \sum_{故障模式} 技术价值_i - A - O - (1 - P_c)\delta \qquad (4.5)$$

式中：A 为获取与实现成本；O 为寿命周期的使用与维修成本；P_c 为计算资源需求分值；δ 为标准计算系统的成本。

对综合健康管理系统来说,通常由特别设计的执行专用预测任务的软、硬件组合构成。当考虑预测系统的经济可行性时,很有必要包括综合健康管理系统的寿命周期影响因素。但是,目前存在的系统没有可用数据以供完成健康管理系统经济效益的全面分析。对传感器技术、故障诊断和预测技术等相关技术的研究和开发,很少用于实际的系统,在某种程度上或将成为历史数据。因此,军事与工业部门的一些研究都基于"成本规避"的概念,通过综合的性能指标分析成本效益。综合的性能指标必须包括复杂性因素和适当的费效因素,总体性能指标应当是如下部分的组合。

1）复杂性度量

$$复杂性 = E\left\{\frac{计算时间}{故障时间}\right\} = E\left\{\frac{t_p - t_d}{t_{pf}}\right\} \qquad (4.6)$$

式中：t_d 和 t_p 分别为检测到故障发生的时刻和预报出剩余可用寿命的时刻，t_{pf} 为故障时间。

2）成本效益分析

成本效益分析主要包括如下几方面。

（1）维修频率。

（2）维修停机时间。

（3）资金耗费。

（4）其他。

3）总体性能

$$总体性能 = w_1 \times 准确度 + w_1 \times 复杂度 + w_1 \times 费用 + \cdots \qquad (4.7)$$

在总体指标中考虑成本效益因素可以按照如下步骤处理。

（1）建立基线条件。如果采取故障维修或者基于时间计划的预防维修方式，则估计这类维修活动的费用及其对运行的影响。应在维修日志中提供维修频率、维修停机时间、资金耗费等信息。通过访谈关键人员，掌握对其他操作影响的定性评估。

（2）视情维修有助于减少故障维修费用。适当比例的故障维修费用可以记为视情维修所产生的效益。

（3）如果基于时间的计划维修是成熟的，则通过界定关键部件失效效率的阈值，并且大致计算失效时间，可以估算出能够减少多少维修时间。这些维修事件的费用也计入视情维修所产生的效益。

（4）无形效益。仅通过与受影响的人员访谈，就能估计故障维修或大量的系统运行停机时间的影响，并对影响程度（严重、适中、轻微等）分配一个健康指数。

（5）粗略估计视情维修的规划成本，即仪器、计算等的资金耗费，人员培训费、安装费，监测与分析设备的维护费等。

（6）从以上细化的信息中，总计得到寿命周期的费用。

最后，适当权衡与经济学方面相结合，以矩阵形式进行汇总，评估在一个寿命周期中健康管理系统的潜在效益，进而提供一套科学的管理方法。

4.2.4　成本规避

一般的健康管理系统方法在本质上都是根据产品当前的状态推断未来趋势，从而估计产品的 RUL。但是，估计产品 RUL 的计算本身并不能提供足够的信息以制订决策或确定修正措施。确定最佳维修方案需要从可用性、可靠性、可维修性和寿命周期成本等方面评估。成本规避就是可用性、可靠性、可维修性和故障规避这些方面的改变所带来的价值。

通过将健康管理系统应用于设备和系统以获得成本规避最有可能的方式，就是避免故障以及降低设备和系统剩余寿命的损耗。通常设备和系统现场故障的维修成本很高，如果能够避免部分或全部的现场故障，那么即可最大限度地降低计划外维修成本，从而实现成本规避。根据考虑的设备类型，避免故障还能提高系统可用性和安全性，降低系统失效的风险。故障规避可分为如下两类。

（1）在运行过程中实时规避故障，可以避免造成系统失效或系统正在执行的功能失效。

（2）预测未来可能发生的故障，以支持在合适的时间和地点进行预防性维修。

健康管理系统在执行计划内维修时，应使产品的 RUL 最大化。如果系统组件能够物尽其用，而不是在它们还具有较长的 RUL 时就更换或销毁，则能避免成本的浪费。此外还可利用其他成本规避的机会，降低健康管理系统的成本。

(1) 后勤规模缩减。系统的后勤规模缩减可通过更好的备件管理(对备件的数量、更新和位置的管理)、更好的库存使用和控制,以及最大限度地减少外部测试设备实现。实际上,与不采用健康管理系统的计划外维修方法相比,成功的健康管理系统会增加所需备件的数量。此外,后勤系统改进还可包括缩短采购周期、避免检查以及减少所需的检查人员和设备等。

(2) 修复成本降低。健康管理系统可通过支持更好的故障隔离,缩短故障检查和排除时间,更换较少的设备降低修复成本。健康管理系统通过对已经确定隔离的故障模块进行修复,可减少修复期间的间接损伤。此外,健康管理系统还可降低故障冲突,以免更换整个子系统,并减少后期维修测试。

(3) 降低冗余。从长远角度来看,还可降低选定子系统的关键系统冗余,但必须在经证实健康管理系统方法对子系统非常有效时才能实现。

(4) 减少未发现错误(non-fixable failure, NFF)。NFF 也称为无法复制(can not duplicate, CND)或未发现问题(no trouble found, NTF),出现在最初报告的故障模式下而无法复制。因此,在潜在缺陷无法修复的情况下,健康管理系统方法可减少 NFF 数量或降低解决 NFF 的成本。很多系统的相当一部分维修成本都是由 NFF 造成的,在仅减少 NFF 的基础上,构建一个完整的健康管理系统是可能的。

(5) 简化系统的设计和质量评定。使用健康管理系统收集到的数据对了解产品在实际使用中的环境应力和产品使用条件而言,是很有价值的资源。这些资源可用于改进设计、改进可靠性评估、改善不确定性估计,并加深对故障模式和表现的理解。

(6) 质量保证。对要求质量保证而返修的产品而言,健康管理系统可在实际的环境条件下验证产品,从而确定在违背质量保证条款环境条件下的产品,并适当处理这些质量保证要求。

(7) 降低废物流。对于某些系统而言,健康管理系统可降低系统寿命周期终止的销毁成本,从而降低产品的回收成本,更好的故障诊断将减少维修过程所产生的废料。

此外,成本规避受故障和维修措施的先后顺序对所花费成本的影响极为严重。利用健康管理系统进行维修规划,量化与健康管理系统相关的成本规避的确定方法可实现故障规避,并最大限度地降低 RUL 的损耗,在固定时间间隔内找到维修方式间的最佳平衡点。在相同条件下,现场安装和使用的两个系统一般不会同时发生故障,因为制造方式和材料不同,并且环境应力也有所不同。因此,系统可靠性通常可表示为一段时间的概率分布,或者其与环境应力因素的关系。同样,鉴于传感器的不确定性、传感器差异、传感器位置、算法和所用模型的不确定性和其他原因,健康管理系统方法也无法绝对准确地预测RUL。实际上,这些不确定性使我们无法完全规避故障。因此,最佳的系统维修规划便是在潜在的高故障成本和牺牲剩余系统寿命以免发生故障之间进行权衡。

4.3　质量特性工程

设计民机的质量特性工程是为了降低故障的危害和风险。通过有效增益提高飞机的运行效益或是至少将意外情况带来的危害降至最低,并且为健康管理系统的设计提供大量的故障模式,或者提供对健康管理系统运行状态的诊断能力,使健康管理系统更可靠、更有效。质量特性工程包括可靠性工程、维修性工程、安全性工程、测试性工程和保障性工程。

4.3.1　可靠性工程

可靠性是指产品在规定的条件下和规定的时间内,完成既定功能的能力。该定义明确指出了产品可靠性与规定的工作条件和规定的工作时间有关,也与产品完成相应功能有关。

规定的工作条件是指产品工作时所处的环境条件、负荷条件和工作方式。环境条件一般分为气候环境和机械环境。气候环境指产品所处环境的气候条件,如温度、湿度、气压、粉尘、盐雾、霉菌、辐射等;机械环境指产品是否经常受到外界机械应力影响,如振动、冲击、碰撞、跌落、挤压、离心、摇摆等。环境对产品施加的应力可能是恒定的,也可能是变化的或交变的。负荷条件指产品电子元器件所承受的电、热、力等应力条件,目前主要指加在电子元器件上的电压、电流和功率等条件,工作方式一般分为连续工作和间断工作,不工作的情况则处于存储状态。

规定的时间是指在评价产品的可靠性时,与其工作的时间有关。可靠性本身就是时间的函数,如在同一工作条件下,产品保持的工作时间越长,其可靠性越高。所以,在讨论产品可靠性时,必须指明可靠性的时间范围。

衡量可靠性的三个相关指标如下所示。

1) 平均失效间隔时间

平均失效间隔时间(mean time between failure,MTBF)就是从新的产品在规定的工作环境条件下开始工作到出现第一个失效时的时间平均值。MTBF 越长表示可靠性越高,即正常工作能力越强。

2) 平均修复时间

平均修复时间(mean time to repair,MTTR)是随机变量恢复时间的期望值。它包括确认失效所必需的时间及维护所需要的时间。MTTR 也必须包含获得配件的时间、维修团队的响应时间、记录所有任务的时间、将设备重新投入使用的时间。MTTR 越短表示易恢复性越好。

3) 平均失效时间

平均失效时间(mean time to failure,MTTF)是系统在发生一次故障前能够正常运行的平均时间。系统的可靠性越高,MTTF 越长。MTTF 是目前使用最为广泛的一个衡量可靠性的指标,定义为随机变量、出错时间等的期望值。

但是,MTTF 经常被误解为能保证的最短的生命周期。MTTF 的长短通常与使用周期中的产品有关,其中不包括老化失效。MTTF 的计算可用下式表示。

$$MTTF = \frac{1}{N} \sum_{i=1}^{N} T_i \tag{4.8}$$

式中: N 为产品数; T_i 为产品寿命。

所以,将可靠性纳入系统架构确保了以质量为重的系统性能。尤其通过 FMECA 分析可以为健康管理系统提供状态数据,实时判定传感器数据,从而大大提高健康管理系统架构的可靠性。

4.3.2　维修性工程

维修性是现代飞机的重要质量特性,是飞机可靠性的重要补充,能够保证设计、研制和生产的民用客机满足规定的适航要求,以提高飞机的可用性,减少对维修人力及其他资源的要求,降低运营成本,使飞机具有良好的经济性和市场竞争力。

维修性的基本要求通常包括定性要求和定量要求两个方面,定性要求在型号研制初期就应根据型号研制特点制订,形成相应的维修性设计准则;定量要求应明确选用参数和指标,如飞机每小时的维修工时、平均维修间隔时间等。

1)维修性的定性要求

维修性的定性要求包括工作空间和通道;零部件、测试点、调整件和连接件的可达性;标准化、通用化、模件化与互换性;部件的维修性特征;防差错设计和识别标记;零部件、调整件和连接件的测试性;需要的工具、附件和产品支援设备的数量及品种的限制;人员数量及技能水平等。

2)维修性的定量要求

维修性的定量要求即各项维修性指标是维修性参数的要求值。指标通常给定一个范围,使用指标应有目标值和门限值,产品规格指标应有规定值和最低可接受值。

在确定了产品的维修性指标后,利用对比分配法或其他方法把维修性指标分配到系统的各功能部分,并在详细设计过程中反复修正;为了准确地预计、估算和分配产品的维修性,必须建立维修性模型,运用概率模拟计算法、功能层次预计法等维修性预计方法,对具体产品设计方案进行估算,以评价设计是否满足维修性要求。

由于民机健康管理系统不仅包括故障管理,而且包括系统的设计和开发,因此通常通过提高系统的能力达到可靠性和维修性的整体目标。其中,维修性是健康管理系统使用和维护的直接性能因素,通过减少隔离和检测故障所需的时间,可直接提高系统的维修性。

4.3.3 安全性工程

安全性是民用客机适航的重要基础,民用客机必须符合规定的适航性要求才能够投入使用。安全性的实现过程是复杂的系统工程,在产品的全寿命周期内通过设计、制造、试验和验证等环节实现。

不同的标准对于安全性都有各自定义。SAE ARP 4754A 认为风险是可以接受的状态;美国军机适航性审定标准 MIL‐STD‐516B 认为在系统使用寿命周期的所有阶段,都应采用工程设计和管理原则、准则和技术,以在运行效果和合适性、时间和成本限制范围内达到可接受的灾祸风险。安全性一般用事故发生概率与严重程度度量,常用的有事故率和概率、安全可靠度、损失率和概率等。复杂系统的安全性分析方法包括功能性危险分析(functional hazard analysis,FHA)、FMEA、故障树分析(fault tree analysis,FTA)和共因分析。

1) FHA

FHA 是系统地、综合地检查产品的各种功能,识别各种功能故障状态,并根据其严重程度对其进行分类的一种安全性分析方法(或过程)。FHA 用来确立系统安全性设计目标,帮助决定设计方案的可接受性,发现潜在的问题和所需的设计更改,确定所需的进一步分析的要求及范围。

FHA 是从飞机功能或系统功能角度提出来的,因此与飞机或系统的具体构型或组成无关,所以当获得系统的功能图后,便可开展 FHA 工作。FHA 在安全性分析工作的前期进行,建立系统总体安全性要求。

2) FMEA

FMEA 提供的定性信息可对安全性影响进行更详细研究;在设计初期和分系统或系统研制试验阶段,通过定性分析发现潜在的设计缺陷,进行经济、有效的设计更改;定量分析提供的信息可用于确定定量的安全性水平,某些故障模式的故障率可用于其他的危险分析。

3) FTA

FTA 是在系统设计过程中,通过对可能造成系统故障的各种因素进行分析,画出逻辑框图,从而确定系统故障原因的各种可能组合方式,并计算系统故障概率,采取相应的纠正措施,以提高系统可靠性的设计分析方法。

FTA 是一种自上而下的分析方法,其可以分析与部件相关的硬件故障、与人为差错有关的故障事件以及不希望发生的其他相关事件。通常使用转换为故障树的事件序列对这些故障事件进行建模。故障上的每个入口都代表输出事件和输入原因事件之间的关系。在该过程中,将一个事件解析为基本的原因事件,并且确定关联这些事件的逻辑,通常这些故障及其对应的逻辑可用于故障诊断的建模。

4) 共因分析

由于单个部件或者元器件的可靠性很低,无法达到规定的系统安全性要求,因此为了提高产品的安全性,一般采用冗余设计的方法,如并联模型、表决模型等。其基本思想是两个或两个以上分离且独立的分系统同时发生故障的概率远低于一个单独的分系统。但是,如果冗余系统的独立性不存在,则并联模型将转变为串联模型,系统真实的安全性将大幅下降,无法满足要求,因此必须开展共因分析。共因分析使用的分析工具是一般故障树分析和故障模式影响分析方法。

4.3.4　测试性工程

测试性是指产品能及时、准确地确定其状态(工作、不可工作、性能下降),并隔离其内部故障的设计特性。测试性分析是产品设计分析工作中的一个重要环节,它与诊断方案的制订及实施有关。常用的测试性参数包括故障检测率、严重故障检测率、故障隔离率、虚警率、不能复现率、平均故障检测时间、平均故障隔离时间、平均虚警间隔时间、平均严重故障虚警间隔时间、平均诊断时间等,可作为开展测试性和诊断设计、试验与评价的依据。

测试性分析是指通过分析失效传播模型可以判定系统传感器失效、隔离原因的位置以及识别诱因机理的能力。传感器的分析可以包括哪个传感器能监测具体的失效模式,哪个会形成与具体功能失效相关的模糊群,哪个失效模式可以用哪种传感器检测,哪种失效模式不可测,以及哪个传感器是冗余的。通过测试性分析可以改进系统设计,使健康管理系统的设计人员能够确定具体故障模式的相关测试点(状态变量)数据,了解系统的传感器健康状况的能力,以及出现故障时立刻隔离问题的能力。

4.3.5　保障性工程

保障性是系统的设计特性和计划的保障资源能满足平时飞行任务要求的能力。可以看出,飞机保障性是两个特性的综合:一个是飞机本身的利于保障的特性,另一个是飞机的保障分系统的能力。保障性主要包括可靠性、维修性以及飞机本身可提供的保障能力。飞机具有一定的保障性可以减少对地面保障的要求,提高飞行架次,缩短准备时间。

保障性参数体系可分为系统保障性参数、保障性设计参数和综合保障性参数。系统保障性参数可用飞机最大出动率表示,它直接反映了飞机的设计特性和规定的保障系统的组合效能；也可采用再补给时间（resupply time，RsT）、再次出动准备时间（turn around time，TAT）等表示；在平时采用可用度或能执行任务率表示。保障性设计参数则用可靠性参数 MTBF、平均失效间隔飞行小时（mean flying hours between failure，MFHBF）等表示；维修性参数可用MTTR、每飞行小时平均维修工时（mean maintennance manhours/flight hour，MMH/fh）等表示；测试性参数可用故障检测率（fault detection rate，FDR）、故障隔离率（fault isolation rate，FIR）、虚警率表示。综合保障性参数采用保障供应参数、备件数量、备件利用率等表示。

4.3.6　失效模式、影响与危害性分析

4.3.6.1　FMECA 简介

FMECA 的研究始于 20 世纪五六十年代后期，研究目的是提供失效分析的系统形式，以提高系统的可靠性。FMECA 因其用途已受到设备设计、航天航空等很多工业领域的青睐。NASA 早在 1971 年就制定了失效模式和分析的标准。

失效模式影响评估的输入是对系统或者组件的设计描述。明确分析范围后，分析者就可以确定每个组件的失效模式。在通常情况下，潜在的失效模式都是从先前存在的组件失效库中提取出来的，失效模式的发生概率是从历史数据或者制造商处获得的。确定了失效模式后，分析者才可以确定每个潜在的失效模式对系统和组件的局部影响，以及对在环境下运行的系统所产生的总体影响。

失效模式影响分析的结果常常记录在一个表格中，表格的左边用来描述失效模式，通常还有提示性语句用来确定失效。表格的右边用来描述失效影响，有时还有影响的临界等级。一些失效模式影响分析是定量分析，并且具有与失效模式及影响所产生的相对应的故障发生概率。失效模式影响分析最右边的表格中可能含有如何避免、防止以及从失效模式恢复的缓解方案和建议。失效

模式影响分析的输出部分是失效模式影响分析的表格以及一套用来改善设计的纠正措施。

通常在产品寿命周期各阶段,采用 FMECA 的方法及目的略有不同,虽然各个阶段 FMECA 的形式不同,但根本目的均是从不同角度发现产品的各种缺陷与薄弱环节,并采取有效的改进和补偿措施,以提高其可靠性水平。产品寿命周期各阶段的 FMECA 方法如表 4-2 所示。

表 4-2 产品寿命周期各阶段的 FMECA 方法

阶　　段	选用不同的 FMECA 方法	目　　　的
论证、方案阶段	功能 FMECA	分析研究产品功能设计的缺陷与薄弱环节,为产品功能设计的改进和方案的权衡提供依据
工程研制与定型阶段	功能 FMECA 硬件 FMECA 软件 FMECA 损坏模式及影响分析 (damage modes and effect analysis, DMEA) 过程 FMECA	分析研究产品硬件、软件、生产工艺和生存性与易损性设计的缺陷与薄弱环节,为产品的硬件、软件、生产工艺和生存性与易损性设计的改进提供依据
生产阶段	过程 FMECA	分析研究产品的生产工艺的缺陷和薄弱环节,为产品生产工艺的改进提供依据
使用阶段	硬件 FMECA 软件 FMECA DMEA 过程 FMECA	分析在研究产品使用过程中可能或实际发生的故障、原因及其影响,为提高产品使用可靠性,进行产品的改进、改型或新产品的研制以及使用维修决策等提供依据

在产品的方案论证、工程研制阶段早期,主要考虑产品的功能组成,对其进行功能 FMECA。在产品的工程研制、定型阶段,主要采用硬件(含 DMEA)、软件的 FMECA。随着产品设计状态的变化,应不断更新 FMECA,以及时发现设计中的薄弱环节并加以改进。在产品生产工艺中运用过程 FMECA 方法进行分析工作,它与工艺设计同步进行,以及时发现工艺实施过程中可能存在的薄弱环节并加以改进。在产品的使用阶段,利用使用中的故障信息进行

FMECA,以及时发现使用中的薄弱环节并加以纠正。

为了解决 FMECA 在应用时缺乏建立底层机制带来的失效模式,通过识别高优先级失效机制和失效模式以提高 FMECA 的价值。这是一种系统的方法,用于识别潜在的失效机制和模式,以确定所有潜在的失效模式,并确定引起潜在失效模式的失效机制的优先级。失效机制是导致失效的物理、化学、热力学或其他过程,可归类为过度应力或磨损的机制。过度应力的失效是由负载(应力)条件导致的结果,它超过了一个基本的强度属性。磨损失效是由于在较长时间内施加的负载(应力)累计损坏造成的。失效机制的模式有助于产品的设计和开发,通过对高优先级失效机制和失效模式的分析建立行动计划,以减轻潜在的失效模式对系统带来的影响。失效物理模型就是一种有效的失效机制模型,也是一种科学的可靠性方法,可通过建模和仿真模拟产品失效的根本原因,如疲劳、断裂、磨损和腐蚀,有助于提高系统的性能,降低产品设计和设备部署后带来的决策风险。

总之,FMECA 是一种自下而上的动态分析技术,它能够第一时间确认失效对于单个组件的影响。FMECA 工作是分层级的,较低级别的失效影响统称为下一级别的失效模式。FMECA 也是一种前进式的分析技术,因为它随着时间的推移能够分析从失效的发生到它们发生后可能产生的影响。对失效模式和失效机理的正确认识决定了所设计的健康管理系统的好坏。FMECA 研究不仅可以实现这一目标,而且可以给设计者提供建立健康管理系统设计框架的工具和流程。

4.3.6.2　FMECA 的应用

FMECA 是质量特性工程中的一项重要基础技术。通过 FMECA 这一桥梁,可靠性工程、维修性工程、安全性工程、测试性工程和保障性工程等均能与传统设计工程相互关联,使得在装备的性能设计过程中,能够充分考虑质量特性工程的因素,以研制出具有良好的可靠性、维修性、安全性、测试性以及保障性的装备。FMECA 与质量特性工程的关系如图 4-4 所示。

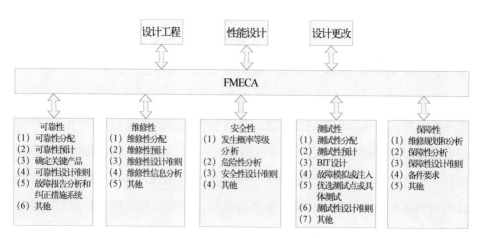

图 4 - 4 FMECA 与质量特性工程的关系

可靠性工程的核心是从设计上保证系统尽可能少出现故障。维修性工程从设计上保证系统出现故障时能够简便而经济地维修和预防故障。测试性工程是可靠性和维修性之间的桥梁,在规划诊断方案之前,必须预计系统所有可能出现的故障,而在修理故障之前,必须进行故障定位。因此,测试性工程将可靠性(识别、预防和降低可能发生的故障)和维修性(方便维修和修复故障)联系在一起。安全性工程通过初步危险分析,确定危及装备使用安全的致命性项目,为确定装备的诊断要求提供输入,确保装备具有完善的监测致命性故障的诊断能力。保障性包括与装备保障有关的设计特性及保障资源的充分和适用程度两个方面,其设计特性是设备使用与维修保障有关的设计特性,如可靠性、维修性和测试性。保障资源保证装备完成平时运营的人力和物力,是从事保障活动所需人员、设备、设施、技术、方法和资金的统称。诊断方案是保障方案的重要内容,保障方案的评价与权衡分析、维修作业分析、修理级别分析等保障性设计分析结果有关,为确定诊断资源配置、测试性与保障系统结构关系提供设计输入;而通过系统测试性、BIT 和中央测试系统设计,提供实时故障诊断和预测结果,预测维修、预先安排维修计划,可以缩短维修和供应保障过程,大大减少对各种地面测试设备和维修人员的要求,实现诊断、维修、后勤保障的综合化,改进系统的保障性。

1) FMECA 在可靠性分析中的应用

FMECA 是 GJB 450A《装备可靠性工作通用要求》中要求开展的一项可靠性设计与分析工作。在具体应用 FMECA 确定可靠性产品清单时,可在危害性矩阵图上划定相应的范围,作为确定可靠性关键件的依据。通常可以取严酷度为Ⅰ类的失效模式产品作为可靠性关键产品。对于飞机而言,产品的重要度是按产品失效对飞行安全、任务完成的影响程度分类的。产品按其重要度可分为 3 类。

(1) 关键产品(A 类产品):产品失效直接影响飞行安全。

(2) 重要产品(B 类产品):产品失效不直接影响飞行安全却直接影响任务的完成。

(3) 一般产品(C 类产品):产品失效不直接影响飞行安全和任务完成。

产品在进行 FMECA 的基础上,得出其功能失效的影响,根据功能失效对飞机的影响,结合产品的可靠性、外场使用情况、经济性等因素综合确定产品的类别。

2) FMECA 在维修性分析中的应用

FMECA 直接从产品角度出发考虑其失效模式、影响及其危害性的严重程度;而维修性分析则主要从产品维修的角度出发,考虑产品具备好修、易修的特性。维修性分析工作不应单纯地只从产品设计方案入手,应动态地考虑整个维修过程中维修人员与维修对象之间的相互关系。具体包括相对位置、交互类型、相对活动空间等。因此,FMECA 与维修性分析工作有如下关系。

(1) 利用 FMECA 结果,针对失效的基本维修措施进一步确定维修性的设计与分析要求。

(2) 利用 FMECA 技术,研究维修中由于人-机交互而引发的新失效模式,并进行相应的 FMECA,从而为维修性设计分析中的维修安全、防差错措施、维修中人为因素工程要求等方面提供信息。

FMECA 给出的失效模式及其相应的维修措施正是开展维修性分析的输入条件；FMECA 中给出的失效模式严酷度可作为开展维修性权衡分析时的依据之一；FMECA 中给出的设计改进和使用补偿措施可作为维修性设计分析的参考内容。

3) FMECA 在安全性分析中的应用

FMECA 可以用于系统安全性分析，特别适用于硬件事故的危险分析。用 FMECA 方法进行安全性分析可以系统地识别所有可能的失效模式，发现潜在的失效危险源；确定每个失效模式可能产生的安全性影响；并有助于确定危险的严重性和可能性。通常根据每个失效模式的失效影响、严酷度和发生概率或频率来度量风险，即可以帮助设计人员识别、去除或控制有危险性的失效模式和安全性关键产品，降低其对系统及相关使用者的危害程度，及时发现安全性的薄弱环节，进而制订有效的改进措施，以提高产品安全性水平。

FMECA 在安全性分析中的应用是 FMECA 应用的扩充，即可在进行可靠性 FMECA 分析时，同步考虑每个失效模式的危险性；也可以在完成可靠性 FMECA 之后，针对每个失效模式进行专门的安全性分析和风险评价。用于安全性分析时，FMECA 可在各个分析约定层次展开，但一般应用在关键的系统和设备上，以减少工作量。

4) FMECA 在测试性分析中的应用

FMECA 是测试性分析的基础之一。FMECA 的结果，尤其是获得的失效模式等内容，为产品的测试性指标分配、测试性预计、失效注入或模拟、优选测试点以及具体操作等方面提供支持。在从 FMECA 中获得失效模式、影响和失效率数据等信息的基础上，进行测试性指标的分配、指导测试点的选取、固有测试性和 BIT 的设计；收集包括失效检测能力和失效隔离能力等内容的测试性相关资料；根据收集的资料进行测试性指标预计，并判断是否符合规定的测试性要求。当预计值不符合要求时,要改进系统的测试性设计,再针对改进的产品进行测试性资料收集及指标预计,如此反复迭代,直至符合要求;当预计值符合要求时,将 FMECA 和测试性相关分析的结果写成报告。

5) FMECA 在保障性分析中的应用

装备的技术保障中包含两部分内容,即使用保障与维修保障。一般引起维修的原因是装备故障,当发生故障后,考虑如何设计装备使其便于修理是维修性的工作范畴。但是,维修不是没有条件的,即使完成再简单的维修工作也需要保障资源的支持,例如维修人员、维修工具等。装备保障性工作从装备自身的设计特性与规则的保障资源以及能够满足飞行任务要求两个角度出发,因此其工作的内涵要比维修性、测试性更广。FMECA 是保障性分析的基础之一,其在保障性分析中的作用可简单概括如下。

(1) FMECA 是确定重要预防性维修工作项目和要求的依据之一。

(2) FMECA 是确定修复性维修工作项目和要求的依据之一。

(3) FMECA 为确定维修保障资源提供失效模式及有关信息。

总体而言,FMECA 的结果是进行产品诊断建模的数据来源;是可靠性设计与分析的基础;是维修分析中用以确定维修性要求的重要信息;是开展安全性、测试性设计分析的输入;是确定维修任务、开展保障性分析、确定维修保障资源的初始信息源。同时,危害性分析给出的结果对于确定产品中的关键件和重要件清单,开展安全性设计分析而言,具有重要的意义。

4.4　系统实现方法

健康管理系统通常在通用计算平台上运行,包括 OMS、地面维护系统以及独立运行的软件和其他飞机系统提供的硬件构成。健康管理系统软件是诊断维护的核心，它由机载软件、地面软件和支持维护系统数据准备的工具软件构成。机载软件、地面软件能够依据事先定义好的故障模型等维护系统数据，完成对飞机状态的实时监测和对故障的综合分析以及远程维护等功能。

4.4.1 机载维护系统的开发

OMS作为维护系统的核心，是现代民用客机航空电子系统必备的子系统之一，是保障飞行安全，提高飞机派遣率，确保对飞机实施准确、及时的维修，提高飞机使用效益，降低飞机使用成本的关键系统。

OMS软件的设计和开发不同于Windows环境下的软件编程，一般采用强实时操作系统，如航空工业西安航空计算技术研究所的天脉以及美国风河公司的VxWorks等。OMS软件是功能复杂多样的机载软件，在设计软件时，需要考虑各种系统接口、数据库接口、文件系统接口、图形接口以及其他嵌入式应用开发工具包的接口等。所以，软件的设计和开发遵循DO-178B和DO-178C的软件开发流程，并且应满足适航的要求。图4-5所示为OMS软件的开发流程。

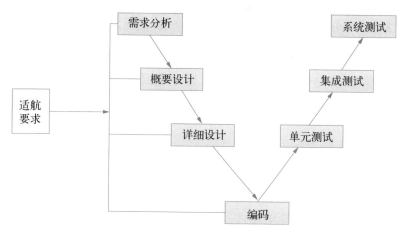

图 4-5 OMS 软件的开发流程

1）需求分析

OMS 通过接收飞机成员系统的 BITE 信息和实时采集、处理相关的飞机状态参数，完成对飞机状态的实时监测和对故障的综合分析，输出实时故障诊断结果；同时也可在地面上通过空地数据链远程访问故障信息和重要飞行参数，在地面上完成深层次的故障诊断和定位，并将相关结果及时通知地面维护部门做好维护准备。当飞行结束后，可以对 OMS 存储的历史飞行数据进行深入的信息挖掘和多种信息融合，为机务维护、飞行安全保障和健康预测等方面提供有效的分析手段和决策支持。OMS 软件可实现如下功能。

（1）故障诊断应用：采集 LRU 的故障数据和操作参数，进行故障隔离，记录隔离的故障并存储到故障历史数据库中，供其他应用显示和报告；提供系统数据加载和配置信息。

（2）飞机状态监控应用：监控、捕获和记录 LRU（如发动机）的趋势和超限等生命周期数据，供其他应用显示和报告。

（3）交互式维护应用：完成飞行中或事后维修时飞行员和维护人员对 LRU 执行的测试等交互维护活动。

（4）构型报告应用：收集和报告飞机系统的软、硬件构型状态。

（5）数据加载应用：允许加载成员系统的软件，也可以对有需求的系统进行数据加载。

（6）显示管理应用：完成故障数据和交互维护页面的显示管理功能。

2）接口和技术指标要求

OMS 软件还应满足如下的接口和技术指标要求。

（1）OMS 软件应能处理来自成员系统的故障报告数据，并涵盖多种总线类型的成员系统。

（2）OMS 软件应可以存储多个航段飞行的维护数据。

（3）OMS 软件应提供大量的维护非易失存储器容量，以存储飞机构型报告数据。

（4）OMS 软件应支持同时对多个不相干目标系统进行数据加载等操作。

（5）OMS 软件应可以在较短时间内，完成对某个设备运行软件、配置表或数据库的更新。

（6）OMS 软件应支持按照预定义要求的频率采集、记录或显示飞机系统实时参数。

（7）OMS 软件应具备大容量存储器存储维护数据，并在使用时具备存储维护数据所需的空间余量。

3）OMS 软件验证

OMS 软件按照以上的需求、接口和技术指标要求完成软件详细设计及编码工作，并且确保 OMS 软件满足适航要求。在编码工作完成后，根据 DO - 178B 和 DO - 178C 标准，OMS 软件验证过程分为软件评审和分析、软件测试两个部分。评审和分析为软件需求，软件结构和源代码的准确性、完整性和可验证性提供评估。软件测试用于证明软件满足其需求，并且以高置信度证明可能导致系统安全性评估过程所确定的、不可接受的、实效情况的错误已消除。

（1）软件评审和分析包括需求的评审和分析、软件架构的评审和分析、源代码的评审和分析，以及软、硬件集成输出的评审和分析。需求的评审和分析是为了发现并报告在软件需求和设计过程中可能已经引入的需求错误；软件架构的评审和分析是为了发现并报告在软件架构开发过程中可能已经能够引入的错误；源代码的评审和分析是为了发现并报告在软件编码过程中可能已经引入的错误，以及证实软件编码过程的输出是准确的、完整的，且能被验证的，主要关注点包括对应软件需求和软件结构的代码正确性，以及与软件代码标准的符合性；软、硬件集成输出的评审和分析是为了确保该过程的结果是完整和正确的。

（2）软件测试通过运行软件确认可执行目标码与需求的一致性，可执行目标码符合高层需求的鲁棒性要求，以及可执行目标码与目标机相兼容。软件测试主要包括软、硬件的集成测试验证在目标计算机环境中软件是否正确运行；

软件集成测试验证软件需求和部件之间的内部关系,验证软件需求以及在软件架构中软件部分的实现。

(3)为了满足 OMS 软件测试的目标,可能需要多种测试环境。OMS 软件验证强制要求在目标机环境下执行测试,测试环境包括经过确认的目标计算机及已在目标计算机仿真环境中测试过的软件。在许多情况下,基于需求的覆盖和结构覆盖只能通过更加精确地控制和监控测试输入实现,而此时代码不可能在全集成的环境中执行,这些测试需要在一个从其他软件部件中分离出来的一个很小的软件部件上执行。此外,使用目标计算机模拟器或宿驻计算机仿真器所做的测试可以提供合格审定置信度,但需要分析它与目标计算机的差异,补充由差异造成的测试用例的缺失。

4.4.2　地面维护系统的开发

地面维护系统软件的设计和开发不需要满足适航要求,但要遵循 DO-178B 和 DO-178C 的软件开发流程。图 4-6 所示为地面维护系统软件的开发流程。

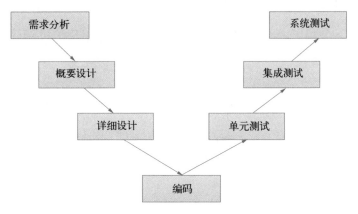

图 4-6　地面维护系统软件的开发流程

1)需求分析

地面维护系统软件是在 OMS 软件所提供的数据和功能的基础上,负责完成对 OMS 处理结果的进一步综合、判别和决策,以及相关的延伸功能。地面维护系统软件可实现如下功能。

（1）地面异常分析：判断发现的异常是已知的故障或征兆模式还是需要进一步研究的新模式。

（2）地面故障诊断：进一步诊断故障数据，确定报告的故障原因和影响。

（3）地面预测评估：预测部件的 RUL、分析系统和子系统的性能降级趋势。

（4）地面综合评估：根据异常分析、故障诊断、预测评估结果进行综合健康评估。

（5）维修决策：根据健康评估结果、资源配置、任务要求等制订维修计划。

2）架构设计

结合地面维护系统的需求分析及开发流程，设计地面维护系统软件的架构。地面维护系统结构如图 4-7 所示。

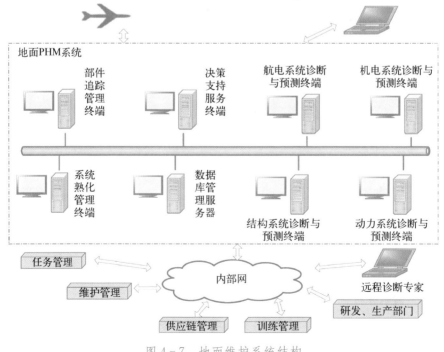

图 4-7　地面维护系统结构

由图4-7可以看出,地面维护系统提供部件寿命追踪、决策支持、知识库管理、数据库管理以及辅助工具等功能。地面维护系统不仅作为OMS的功能延伸,而且为整个健康管理系统的开发、熟化和运转提供了一系列的内容和功能支持。

3）数据库与知识库设计和实现

健康管理系统数据库与知识库也称为健康管理系统中央数据库,是地面维护系统的核心组成部分,负责存储和管理飞机系统的设备信息、飞行日志、状态监测数据、故障诊断结果、预测结果、部件使用及维修履历信息、健康评估结果、维修建议、飞机维修技术资料、故障辞典、诊断知识与经验、维修方法和方案、健康管理系统应用程序所需的各类推理模型、算法模块,接口控制文件等设计数据等;并为机载和地面维护系统、PMAT、远程终端、工程研发、综合保障系统等相关应用提供必要的数据服务。

健康管理系统数据库与知识库可提供三方面的功能：数据与知识存储、数据与知识管理及维护、数据与知识服务。数据与知识存储以关系型数据库管理系统为主、文件管理系统为辅,系统地存储健康管理系统相关的信息、数据及知识记录;数据与知识管理及维护包括系统和账户管理、各类数据对象的录入及增删改、多种数据文件的导入和导出等功能;数据与知识服务以多种服务模式向健康管理系统以及综合保障系统的有关人员和应用程序提供相关信息、数据、知识的访问服务。

健康管理系统数据库与知识库系统作为机载维护系统和地面维护系统的重要组成部分,逻辑上由设备信息库、技术数据库、知识库组成(其中知识库包括模型与算法、知识记录与文档两部分),并提供相关的数据管理维护和在线服务接口,如图4-8所示。

其中,设备信息库主要存储飞机各系统部件的软件和硬件配置信息、设计参数、使用和维修履历信息;技术数据库主要存储机载和地面维护系统以及外场维护等产生的相关动态数据,如状态监测数据、机载告警信息、原始记录信

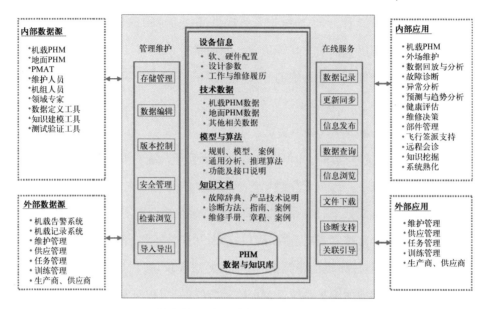

图 4-8　健康管理系统数据库与知识库系统的组成

息、故障诊断结果、预测和趋势分析结果、部件使用和维修履历信息、健康评估结果、维修建议等；知识库则主要存储健康管理系统数据定义、飞机维修技术资料、故障辞典、诊断知识与经验、维修方法和方案、相关案例以及健康管理系统应用程序所需的各类推理模型、算法模块。

健康管理系统数据库与知识库支持以下相关应用的数据存储、管理和访问需求：工程研发中的数据准备与接口设计、知识提取与建模、模型训练与更新等；OMS 的模型、数据上传和下载；地面维护系统的模型、数据等的访问、处理和存储；来自 PMAT、远程终端乃至地面综合保障系统的数据查询、智能推理支持和交互等。

4）诊断与维修决策设计和实现

不同于 OMS 中的分级融合式诊断结构，地面维护系统中的诊断任务是按照成员系统所属专业类型分配的，包括航电系统、机电系统、推进系统以及结构系统等。地面综合诊断采用的方法主要包括基于原理模型的诊断、基于数据模型的诊断以及基于案例的诊断。其主要功能是补充和验证机载诊断功能，特别是对于 OMS 遗漏或误诊的故障,结合外场及基地的测试数据综合诊断,基于信息的综合诊断模型如图 4-9 所示。

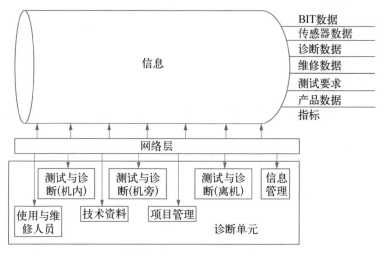

图 4-9　基于信息的综合诊断模型

　　地面综合诊断必须广泛综合各种信息源,如有关测试性、自动测试、人工测试、训练、维修、技术信息、使用和维修人员输入、BIT、产品数据和工程产品保障方面的信息。故障综合诊断的结构要素包括各分系统诊断功能、机上诊断管理器、外场维修管理器、外场测试辅助、远程维修管理器、自动测试设备、中央数据库、综合诊断设计工具等。对于不同类型的成员系统,所采用的故障诊断方法也不尽相同。地面综合诊断的工作目标包括结合地面测试数据等确认或修正 CV 值不达标的机载诊断结果;进一步隔离 OMS 生成的模糊组,消除虚警;提供维修需求及方法等信息;生成必要的应急处置措施以及提交疑难故障的远程会诊申请等。

　　维修决策支持系统是地面维护系统面向自主后勤保障系统的核心功能接口,它以飞行器的安全可靠性为基础,通过权衡可靠性和经济性的关系,给维修人员和部件供应商提供维修信息,帮助相关人员完成飞机的后勤保障工作。维修方式有事后修复性维修、定期预防维修和视情维修。对于飞行器的不同设备以及同一设备的不同部件,可能采取几种维修方式并存的模式进行维修。维修决策,特别是对于视情维修的决策,是民用客机健康管理中的一个关键性技术难点。飞机维修决策包括两个层次的内容:① 确定部件级的维修策略;② 确定系统级的维修策略。部件级维修策略包括部件的失效特点(突发失效,如航电 LRM;劣化失效)、重要度确定维修方式、检测模式、检修时机、维修费用、维修程度等。部件级视情维修的基础是部件的劣化过程描述模型,主要包括两大类技术。第一类技术是利用数理统计理论,直接建立部件状态和寿命的统计分布,根据监测数据估计失效模型中的未知参数和维修费用等目标做出优化。比较典型的有时间延迟模型、比例危险模型、冲击模型以及 Levy 过程模型等。第二类技术一般将部件状态空间离散化,基于随机过程理论,应用马尔科夫或半马尔科夫决策过程模型进行维修策略的优化求解。系统级维修决策则在部件级维修决策的基础上,综合考虑飞机的健康状况、可用资源配置、任务要求等,根据系统级的经济相关性、结构相关性、随机相关性、维修方法、优化目标等,建立多约束规划模型,据此统筹规划操作和维修活动,以达到飞行器维修整体优化的目的。

5) 资源管理与接口管理

资源管理主要指对部件的追踪管理,用于记录及检查飞机系统各个设备模块的工作及维修履历信息,主要包括模块标识、名称、出厂批次、设计寿命、累计工作小时数、累计上电次数、维修历史记录(包括时标、维护人员标识和维护操作标识)、最近一次上电和下电时间等信息,并负责飞机系统设备软、硬件配置的完整性检查,为飞机的设备寿命管理、任务管理等提供基础性支持。

接口管理主要针对数据库和知识库接口关系,包括健康管理系统数据库与知识库的外部接口和内部接口。外部接口包括数据管理接口和数据服务接口;内部接口包括关系数据库与数据管理软件和数据服务软件的接口。

数据管理接口包括系统及账户管理,设备配置与履历信息、真实和仿真技术数据、模型、算法与知识的录入、增删改,数据文件的导入和导出等操作接口,并提供不同层次、不同功能或不同形式的数据及知识的浏览视图。

4.4.3　成员系统对健康管理系统的支持

由于健康管理系统交联关系复杂,涉及的成员系统种类繁多,因此各个系统的监测和故障诊断的重点各异。成员系统不仅是健康管理系统的管理对象,也是健康管理系统的主要数据来源。所以,各个成员系统上报给健康管理系统的数据"是什么?""以何种方式上报?""以何种格式上报?"是需要重点关注的问题。从健康管理系统的层面规范成员系统对健康管理系统的支持主要包括在线数据和通信接口以及离线数据建模。

1) 在线数据和通信接口

成员系统主要完成自身范围内的数据采集、处理与存储、故障及异常检测等功能;健康管理系统完成对成员系统的状态监测、故障诊断、交互式维护、构型管理和历史追踪等功能。成员系统与健康管理系统的在线数据和通信接口如图 4-10 所示。

其中,在线数据接口主要包括通信协议类型和设备构型信息,PBIT 及其对故障报告的支持,IBIT 及其对交互式维护的支持,POBIT 及其对数据加载的支持以及状态监测、使用历史追踪等信息。

成员系统需要向健康管理系统提供的数据包括如下几个方面。

(1) 成员系统的 PBIT 信息以某一个频率周期性地发送给健康管理系统。

(2) 成员系统的状态参数数据以某一个频率周期性地或按特定的条件发送给健康管理系统。

(3) 当检测到故障时,将成员系统的 POBIT 信息发送给健康管理系统。

(4) 当检测到异常时,将成员系统的异常信息发送给健康管理系统。

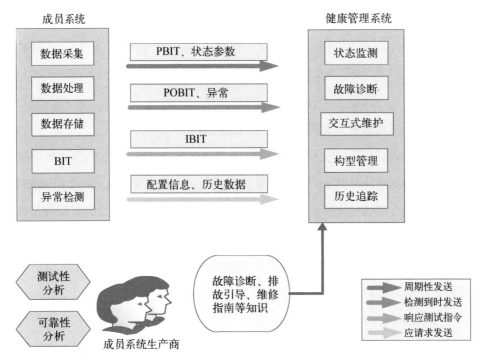

图 4-10　成员系统与健康管理系统的在线数据和通信接口

（5）当接收到测试指令时，将成员系统的 IBIT 信息发送给健康管理系统。

（6）当加电或应健康管理系统请求时，将成员系统的构型信息发送给健康管理系统。

（7）当应健康管理系统请求时，将成员系统的加电和工作历史数据发送给健康管理系统。

成员系统需要在本地存储的数据包括如下几个方面。

（1）当检测到故障时，将周期性地存储成员系统的 BIT 信息。

（2）每次加电时，都将存储成员系统的 POBIT 信息。

（3）当检测到异常时，将存储成员系统的异常信息。

（4）当每次执行启动测试时，都将存储成员系统的 IBIT 信息。

（5）当每次构型发生变更时，都将存储成员系统变更时的构型信息。

（6）在进行加电、下电操作时，将存储成员系统的加电和工作历史信息。

健康管理系统对成员系统的接口要求包括如下几个方面。

（1）对 PBIT、POBIT 的接口要求：成员系统的 PBIT 要尽可能持续地实时检测故障的触发条件及状态复位；成员系统的 PBIT 应以一定的频率向健康管理系统发送检测结果；成员系统的 POBIT 仅当成员系统在检测到故障时发送；BIT 报告的内容包括 BIT 代码和标识、时戳、检测结果等。BIT 属性信息包含 BIT 代码和标识、名称、所属 LRM、描述文本等。

（2）状态向量的接口要求：成员系统应持续检测并周期性地报告自身状态参数值；状态参数的报告内容包括参数代码和标识、时戳、当前值等。状态向量信息包含参数代码和标识、名称、所属 LRM、计量单位、描述文本等。

（3）异常信息的接口要求：成员系统应负责自身工作状态的异常检测、存储和报告；异常的报告内容包括异常代码和标识、时戳、当前值、阈值等。异常信息包含异常代码和标识、名称、所属 LRM、描述文本等。

2）离线数据建模

成员系统不仅要满足健康管理系统提供在线数据和通信接口的要求，还需要支持健康管理系统进行状态监测、故障诊断等功能的离线数据建模。成员系统的离线数据建模主要包括如下几个方面。

（1）开发与集成状态监测、故障诊断、测试与维护等相关模型。

（2）以成员系统的设计分析为主，基于成员系统的测试性建模、可靠性和安全性分析等设计数据，利用辅助工具实现建模。

（3）以数据驱动为辅，通过挖掘成员系统的试验数据和历史数据以及模型熟化，实现建模。

为了保证模型开发与验证过程的规范性、系统性、通用性和实用性，通常使用辅助工具完成。基于设计分析的模型开发主要由数据准备或知识提取、交互式开发、集成与管理三个阶段完成。基于数据挖掘的模型开发主要由创建系统目标的特征参数、数据预处理并进行分类和聚类分析，进行数据挖掘和测试验证完成。

4.4.4 模型开发

1）先验式模型的创建与集成

先验式模型是指其知识内容能完全依据相关先验信息直接分析、归纳得到的模型，例如专家系统中的推理规则、系统安全性和可靠性分析中的故障树、事件树、模糊矩阵模型等。通常有两种创建方式：一种是手工直接创建；另一种是交互式创建。第一种方式具有一定的随意性，难以保证所创建模型的完备性和一致性等。第二种方式借助知识建模辅助工具，用户以约定的格式将领域知识输入知识缓冲区，由辅助工具软件对其进行编译，检查词法、语法等方面的错误，并检查知识模型的完整性和一致性，用户根据工具软件反馈的错误信息进行修改。先验式模型的创建和集成过程如图 4-11 所示。

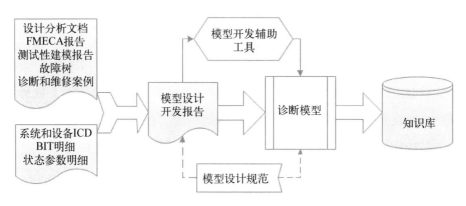

图 4-11 先验式模型的创建和集成过程

（1）数据准备或知识提取阶段通过对设备和系统的 FMECA、FTA、事件树分析、五性分析数据、系统需求和数据定义等的梳理和分析，提取出每种故障模式的诊断逻辑和故障属性信息，形成规范的知识模型报告。

（2）交互式开发阶段根据知识模型设计规范，利用建模辅助工具，把知识模型报告转化为面向机载解算程序的模型数据,并对其语法错误、语义冲突等进行检查。

(3) 集成与管理阶段对系统各级模型进行集成和必要的修正和维护,并导出为统一的数据文件格式(.XML)文件。

2) 后验式模型的创建与集成

后验式模型是指其知识内容不能完全由先验知识信息得出,因此必须依赖相关的实际或仿真试验、可靠性试验以及历史使用数据等后验信息,结合机器学习或训练而构建的模型,例如神经网络模型、贝叶斯网络、模糊聚类模型等。图 4 - 12 所示为利用 Weka 工具基于数据挖掘的建模过程。

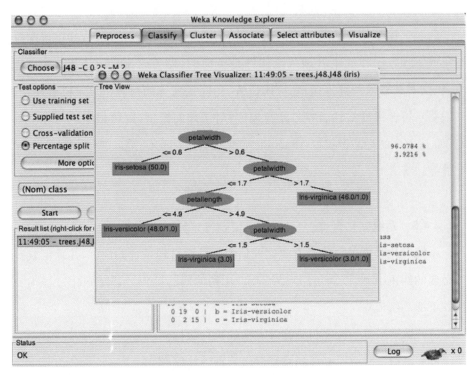

图 4 - 12　利用 Weka 工具基于数据挖掘的建模过程

基于数据挖掘或知识发现的建模过程如下所示。

(1) 理解领域知识,明确系统目标。

（2）创建相关的数据库，包括确定系统的特征参数或变量、选择训练或学习样本、测试样本。

（3）数据整理及预处理，包括数据清洗、集成、转换、消减等。

（4）数据分类就是找出一组能够描述数据集合典型特征的模型或函数，以便能够分类识别未知数据的归属或类别。

（5）聚类分析是将数据集划分为若干组或类的过程，使得同一个组内的数据对象具有较高的相似度，而不同组中的数据对象不相似。

（6）关联规则分析即数据挖掘，从样本数据中挖掘出有价值描述项之间相互联系的知识信息，包括时序模式、相关系数、偏差信息等。

（7）结果可视化及测试验证。

后验式模型的算法通常为非透明的，但必须具有规范的接口，其接口配置与集成管理方法和健康管理系统构件是类似的，即符合 OSA－CBM 接口规范，包括对其输入和输出接口、应用位置、功能描述等的封装。对于机载模型，一般要求符合标准 C 语言接口定义规范；对于地面模型，则可根据运行环境确定，如 JAVA 的动态链接库(dynamic link library, DLL)接口、MATLAB 的.M 文件接口等。

4.4.5 系统熟化管理

系统熟化管理的目的是有效地评估实际健康管理系统的性能，并确定或实施必要的纠正措施，以满足用户的需求，达到他们的期望。系统熟化过程主要由如下活动组成。

（1）采集系统的性能与维修等方面的运行数据。

（2）识别异常或不必要的系统健康管理性能问题。

（3）分析产生以上问题或影响系统健康管理性能的根本原因。

（4）确定可采取的纠正措施。

纠正措施可能包括系统物理设计的变化、健康管理系统的设计变化、辅助的补充性试验、其他保障系统可靠性的要素或过程变化。

　　所以,在初步完成健康管理系统机载和地面应用系统搭建之后,系统及知识的熟化过程,特别是推理及表示模型的迭代更新活动,将贯穿健康管理系统应用系统的整个生命周期。健康管理系统的熟化过程管理如图 4-13 所示。

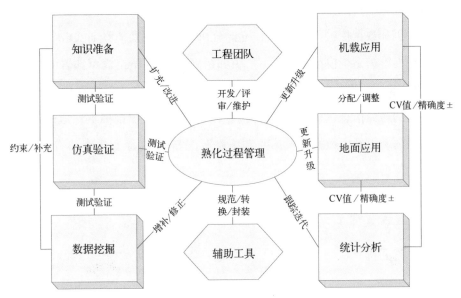

图 4-13　健康管理系统的熟化过程管理

　　在项目的初次开发阶段,工程团队将搭建健康管理系统的总体框架、制订软件和硬件接口规范,并通过协同设计、开发和系统集成,完成一个具备基本功能的健康管理系统软件和硬件系统,但此时的健康管理系统离实用要求还相距甚远。与此同时,根据健康管理系统功能目标,设备供应商和系统集成商利用根据系统及设备的功能及结构分析、测试性分析、安全性和可靠性分析等,使用规范化的建模辅助工具创建一批先验性知识模型。这些模型和健康管理系统软、硬件本身都需要经过严格的验证和测试,因此,需要构建一个功能强大的仿真验证平台环境。在验证和测试过程中,通过分析仿真数据及实验结果,知识模型会逐步得到一定程度的补充和完善。前期准备的知识也会为后期的数据挖掘活动提供导引和规则约束。这些知识获取活动会反复地增补或修正健康管理系统中央数据库的存储内容。工程团队不仅负责软件和硬件系统以及知识模型的开发、评审、集成等任务,而且负责系统的持续维护工作。系统的熟化活动与中央数据库的管理维护紧密联系。

当健康管理系统的软件和硬件系统经过了充分熟化,并完成了一系列的测试、验证和认证后,即进入实际应用环节。这个阶段的系统熟化工作主要集中在统计分析和数据挖掘活动之中。统计分析工具主要负责统计 OMS 各级模型以及地面维护系统模型的计算 CV 值和精确度,从而给出模型部署的分配和调整依据,修正原有的 CV 值和精确度,并辅助记录模型的跟踪迭代情况以及飞机设备的寿命信息、燃油等消耗品的使用情况等。数据挖掘工具则充分利用不断积累的历史健康数据以及诊断和维修案例等,验证原有模型的有效性,并挖掘新的模型。

4.5　知识工程

4.5.1　概念

在构建知识库之前,必须通过知识工程,以结构化的方式收集和修改信息,便于存储和访问。知识工程是将收集、整理、组织的信息转换为计算机可识别格式的一种技术,为构建如专家系统、基于知识的决策支持系统、专家数据库系统等智能系统提供基本的数据。由于不同任务、不同系统产生的数据格式不尽相同,因此知识工程就是试图模仿人类的认知,将这些信息根据人类的逻辑和推理思路重新组织。自 20 世纪 80 年代以来,知识工程师根据他们在开发基于知识库系统时积累的经验,制订了规则,用于指导知识工程的构建。图 4 - 14 所示为知识工程所涉及的步骤。

知识工程最重要的两个任务是知识获取和知识编码,并对这两项任务所涉及的活动进行分解。图 4 - 15 所示为知识工程主要任务的分解。

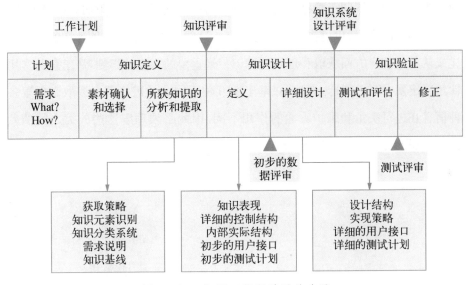

图 4-14　知识工程所涉及的步骤

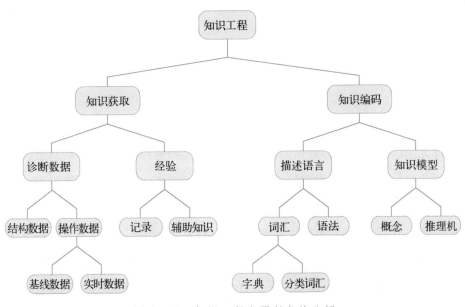

图 4-15　知识工程主要任务的分解

此外，对知识进行提取，并划分为几个等级，分别为杂集、数据、信息、知识和行为。知识库不同于数据库，包括一些与各种信息相关的、附加的语义方法，如遇到不同的命令，也可提供有用的信息。这些信息一般指各种各样的知识描述或从原始信息方面获取和理解的知识。最重要的是要认识到，从信息的实用性角度出发，将信息分为五种，并基于这五种不同分类进行信息提取。由于各种信息在进行决策和维护方面的作用不同，因此必须理解这些分类之间的差异。知识的分类及应用如图4-16所示。

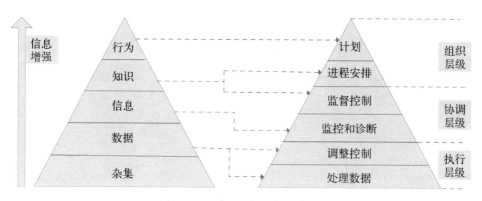

图4-16　知识的分类及应用

如图4-16所示，信息以分层的方式进行分类，不同的分层阶段支持各种不同的决策。杂集位于信息层次结构图的最底部，主要由所有不需要的、预计无用的数据组成。数据是基于隐式或显式的解释规则，表示信息处理过程的符号。一般来说，数据缺乏语义解释，可作为处理数据和调整控制的数据来源和基础。信息由正式的、有语义的数据组成，在两个或多个使用者之间是可以共享交流的，可用于监控和诊断建模。信息的一个关键方面就是语义，因为使用者需要清楚地理解每一条信息。知识超出了信息的概念，包括各种信息之间的关系。在一个工程背景下，知识包括分类法、规则和约束，也可作为决策的支持信息。行为指根据项目的具体情况进行预测，并完成、实施计划。

4.5.2　知识获取

1）诊断数据收集

基于知识的诊断必须通过诊断数据和经验这两种类型的信息创建有用的知识。通常通过设备和系统的 FMECA、FTA、事件树分析、五性分析数据、系统需求和数据定义等设计数据获取知识；或者通过实际或仿真试验、可靠性试验得到的数据以及历史使用数据获取知识。将获取的知识提取为统一的结构化形式，用于描述系统的健康状态。获取的知识必须可构建、组织和存储方便；可及时获取信息；可随着时间增加更多的信息；可扩展当前的知识库，使其包括更多类型的信息；可以透明和直观的方式，对发生的状况进行推理；可通过检查系统的实时信息收集诊断数据。诊断数据分为结构数据和操作数据两种。

（1）结构数据标识系统的不同组成部分，并以结构模型的形式存储特定的结构组织。每个组件的位置以及与它相邻的组件的信息，对组件的预测至关重要。一个组件的局部失效可能会传播到整个系统，对整个系统的健康状况产生影响。各个组件之间的知识互连也很重要，有些连接类型可能会限制一些组件信息的使用，从而影响其操作模式。结构数据主要包括组件的类型、传感器、位置、依赖关系等。通常在系统开始运行时就收集结构数据。在大多数情况下，一旦收集了结构数据，除非系统一部分发生变化，否则就不需要修改数据集。随着时间的推移，更多详细的数据将会添加到这个结构数据库中。

（2）与结构数据不同，操作数据是在系统运行过程中收集到的动态数据。这些数据主要包括传感器测量值和操作者的观察值。由于环境的变化或系统本身的变化（磨损、替换组件），操作数据的特征也会发生改变。根据操作系统的目的，操作数据又分为基线操作数据和实时操作数据。从统计角度来看，在健康系统中，收集的基线操作数据和实时操作数据应该是相似的。系统特性随时间的变化可能会使这两种数据产生微小的变化，在这种情况下，应收集最新的基线操作数据用于校准。在短时间周期内，如果基线操作数据和实时操作数据存在预计之外的重大偏差,则说明系统有失效的可能,需要对实时操作数据进一步分析,完成对系统故障的检测、隔离和识别。

对操作数据进行分析,可以提取系统中更高层次的信息。例如,通过大量收集的数据,可以推断出各种故障的分布情况、发生频率,故障特征等信息,用于统计整个系统的操作数据。

2)经验积累

经验是指从系统长期收集的数据和信息中抽取到的知识或技能。这些信息大部分来自专家或反复实践,例如,解释什么是故障症状,以及如何进行故障诊断。在决策支持方面,经验可以看作是各种数据与其权重之间的联系,为制订决策提供计算支持。经验积累有两种形式:记录操作数据和解释行为原因的辅助知识。经验可以告诉我们如何使用数据执行推理任务。

经验积累的方法包括识别、收集、记录、包装、存储、泛化、重用、裁剪和评估。经验积累的重要属性之一是时间依赖性。在构建一个有意义的经验之前,对收集数据的时间有要求,需要长期收集某系统的数据。使用各种数据及其学习技术提取有用的知识,并对这些知识加以巩固,记录、提炼好的知识。

基于案例的推理是完成经验积累工作可采用的有效方法之一,它有一个特别的优势,就是可以采用自动化的方式促进经验的重用。这是通过分析目标案例而得到历史案例中的源案例,并由源案例指导目标案例求解的一种策略。在基于案例的推理中,知识单元是案例,合理的案例表达方式是基于案例推理的基础和关键。一个基于案例的推理系统通常把过去处理过的问题,描述成由问题属性特征集和解决方案及相关辅助信息组成的案例,形成经验,并存储在系统的案例库中,可作为重要的诊断依据,提高诊断工作的效率。一般来说,基于案例的推理需经过如下 4 个步骤。

(1)案例检索:与给定问题的特征相比较,将最符合的案例从案例库中检索出来。

（2）案例重用：将最符合的案例的解决方案作为新问题的解决方案。

（3）案例修改：分析检索出的案例与问题间的差异，运用领域知识对案例的解决方案加以修正，形成新的案例。

（4）案例学习：根据一定的策略，把新案例加到案例库中。

3）知识获取的方法

多年来，研究人员采取系统的、科学的方法获取诊断数据和经验这两种知识，确定收集哪些信息完成系统的健康管理任务。知识获取主要采用 FMECA 方法，基于 FMECA 维修种类的不同，可以在系统操作时获取足够的信息，完成有效的维护任务。对健康管理系统而言，FMECA 可以生成故障诊断算法使用的模板，FMECA 框架也可以集成到现有的状态监控和数据采集功能模块，或其他适当的数据管理和控制中心中，为操作人员提供一个更方便的、获取故障机理的方法。FMECA 需要领域专家、可靠性工程师、监测和仪器专家、设计师等共同协作，以获取可靠的信息。使用 FMECA 方法获取知识的主要好处有如下几方面。

（1）早期就可识别潜在的失效模式，并可采取相应的预防措施。

（2）确定产品和过程缺陷，重视纠正的措施。

（3）能够提取系统中有用的知识，用于健康管理系统。

图 4-17 展示了知识获取的各个阶段。包括背景研究、系统分析、失效分析、风险分析和评估、反馈和修正。

（1）背景研究。在进行实际的知识获取前，背景研究要确定两个重要问题。一个问题是需要进行系统定义，包括如下几个方面。

a. 系统范围的确定：确定系统的哪些部分和组件将包括在系统获取知识的范围内。

b. 系统功能：确定系统的哪些功能将包括在分

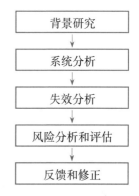

图 4-17　知识获取的各个阶段

析中,主要取决于系统的任务目标。

　　c. 系统操作模式:确定哪些操作模式将包括在内。根据任务要求和环境条件的不同,不同的操作模式有不同的优先级。

　　另一个问题是对信息收集的来源进行标识。信息和数据以多种形式存在,包括对系统工程图纸、图表规范、组件列表、功能描述、设计文档、可靠性数据、维修手册、维护日志等信息的收集。此外,与操作和维护人员、流程专家、设计师、生产商进行沟通、交流是十分重要的,可以获取尽可能多的信息。制造商根据客户使用后的反馈情况,可提供更多有价值的信息。将这些信息收集完成以后,将进一步对系统进行研究。

　　(2)系统分析。对系统层次的分析,可以从结构和功能两个层面展开。给定一个系统后,首先创建图形化的系统模型,显示物理组件之间的联系。这些模型通常可用做系统的原理性描述,或者诸如维修手册等技术手册上的系统框图。使用这种结构模型,可以完成对系统所有关键部件的分解和识别。然后根据组件的优先级列表,完成系统的结构建模,系统分析方法如图 4-18 所示。

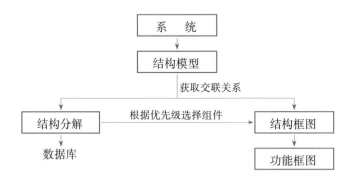

图 4-18　系统分析方法

　　分析系统结构。基于功能描述,将系统分为更小的单位或单元,分解的详细程度取决于系统的任务目标。系统被分解为子系统和组件以后,创建系统的层次树图,用来表示系统的结构。这样将会对关键组件生成一个更详细的清单,用于进一步的识别和分析,系统层次树如图 4-19 所示。在预测系统时,每个组件的位置及其相邻组件的关联信息都是至关重要的。一个组件的故障可能会传播到整个系统。通过创建结构框图说明系统各个组件之间的联系,如图 4 - 20 所示。

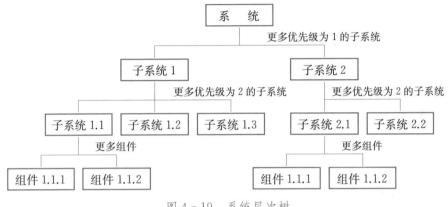

图 4 - 19 系统层次树

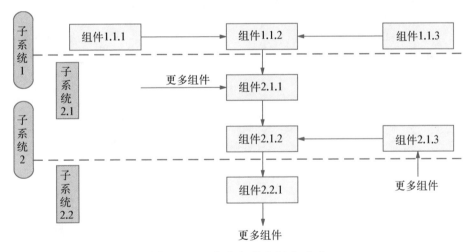

图 4 - 20 各个组件之间的联系

开展功能模型研究。通过遍历系统结构框图以及数据库中每个组件所对应的功能,创建系统的功能模型,如图 4 - 21 所示。

功能模型展现了系统中每个组件的功能。系统中的所有异常都可以用组件的故障传播模式推理和表示。除了系统的结构信息,这个模型还可以生成关

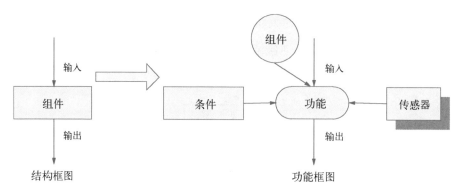

图 4 - 21 结构框图转换为功能框图

键组件传感器的信息,当需要采用数值分析确定已存在的故障时,可使用这些传感器信息。功能模型和结构模型都是通过在结构框图上增加更详细的信息描述建立的,如图 4 - 22 所示。

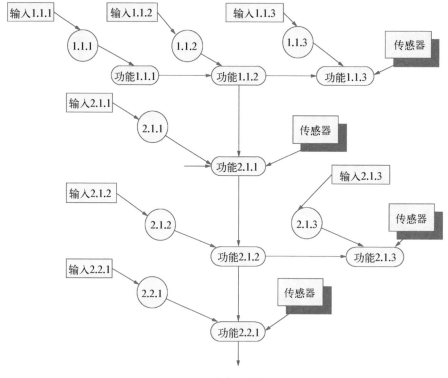

图 4 - 22 系统的功能框图

（3）失效分析。对一个好的健康管理系统来说，理解失效发生的机理是非常重要的。失效模式就是失效的表现形式，当环境条件和工作应力发生变化时，其失效模式也随之改变，这与其设计、制造、试验、使用、维护等有着密切的关系。失效机理是引起产品物理和化学变化的主要原因。实际上，作用于产品的应力有时不是单一的，而是多种应力的组合，所以有时也会同时发生两种以上的失效机理。失效机理检测到的信息会反馈给设计、制造、装配、供应等有关部门，采取纠正措施，从而消除失效或者削弱导致失效的内、外因素的作用而减少失效的发生。除了确定失效机理，失效发生的频率、严重性以及检测能力也是很关键的。

图 4-23 给出了两种形式的失效发生频率分类。首先，图 4-23(a)用 1~4 表示失效发生频率的等级，1 为最低等级，这种方法已经用于以 MTBF 表示失效发生的频率。图 4-23(b)将特定事件发生的时间定位到特定的时间段中，表示不可能发生、未来可能发生、偶尔发生、可能发生、经常发生五种，表示系统每年失效的频率。

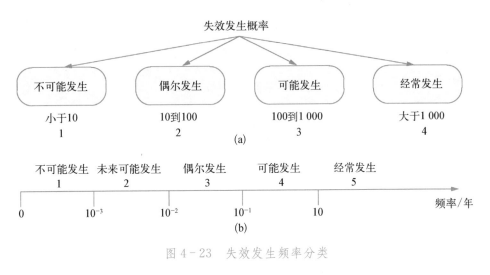

图 4-23　失效发生频率分类

失效发生的严重性根据其最终失效模式后果定义，对整个系统有影响的失效模式的严重性最高。评估严重性的几个因素包括系统操作、失效传播关系、质量交付以及安全操作。

检测能力是指在健康管理系统当前使用的配置下，检测到可能会发生失效的能力。没有观察到的失效模式将排除在失效模式集之外，如果排除的失效模式是重要的，则需要额外的传感器功能检测此失效模式。当整个系统的任务执行失败后，才可以评估检测能力。影响检测能力的因素主要有多个同时产生的失效模式、关键的失效模式未被发现、在高噪声环境下产生的失效模式等。采用更好的信号预处理和去噪技术，可以提高失效的检测能力。

（4）风险分析和评估。完成系统分析和失效分析后，需要计算整个系统的风险指数。两种常用的方法为风险矩阵和风险优先数（risk priority number，RPN）。风险矩阵通过两个因素绘制，即故障发生的频率和故障的严重程度，如表4-3所示。RPN基于专家意见，常使用的RPN体现了故障的严重程度、故障发生的频率和检测能力。定义1～10为RPN的范围，RPN越低说明故障发生的风险越低，对于不同的参数，根据专家意见，分配不同的RPN作为权重。完成风险评估后，评审团队应该确定该系统是否可接受，以及采取何种措施减少系统的风险。通过改善获取参数的能力，如使用增强的传感器检测能力、更好的检测算法或通过加强系统的鲁棒性，来减少故障发生频率或降低故障的严重程度。

表4-3 获取RPN的风险矩阵

后果 \ 频率	1 不可能发生	2 未来可能发生	3 偶尔发生	4 可能发生	5 经常发生
灾难的					
关键的					
主要的					
次要的					

低风险　　　中度风险　　　高风险

（5）反馈和修正。完成以上分析后，就可以建立基于知识的健康管理系统，但是要持续监控系统性能，采取相应措施，防止性能降低。造成系统性能降低有两个主要原因：一是在进行系统分析时，忽略了一些关键的故障模式；二是外部环境或系统本身的变化导致产生新的故障模式。因此,通过持续反馈这种类型的缺陷并加以改正,可提高系统性能。

4.5.3　知识整理

1) 知识整理过程

对知识进行有规则的编码,是实现自动推理系统的重要环节之一。编码是通过正式的书面文档,使隐性的知识转换为显性的表现形式,即将全部知识或者部分知识转换为可作为信息处理的消息。因此,采用编码形式或者符号表示的信息形式完成对知识的整理。一般来说,知识编码所采用的符号都是有意义的,表征规则(语法)和符号(词汇)必须是规定好的,从某种程度上来说,编码应该是标准化的,所整理的知识应该是没有歧义的。更进一步来说,这些经过编码的知识应该更易于分配、存储和调用,并且对于这些有代价的活动,一个有效的知识编码可以降低成本,对知识的整理应该以能够构建支持决策系统的知识库的形式进行。

从理论上来讲,所有的知识都可以进行编码,但实际上不可能这样做,知识类型如图 4-24 所示。知识整理包括付出的劳动和时间以及使用的材料,因此存在成本。与所得到的效益相比,如果花费的成本不合理,那么将会终止知识整理。因此,能否进行知识整理,取决于花费的相对成本和所获得的效益,相对成本和效益的估算也会随着时间和环境而变化。而实际上,并不是所有知识都是可编码的,隐性知识(如人类技能)需要识别并转换为可以显性表示的形式,

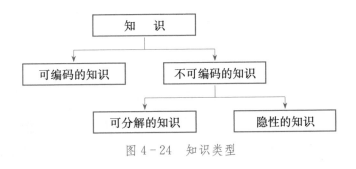

图 4-24　知识类型

使其可以共享和传递。这种通过专家系统可自动使用的显性知识将会组织、分类,建立索引和访问。

知识整理的两个主要领域是知识表示和知识建模。整理的主要任务是以可传递的形式创建消息,这些消息代表了系统操作的隐性知识,并解释操作行为,但是为了创建消息,就需要合适的语言表示消息,并且这些消息是"可读"和"可写"的。然而,合适的语言以一种特定的文本形式构建一个故障发生的模型。因此,在创建基于知识的专家系统时,首先应该确定创建模型的过程,并且创建的模型不是系统结构或操作的模型,而是需要通过基于知识的系统完成的任务的模型。对健康管理系统来说,它需要详细描述系统发生故障的原因以及故障的表现形式。例如,通过传感器测量获得一些操作者易于发现的明显的征兆。一般的知识整理过程主要有两个方面:

(1) 创建知识编码的模型。

(2) 创建表示编码的语言来描述模型。

当以上两方面的工作完成以后,就可将知识转化为编码语言。整理过程不是一个简单的转换或者翻译过程,建立模型和语言对整个整理过程有很大的影响,这个构建的过程定义了知识编码最基本的描述以及知识的组织结构。根据知识编码转换的正确性和精确性,不能完全覆盖专家经验的隐性知识表示。因此,在采用一个可接受的整理方案之前,需要专家不断地进行评审和修订,以确保知识整理的完整性。目前,有几个工具常用于系统知识整理,包括知识地图、决策表、决策树、框架图、规则、基于案例的推理等。虽然这些工具使用的知识形式不同,但是主要目标是相同的。对整理工具的选择取决于知识易于转换的形式。

2) 知识模型

知识模型必须使用从系统收集到的信息,并且能够解释系统的行为和不明原因的复杂情况。知识建模是开发基于知识的系统的第一步,目的是确定数据结构的类型,了解知识内部或者知识间的相互关系。通过使用自动化的知识模拟技术,可以解决知识创建过程中的很多特殊问题。对一个有效的基于知识的推理系统来说,选择一个正确的知识模型非常重要。虽然没有通用的方法构建最合适的知识模型,但是可以为建立知识模型提供一些指导方法。知识模型可以看作是一种特殊的规范要求,能够覆盖所观察到的系统的所有特征行为,建立知识模型主要需要完成两方面内容——概念和推理机。

(1) 知识模型的概念是抽象的、能够形象地表现系统相应行为的一种描述语言,可以表示各种类型的成员以及它们之间的交互作用和产生的现象等。基于系统各成员的相似性,将系统多个成员进行归类和分组,并给出系统知识模型的概念。为了定义系统知识模型的概念,必须使用一种描述语言,但是对知识的描述首先使用半正式的语言。在建立知识模型时,最开始不使用正式语言,是因为在使用半正式语言建立知识模型的同时,建模语言也会随着知识模型的改进而重新定义,这是一个迭代的过程,直到形成适用于描述各个抽象层次知识的合适语言为止。

知识的概念可以使用人工智能开发人员已经定义好的各种形式的数据结构表示,如语义网络、框图、决策图、逻辑图等。选择何种数据结构取决于在相似情况下专家如何进行推理。

(2) 推理机利用数据结构形式描述的概念完成推理任务,并给出解决方案。通过确定满足事实或目标的规则,并将规则按照优先级排序,最终按照规则的优先级进行推理。表4-4给出了几种不同的数据格式所对应的推理方法。

表4-4　不同的数据格式所对应的推理方法

类　　型	方　　　　法
归纳法	通过对一个特定案例的推理,延伸到对一般案例的推理
启发法	基于经验创建规则
测试法	试验的方法,常常用于快速检索

类　型	方　　　法
回推法	根据得到的正确结论,推断出发生的前提条件
缺省值法	对任何特定知识的缺省,假定为缺省值
类比法	基于发生状况的相似性,完成推理

3)知识编码

知识库的主要用途是存储知识,并且使程序能够使用存储的知识,实现人类的智能仿真。人工智能研究人员借鉴了通过认知科学创建表示语言的理论,如框图、规则和语义网络等表示技术,都源于人类信息处理的理论以及每种理论所使用的不同表示语言。知识表示的基本目标就是使用知识表示的方法帮助实现推理过程,即从知识得到结论。为了完成推理,需要明确一种表示语言(口头的或书面的),用来描述一些预定义的行为。知识的表示语言主要由两部分组成:词汇和语法。

词汇是一套完整的单词,用于描述任何与系统相关的情况,名词用来表示系统中各个部分的名称或过程,动词用来表示系统发生的行为或活动,这些名词和动词组合在一起,形成了一个完整的字典列表。一个字典就是一份参考文档,可用于指导知识的编码,从而减少在通信过程中产生的歧义以及数据的丢失。为了尽可能形成范围相对小的词汇库,在有相同名称的字典中,通过合理地抽象提取这些单词,并对其进行分组,从而形成知识词典,知识词典包含描述各种文本关系的同义词。因此,字典仅仅只包含指向知识辞典的索引。如果一个特定的词在字典中是不可用的,那么将会引用知识词典中相应的抽象描述进行知识整理。在知识整理过程中使用这些抽象的描述虽然有一些信息损失,但是在创建和查找一个相对庞大的词汇量时,节省了大量的数据处理时间。

除了提炼词汇以外,还需要对词汇进行有意义的解释,并通过一组规则将词汇进行组合,使其在模型中能够被识别和理解,这些规则就称为语法。语法规定了词汇的使用方式,即可将词汇按照特殊的顺序构成句子,用来清楚地表达文本的含义,一个正式语法的形成和使用是通过长期的观察和总结得到的。

4.5.4　知识工程在健康管理系统中的应用

健康管理的概念主要用于民用客机的故障诊断,它可以实现对飞机故障的探测、识别和隔离。通过持续监测飞机系统和分析传感器数据,自动探测故障。比较基线数据和持续监测到的实时数据,如果有显著差异,则表明检测到的这个故障存在。这样的系统有很多实际的案例,如发动机监测系统、HUMS、航天飞机发动机监测系统,它们已经限定了范围,仅关注特定的组件或者系统中的某个子系统。对不同系统中的相似部件来说,几乎没有对其知识的共享和重用,仅限于覆盖已知的故障模式。对于任何新增的故障模式,都需要专家进行全面分析,并开发相应的诊断方法。所以,在健康管理系统中引入了专家系统的概念。

目前,系统的可靠性和维修性在模式上发生了改变,正在逐渐丢弃传统的故障和计划维修的方法,而逐渐采用视情维修的方法。对一个维修任务来说,系统的复杂性和实时的决策能力都需要大量的自动化操作。多年来,很多与分析、操作和结构相关的知识都使用特定的方式产生,并以模块化的方式组织,使其可以在系统中相似的组件上实现共享和重用。为了缩小系统进行故障诊断所需数据和处理算法的选择范围,建立了基于知识工程的健康管理系统,有助于在知识库中存储的经验基础上进行决策,图4-25所示为知识工程在健康管理系统中的应用架构。

图4-26给出了基于知识工程的健康管理系统中的关键任务和相应研究。通过对经验知识的积累、使用和推广,以及采用智能方式建立决策支持系统,实现对系统的自动化维护任务,并保存相关知识,可为以后重用。为了实现这个系统,需要完成以下三个关键模块。

(1)知识管理系统用来存储和获取知识。

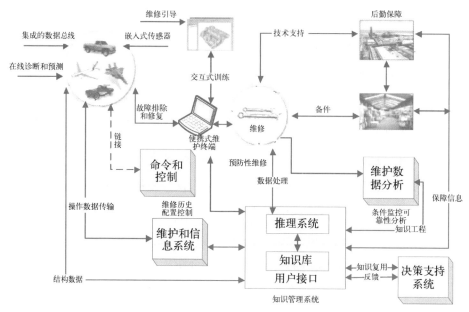

图 4-25　知识工程在健康管理系统中的应用架构

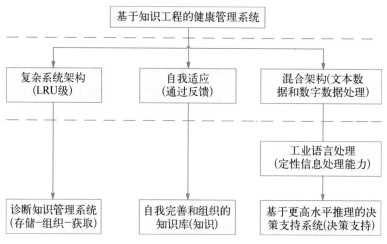

图 4-26　基于知识工程的健康管理系统中的关键任务和相应研究

（2）与智能属性相关的知识库。

（3）推理系统用来评估当前系统状态，并提出合适的解决方案。

如图 4-26 所示，将对基于知识工程的健康管理系统中的三个主要模块逐一进行介绍。

1）诊断知识管理系统

在不重新对系统进行设计的情况下，采用一种可靠的方式，实现对已经存在的系统的复用，是目前企业面临的关键问题，反映这个问题的相应属性就是统一的复杂系统架构。协调子系统之间的信息共享和定期互动可以提高系统的可用性和可靠性，并且通过预防性维修的智能系统结构可完成知识集成。对不同子系统的知识集成有两个要求。

（1）知识库不应抽象成固定的格式，应该是可变的，可以根据不同的方式来调整知识的表现形式。

（2）对不同类型知识的共享和重用，需要知识管理系统作为接口。

为了满足以上要求，可以开发一个诊断知识管理系统（diagnostic knowledge management system，DKMS），用来存储、组织和获取诊断知识，包括信号处理、特征提取和故障分类等方法。这个模块可作为各个模块与提供功能检查、修改和使用外部知识的用户之间的接口。

2）自我完善和组织的知识库

知识库是一个有关视情维修技术的知识库，可以容纳不同形式的知识（如描述、数据、算法、测试、模型等）。通过研究大型系统的组件和子系统的相关分析技术，即使子系统不同，几个组件也可以共享各种结构和操作的相似之处。对大型系统中相似的组件来说，所组织的知识应该易于共享和重用，而不是重新开发这些知识，较少的修改能够节省分析师的时间和精力。因此，应该建立一个包含这些技术且易于获取的知识库。此外，知识库要有一个学习组件，有利于提高性能。知识库自我完善的过程包括监测活动及其结果，并可在下一阶段对知识进行内部调整。

通过适应各个系统不断变化的环境,基于对知识库最新使用的反馈及重新组织,完成知识库的学习,从而建立一个不断完善的知识库。

3）基于更高水平推理的决策支持系统

对传统建模技术而言,通常重视从经验中获取的信息,而不重视故障现象。而基于知识工程的健康管理系统通过使用大量的知识库数据,可减少计算,最终提供快速的决策支持系统。进一步来说,定性(文本)和定量(数值)信息是可用的,在大多数情况下,即使定性的信息也对定位故障十分有用;但由于来自人工智能领域的大多数文本没有进行计算处理,因此只将数值信息用于诊断。此外,能够在使用传感器数值(定量)信息的同时,使用来自系统的文本(定性)信息。定性信息有助于对更高水平的推理进行故障定位,从而缩小来自大量数据的分析范围,减小计算负担。最后,使用知识库中的知识和系统中的数据完成诊断推理任务。

4.5.5　辅助工具链

健康管理系统的辅助工具链是开发故障模型、飞机状态监控模型、交互式维护页面等维护知识模型的专用工具集。采用维护系统辅助工具链可以提高维护知识模型的开发效率,可以检查知识模型的完整性和一致性,用户可根据工具软件反馈的错误信息修改模型。

维护系统辅助工具链主要包括故障模型配置工具、监控数据定制工具、测试页面生成工具、外场可加载文件生成工具、成员系统仿真工具和激励脚本生成工具。

1）故障模型配置工具

故障模型配置工具用于收集维护系统定义的故障信息,配合机载故障实时诊断软件实现故障诊断、隔离和报告功能。

通过故障模型配置工具收集的相关信息用于生成故障报告数据库,生成的故障报告数据库应可以直接加载到机上,实现与机载软件的兼容,所收集的部分信息将用于维护信息的显示。

2）监控数据定制工具

监控数据定制工具用于收集维护系统定义的飞机状态监控信息，包括系统参数、趋势数据、超限数据、生命周期数据、用户自定义事件数据，ACARS 报文数据，为机载飞机状态监控软件提供可加载数据库。

3）测试页面生成工具

测试页面生成工具用于收集成员系统启动测试相关需求，通过工具帮助成员系统定义启动测试页面。

测试页面生成工具主要包括基于 ARINC 604 和 ARINC 624 的 LRU 测试页面生成功能模块，生成 ARINC 661 显示模式和非 ARINC 661 显示模式的可装载性文件（该文件包含测试页、功能页、数据页和配置信息页）。

4）外场可加载文件生成工具

外场可加载文件生成工具为航空公司、OEM、成员系统提供加载文件的能力，能够生成符合 ARINC 665‐3 要求的加载数据。

外场可加载文件生成工具可录入加载数据信息，包括目标机信息、产品标识信息、加载类型描述信息、加载类型标识信息、数据文件信息、支持文件信息、加载校验值类型。目标机信息包括目标机标识、目标机位置、供应商编码。目标机标识和目标机位置用于产生头文件名，供应商编码和产品标识信息用于产生加载部件号，并进行数据合法性检查，保存到数据库中。

5）成员系统仿真工具

机载数据、信号生成仿真软件主要针对 OMS 运行环境进行仿真，以验证 OMS 在该环境下的功能和行为。仿真系统用软件模拟各个底层设备及其上报的 BIT 数据、状态参数、配置信息、履历信息等，并通过总线接口卡注入 OMS。

6）激励脚本生成工具

激励脚本生成工具基于所收集的故障报告信息、飞机状态监控信息和交互式维护信息,通过图形化交互式页面,支持用户自定义成员系统仿真数据的参数值、延迟时间、发送时间等,并生成成员系统仿真工具可加载的激励脚本文件,脚本文件格式为.txt 文本格式。

4.6 系统验证及性能评估

健康管理系统的验证及性能评估是确定健康管理系统的设计需求是否准确实现,确保设计需求准确、完善,并在实际运行环境中满足使用要求的必要过程。健康管理系统性能是否达到规定的要求需要通过验证与评估来确认,验证与评估得到的反馈信息可改进和完善健康管理系统的设计。因此,验证与评估是健康管理系统设计与应用的关键环节,是提高健康管理系统开发质量、使用可靠性和经济可承受性的重要保障。

目前,健康管理系统的验证及性能评估技术可以分为健康管理系统验证技术和健康管理系统性能评估技术。健康管理系统验证技术着力于研究基于模型的验证技术,而健康管理系统性能评估技术主要完成健康管理系统性能指标体系的构建和评价方法的研究。

4.6.1 基于模型的验证技术

随着基于模型的诊断和预测技术的发展以及健康管理系统复杂度的提高,基于模型的验证技术得到了高度重视。标准化、智能化、网络化、实用性等几个特点成了未来基于模型的验证技术必不可少的发展方向。标准化就是整个验证过程应该尽量按照国际标准化组织制定的健康管理相关方面的标准执行,如 ISO 标准、IEEE 标准、ARINC 规范、OSA - CBM 相关标准。同时,验证系统的体系结构要采用模块化设计和公认的接口标准,支持第三方商业软件的信息集成,能够以最方便的方式和最小的成本,不断集成新的信息服务功能。

　　基于模型的验证技术包括机载验证和地面验证两部分的内容。机载健康管理系统中的模型主要运行于航电系统综合处理机之上,还有部分监测功能运行于区域管理计算机中。为了保证开发的健康管理应用能够在机载系统上运行,减少软件研制风险,保证机载验证的准确性和精确性,机载部分的验证通过对机载硬件进行结构精简和功能弱化,达到节约成本、降低复杂度的目的。地面健康管理系统中的模型主要运行于地面诊断平台之上,实现机载环境下初步诊断和记录的数据的进一步诊断、评估及预测等功能。所以地面验证部分不需要对机载硬件环境进行功能弱化,直接在验证平台计算机软件环境下进行即可。基于模型的仿真验证体系架构如图 4-27 所示。

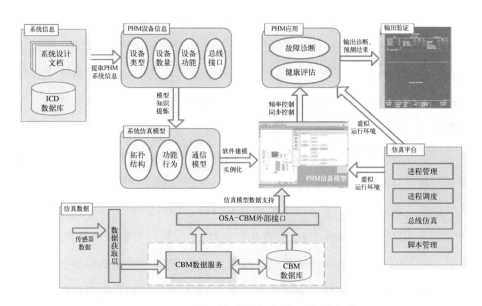

图 4-27　基于模型的仿真验证体系架构

　　如图 4-27 所示,基于模型的仿真验证体系主要研究以下三个方面:验证平台设计技术、成员系统仿真控制管理、模型与数据集成管理技术。

　　1) 验证平台设计技术

　　健康管理系统仿真验证平台需要对成员级系统进行仿真,为区域级和飞机级健康管理系统提供数据支持，它可以模拟各个底层 LRU 和 LRM 上报的 BIT 数据、状态参数、配置信息和履历信息，并按照接口要求注入区域级和飞机级健康管理系统。健康管理系统验证平台主要提供数据管理和仿真验证两方面功能。

（1）数据管理功能为仿真验证功能提供各种数据服务，通过统一管理设备数据、仿真数据、实验与历史数据，可对这些数据进行二次处理和特征提取，使其具有统一的格式和完整属性。数据管理功能可以对验证过程及相关数据以及模型和算法进行统一管理；根据接口定义文档实现对 ICD 信息数据、五性数据、产品生命周期内产生的历史数据的处理，为模型的验证提供数据服务功能。数据管理功能将 SQL Server 数据、Oracle 数据、Access 数据通过 Java 数据库连接（Java data base connectivity，JDBC）应用程序编程接口（application programming interface，API）提供给 Java 数据管理软件使用。数据库中的文件信息通过 Java 文件系统 API 提供给数据服务软件使用，进而将验证平台相关的设计数据、机载数据源、地面数据源统一管理起来，以便后续执行模型开发与验证等任务。

（2）仿真验证功能通过成员系统仿真技术，模拟健康管理系统所需要的外部运行环境，验证健康管理系统中相关模型、算法的性能，判断模型、算法的相关性能是否满足设计要求中所涉及的技术指标。仿真验证平台为模型的验证提供图形化的引导式操作支持，允许用户选择、组合执行被验证模型和算法，以及验证所需的历史数据文件或仿真过程配置文件，同时被验证的模型通过仿真平台编程接口和配置文件集成在仿真平台上，运行时接收仿真过程控制模块的管理和调度。此外，提供进程虚拟环境（virtual environment，VE），VE 具有加载可执行应用的能力。仿真验证系统在运行时，可通过 VE 加载执行机载诊断或预测模型。当仿真验证完成后，通过表格、雷达图、扇形图、曲线图、特殊显示等图形方式显示验证评估结果。支持对验证结果的报告导出功能，并为验证过程提供过程控制和配置管理，方便用户查看历史验证结果。

2) 成员系统仿真控制管理

成员系统仿真控制管理为健康管理系统的验证平台的各种模型提供机载成员设备的 BIT 信息、状态参数信息、健康参数等信息的仿真控制和过程管理,模拟航电系统、机电系统、发动机系统、结构系统等关键飞机系统的飞行参数变化的过程。它主要由仿真信息、脚本语言、仿真数据传输的调度和时序管理、总线仿真四个功能模块组成。成员系统仿真控制管理采用仿真数据定义和仿真数据的处理和控制相分离的设计思路。系统验证人员通过仿真数据定义或脚本语言组织需要发送的数据、传输总线、发送频率、时序关系等信息,并将其保存在数据库中。数据传输调度和时序管理从数据库中加载数据信息,进行线程调度和同步管理,按照指定的频率和时序顺序,把数据发送到维护与健康管理模型验证平台。总线仿真通过 DLL 实现。在仿真数据发送过程中,根据不同成员系统所连接的总线要求,调用相应的数据总线仿真 DLL。总线仿真功能支持动态的配置,基于不同类型的数据网络需求可以动态地增加和删除仿真 DLL,如图 4-28 所示。

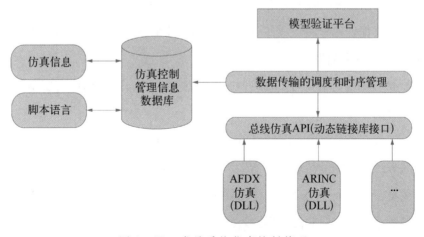

图 4-28　成员系统仿真控制管理

(1) 仿真信息在基于模型的验证技术中,系统的验证对象为数据处理模型、状态监测模型、故障诊断模型、趋势分析模型和健康评估模型等各种模型。

仿真信息作为各种模型的外部激励模拟各种飞行状态,为了保证验证的客观性和准确性,仿真信息的来源基于模型开发中的输入信息,如 FMECA 信息、五性信息、系统设计数据。

(2)脚本语言。成员系统仿真控制管理为验证人员提供了一组仿真脚本语言。验证人员可以通过人机界面编辑和录入仿真数据,并控制整个仿真的过程;同时,也可以通过仿真脚本语言编辑和录入数据,控制数据的发送过程。在使用脚本语言时,验证人员可以按照需要把控制命令组织成文件形式,并通过系统验证平台加载和执行。

(3)数据传输的调度和时序管理。数据传输的调度和时序管理功能通过载入仿真数据库,根据用户录入的各个传感器和 BIT 信息、状态和健康参数信息的传输频率要求,把待发送数据组织成一个个发送线程,并通过基于信号灯的调度策略运行各个线程。

信号灯调度通常用来调度同一个进程中的线程,基于信号灯的调度过程描述如下。

主线程创建发送线程链表,并依次创建链表中的子线程。

a. 主线程创建分时器,将分时器的信号产生频率设置成线程链表中的最高传输频率,启动分时器。

b. 接收到分时器信号,主线程检索线程链表,并向当前周期需要调度的子线程释放信号灯。

c. 子线程信号灯等待解除,运行一个周期,再次等待信号灯,子线程阻塞。

部分仿真数据的传输除了有频率要求外,还具有特殊的时序要求,这通过条件变量实现。条件变量用来自动阻塞一个线程,直到同步条件发生为止。条件变量通常和互斥体共同使用。

条件变量使线程能保持睡眠,等待某种条件出现。条件变量利用线程间共享的全局变量进行同步,主要包括两个动作:一个线程等待“条件变量的条件成立”而挂起;另一个线程使“条件成立”(给出条件成立信号)。

条件的检测是在互斥锁的保护下进行的。如果一个条件为假,则一个线程自动阻塞,并释放等待状态改动的互斥锁。如果另一个线程改动了条件,则发信号给关联的条件变量,唤醒一个或多个等待它的线程,重新获得互斥锁,重新评价条件。图4-29所示为基于信号灯的线程调度,给出了三个线程,周期分别为100 ms、200 ms和500 ms。

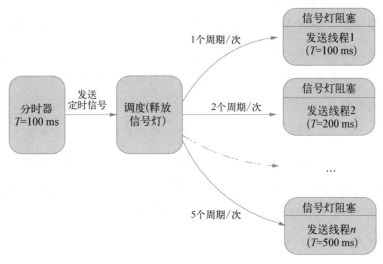

图4-29　基于信号灯的线程调度

(4) 总线仿真。验证平台根据数据总线连接环境要求提供总线仿真DLL,总线仿真功能通过DLL实现。针对每一种数据总线,都有一个独立的DLL仿真该总线的缓冲设计、中断服务和链路特性等。仿真模块向上层应用程序提供应用程序编程接口,在传输数据时,各成员系统基于不同的总线需求,仿真控制过程调用相应成员系统的总线API。目前比较常用的数据总线仿真包括AFDX总线仿真、ARINC总线仿真等类型。总线仿真功能支持动态的配置,基于不同的底层网络需求,可以动态地增加和删除DLL。通过使用DLL,总线仿真实现了模块化,它由相对独立的一些功能组件组成。因为模块是彼此独立的,所以程序的加载速度更快,而且DLL只在相应的功能被请求时才加载。此外,可以更为容易地将更新应用于各个 DLL,而不会影响该程序的其他部分。

3)模型与数据集成管理技术

模型与数据集成管理技术以关系型数据库管理系统为主,文件管理系统为辅,系统地存储、预测与管理系统相关的信息、数据及知识记录。其逻辑上由产品信息库、技术数据库和知识库组成。产品信息库管理的数据包括用户信息、配置信息、履历信息、五性数据等;技术数据库管理的数据包括状态信息、异常分析结果、故障诊断结果、预测结果、健康评估结果等;知识库管理的数据包括模型与算法、维修手册、技术说明书、维修方法、诊断方法等。同时,数据管理功能为模型验证平台提供数据服务功能。模型与数据集成管理所涉及的数据有如下几种类型。

(1)用户信息主要包括用户基本信息和用户权限。用户基本信息管理包括用户名称、密码、所属项目等基本信息的管理。用户权限分为管理员用户和普通用户权限。具有管理员权限的用户可以进行普通用户的新建、删除、密码修改和用户权限的设置,以及预测与健康管理验证平台基本功能的使用和数据信息的导入、导出。具有普通用户权限的用户可以修改用户密码,使用预测与健康管理验证平台的基本功能,以及导入、导出数据信息。

(2)配置信息包括飞机信息、系统信息和设备信息。预测与健康管理验证平台提供相应的功能,可以对整个系统中的飞机信息、系统信息和设备信息进行管理。配置信息管理包括配置信息的新建、编辑和删除功能,预测与健康管理验证平台提供相应的界面完成系统信息管理的功能。当用户需要建立配置信息时,用户将配置信息输入平台界面的编辑区域,平台将配置信息存储到数据库当中。

(3)仿真信息包括仿真数据和仿真过程信息。仿真信息管理能够对仿真过程中产生的各种格式、各种类型的数据统一组织、存储、查询,实现仿真数据的可追踪性和重用性;同时,健康管理系统验证平台还可以将仿真过程作为仿真配置项记录下来,重复使用。平台提供仿真信息的导入、导出功能,提供将仿真过程中产生的数据存储到数据库的功能,并且提供查询界面供用户浏览查询。平台应为用户提供仿真配置项编辑的界面,用户可以新建、编辑、删除仿真配置项。用户在数据回放、故障诊断、趋势分析、健康评估的过程中,可以将上述仿真的过程作为仿真配置项保存,以便重复利用。

(4)五性数据指飞机设计中产生的可靠性、测试性、保障性、维修性和安全性数据。五性数据管理能够对用户在飞机设计中产生的五性数据进行统一组织、存储、查询,实现五性数据的可追踪性和重用性,同时为模型验证所需的自动生成仿真信息提供数据支持。健康管理系统验证平台提供五性数据的导入、导出功能;提供将五性数据存储到数据库的功能,并且提供查询界面供用户浏览查询;提供五性数据编辑的界面,用户可以新建、编辑、删除五性数据。

(5)算法信息指需要仿真验证平台验证的故障检测、诊断、预测、健康评估等算法。算法管理包括算法基本信息的查询、导入和导出功能。健康管理系统验证平台提供对算法信息的新建和删除功能,支持用户按照名称、时间等信息对算法进行查询,同时提供对算法信息的导入和导出功能。算法在仿真验证平台加载验证时,必须通过仿真验证平台定义统一的标准化参数输入、输出接口。

(6)模型信息指需要仿真验证平台验证的故障检测模型、诊断模型、趋势预测模型、健康评估模型等。模型管理包括模型基本信息的编辑、查询和导入、导出的功能。健康管理系统验证平台提供基本信息编辑界面,用户可以编辑模型基本信息。平台提供模型信息的新建和删除功能,并支持用户按照名称、时间等信息查询模型。平台提供模型信息的导入和导出功能。模型在仿真验证平台加载验证时,必须通过仿真验证平台定义统一的标准化参数输入、输出接口,成员系统仿真程序通过标准化参数输入接口将数据录入被验证模型,驱动被验证模型工作,同时通过标准化参数输出接口,捕获验证结果,以不同的方式展示给模型验证人员,通过分析验证结构,评价系统的正确性和鲁棒性。

健康管理系统验证平台所提供的信息均以报表的形式导出，报表文件的格式包括.DOC、.PDF、XML 等常用格式的数据。同时，平台为用户提供按照关键字筛选所需的报表信息的功能。

4.6.2　性能指标体系的构建和评价方法的研究

为了保证健康管理系统满足预期的设计要求，建立一套完整的故障诊断模型、趋势分析模型和健康评估模型的性能指标度量体系和评价方法，对实现健康管理系统的验证以及研发具备故障诊断与预测能力的模型和系统，有着重要的意义和应用价值。

健康管理系统主要功能包括故障检测能力、故障隔离能力、部件寿命跟踪能力、残余使用寿命预计能力等。系统的健康水平可以定义为系统及其子系统的整体状态，表现为一个从设备正常到性能下降直至功能失效的过程，这个过程称为设备健康退化过程。针对上述健康退化过程，相应的预测与健康管理系统应当具备早期故障检测能力，并预测其劣化进程。所以，诊断与预测性能指标的度量成了评价一个健康管理系统的重要依据。

1) 诊断性能指标

诊断工作要求对微小信息有较高的分辨灵敏度，具备较强的故障检测、隔离能力和较高的鲁棒性。诊断性能的度量值可利用基于故障检测事件的决策矩阵（见表 4－5）计算。

表 4－5　基于故障检测事件的决策矩阵

输　　出	故障（F_1）	没有故障（F_0）	总　　计
肯定（D_1）检测到故障	a（正确报警数）	b（误报个数）	$a+b$（报警总数）
否定（D_0）检测无故障	c（漏报个数）	d（正确否定个数）	$c+d$（未报警总数）
	$a+c$（故障总数）	$b+d$（无故障事件总数）	$a+b+c+d$（检测事件总数）

基于该决策矩阵计算出的具体度量如下。

(1) 成功检测率：检测到的故障占所有故障的比例，它与漏报率的和始终为1。

$$POD = P(D_1/F_1) = \frac{a}{a+c} \tag{4.9}$$

(2) 误报率：故障报警在所有的非故障事件中所占的比例。

$$POFA = P(D_1/F_0) = \frac{b}{b+d} \tag{4.10}$$

(3) 准确度：应用所有的可用数据进行分析，进而衡量算法正确区分故障事件与非故障事件的有效性。

$$准确度 = P(D_1/F_1, D_0/F_0) = \frac{a+d}{a+b+c+d} \tag{4.11}$$

(4) 故障隔离率(FIR)：定义为用规定的方法正确隔离到不大于规定的可更换单元数的故障数与同一时间内检测到的故障数之比，用百分数表示。其数学模型可表示为

$$FIR = \frac{N_L}{N_D} \times 100\% \tag{4.12}$$

式中：N_L为用规定方法正确隔离到小于等于 L 个可更换单元的故障数；N_D为用规定方法正确检测到的故障数。

(5) 平均故障隔离时间(mean time to fault isolate，MTTFI)：故障隔离时间(time to fault isolate，TTFI)是指从开始故障隔离到完成故障隔离所经历的时间。在使用人工测试或脱机测试进行维修期间，TTFI 通常是修复时间中最长、最难预测的部分。TTFI 可以用平均时间或最大时间(按规定的百分数)表示。这个时间不仅与诊断测试序列的长度有关，而且还必须包括人工干预所需的时间。MTTFI 定义为从开始故障隔离到完成故障隔离所经历时间

的平均值,用公式表示如下。

$$MTTFI = \frac{\sum t_{ii}}{N_i} \tag{4.13}$$

式中：t_{ii} 为隔离第 i 个故障所用时间；N_i 为隔离到的故障数。

（6）最大故障隔离时间：最大故障隔离时间定义为从开始故障隔离到完成故障隔离所经历的最大时间,它能够说明系统故障隔离速度的最差情况。

（7）隔离分类率：隔离分类率是故障隔离算法正确分类的比例。

（8）最大模糊组规模：不可区分的最大模糊数据。该指标可指示最差的故障定位情况。

（9）稳定性：稳定性用以衡量某故障严重度在峰-峰值变化过程中相应置信水平的变化范围。

$$稳定性 = 1 - \int_0^1 [C_H(s) - C_L(s)] ds \tag{4.14}$$

式中：$C_H(s)$ 和 $C_L(s)$ 分别为故障变化过程中检测置信水平的极大值与极小值。

（10）工况敏感度：工况的敏感度用以衡量在不同的工况状态下,模型的输出差异。

$$工况敏感度 = 1 - \int_0^1 [C_1(s) - C_2(s)]^2 ds \tag{4.15}$$

式中：$C_1(s)$、$C_2(s)$ 分别为在两种不同的负载或工况状态下,模型输出的检测置信水平。

（11）噪声敏感度：噪声敏感度用以衡量一个模型和算法的鲁棒性。

$$噪声敏感度 = \{1 - \int_0^1 [C_1(s) - C_2(s)]^2 ds\} (\triangle \text{False Positive}) \tag{4.16}$$

式中：$C_1(s)$ 为在噪声 1 下算法的检测置信水平，$C_2(s)$ 为在噪声 2 下算法的检测置信水平，s 为故障严重度，$\triangle$False Positive 为在两种噪声下误报率差值的绝对值。

2）预测性能指标

预测性能包括一定的预测精确度和置信度水平，对完成整个任务的置信水平进行评估，确定关键部件在执行任务期间的可用度置信水平，或给定一个确定的置信水平，评估关键部件的失效时间。

（1）准确度是失效时间的估计值与真实值接近程度的度量。假定在第 i 次试验中，失效时间的真实值和预测值分别是 $t_{\mathrm{af}}(i)$ 和 $t_{\mathrm{pf}}(i)$，预测算法在预测时刻 t_{p} 的准确度被定义为

$$准确度(t_{\mathrm{p}}) = \frac{1}{N} \sum_{i=1}^{N} \mathrm{e}^{\frac{-D_i}{D_{\mathrm{o}}}} \tag{4.17}$$

式中：$D_i = |\, t_{\mathrm{pf}}(i) - t_{\mathrm{af}}(i)\, |$ 为真实失效时间与预测失效时间之间的距离；D_{o} 为正规化因子；N 为试验的次数。这里应用指数函数给出一个平滑单调递减曲线：$\mathrm{e}^{\frac{-D_i}{D_{\mathrm{o}}}}$ 随着 D_i 的增大而减小，并且当 $D_i = 0$ 时它为 1，当 D_i 趋于无穷时它趋于 0。

（2）精度可以衡量预测结果落入的预测区间的狭窄性。该预测区间包括上、下边界。窄度越小表明预测精度越高，窄度定义如下。

$$窄度 = \frac{1}{n} \sum_{i=1}^{n} |\, \hat{y}_{\mathrm{vmp}}(t) - \hat{y}_{\mathrm{inf}}(t)\, | \tag{4.18}$$

式中：$\hat{y}_{\mathrm{vmp}}(t)$ 和 $\hat{y}_{\mathrm{inf}}(t)$ 分别代表预测曲线的上、下边界。同样，这里也应该用一个指数函数定义预测误差的方差、预测置信区间和精度之间的关系，较窄的置信区间和较紧簇的预测值将得到一个更高的精度值。

（3）预测至失效时间（time to failure，TTF）的及时性。算法对至失效时间预测的及时性，就是真正失效发生点与 TTF 概率密度函数的覆盖区域在时

间轴上的相对位置,失效发生在预测时域之内是最理想的。

（4）预测置信度。某故障预测算法得到的故障演化过程如图 4 - 30 所示。在 t_0 时刻,检测出一种故障并隔离,根据预测规则得到平均失效时间 T_{fm},最早失效时间 T_{fe},最晚失效时间 T_{fl};警戒线表明部件在其中任一点失效时所对应的故障级别。进一步假定,失效点的数据可以是一种分布或几种分布的叠加,如图 4 - 31 所示。概率密度曲线从时刻 T 到无穷远的积分为其置信水平,该置信水平就是产品在确保任务完成前不会失效的能力。此外,对概率密度曲线从时刻 T' 到无穷时刻进行积分,并让积分值等于我们给定的置信水平,可计算出产品失效时刻 T'。

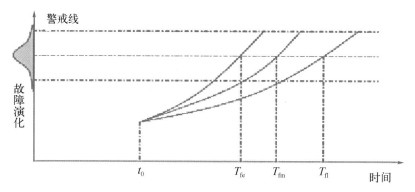

图 4 - 30　某故障预测算法得到的故障演化过程

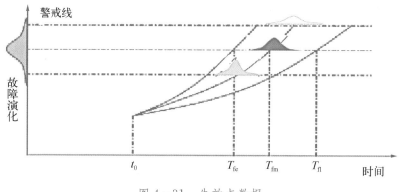

图 4 - 31　失效点数据

（5）相似度用以比较多个预测时间序列和常规序列的拟合程度。如下式所示，x_i 和 y_i 是两个不同的时间序列中的第 i 个元素，i_{max} 和 i_{min} 是所有第 i 个元素中的最大值和最小值。

$$相似度(x, y) = \sum_{i=1}^{n} \left[1 - \frac{|x_i - y_i|}{i_{max} - i_{min}} \right] \tag{4.19}$$

（6）灵敏度表征故障预测算法对系统输入变化或外部干扰的敏感程度，定义如下。

$$SN = \frac{\sum_{i=1}^{N} \dfrac{\Delta_i^{out}}{\Delta_i^{in}}}{N} \tag{4.20}$$

式中：Δ^{out} 为两个连续输出之间的差值；Δ^{in} 为两个连续输入之间的差值。

（7）平均预测时间（mean time to prognosis，MTTP）是指从开始预测到给出预测时间指示所经历的时间，它能够说明预测速度。平均预测时间是指预测所需时间的平均值。

3）评价方法

（1）诊断能力评价方法。系统诊断能力的性能需求一般指系统由于物理属性改变导致的性能降级至低于所需的性能水平，这种性能降级被系统成功检测，并且将这种性能降级隔离到单个或者多个系统可更换组件，诊断需求的典型描述如下所示。

a. 对系统发生故障的成功检测率应大于 97%。

b. 对故障的误报率不超过 4%。

c. 对系统所发生故障的故障隔离率应大于 95%。

与成功检测率相对应的就是漏报率，意味着未察觉的故障可能引发灾难性的失效而导致人员伤亡或者系统损失的风险系数；误报则会导致系统操作人员的信心下降，也影响诊断工具的效能。受试者工作特征（receiver operator characteristic，ROC）曲线最初用于评价雷达性能，又称为接收者操作特性曲线。ROC曲线是根据一系列不同的二分类方式（分界值或决定阈），以真阳性率为纵坐标，假阳性率为横坐标绘制的曲线。ROC曲线将灵敏度与特异性以图示方法结合在一起，可准确反映分析方法特异性和敏感性的关系，是诊断准确性的综合代表。ROC曲线不固定分类界值，允许中间状态存在，利于使用者结合专业知识，权衡漏报与误报的影响，选择一个更佳的截断点作为诊断参考值。商用软件SPSS 9.0以上版本可进行ROC分析。

（2）预测能力评价方法。从预测需求的描述可以看出，预测性能的定量评价应该充分考虑置信度区间和失效预测的时间点这两类信息，不仅要考虑剩余寿命预测时间点的准确度，还要考虑置信度区间的精密度。在进行预测性能评价时，需要大量的试验数据，而且应该基于数理统计方法进行度量。在每次预测时，某一时刻产生的失效时间和置信度区间都可以作为一组样本数据使用。所以，对预测性能的评价是基于大量的试验数据结果进行的。

系统预测技术中的一个重要概念是关于两个时间点之间的时间间隔。第一个时间点是以所需的置信限预报系统何时将发生失效，第二个时间点是操作人员或维修人员何时能够有效地采取措施，定位失效并判断后果。这个时间间隔定义为临界预测水平（critical predication horizontal，CPH）。预测需求的典型描述如下所示。

a. 对即将发生的系统失效预报应当达到90%（阈值）～98%（目标值）的置信水平。

b. 系统的预测模块对有限寿命部件进行失效预测，应该保证做到在剩余寿命为10%（举例）时更换部件。

4.7 小结

本章在介绍健康管理系统基本开发流程的基础上，着重从体系化设计、权衡研究、成本效益分析、质量特性工程、系统实现方法、知识工程、辅助工具链、系统验证及性能评估等方面进行了详细的阐述。特别是从工程研制的角度出发,说明了健康管理系统的开发和实现,包括 OMS 的开发、地面维护系统的开发、成员系统对健康管理系统的支持、模型开发以及系统的熟化管理,并重点阐述了健康管理系统研制中的知识工程。

参考文献

［1］张亮,张凤鸣,李俊涛,等.机载预测与健康管理(PHM)系统的体系结构［J］.空军工程大学学报(自然科学版),2008,9(2)：6-9.

［2］马宁,吕琛.飞机故障预测与健康管理框架研究［J］.华中科技大学学报(自然科学版),2009(S1)：207-209.

［3］周林、赵杰、冯广飞.装备故障预测与健康管理技术［M］.北京：国防工业出版社,2015.

［4］赵瑞云.民用飞机机载维护系统的中央维护功能［J］.中国民航大学学报,2008,26(5)：39-42.

［5］郭阳明,蔡小斌,张宝珍,等.新一代装备的预测与健康状态管理技术［J］.计算机工程与应用,2008,44(13)：199-202.

［6］赵净净.民用飞机研发过程中的权衡研究［J］.科技创新导报,2011(34)：5.

［7］白暴力,杨琳,陈云翔.飞机维修费用估算的分析［J］.空军工程大学学报(自然科学版),2005,6(5)：8-10.

［8］商桂娥,杨瑾.民用飞机直接维修成本分析与控制［J］.产业与科技论坛,2015(11)：225-226.

［9］梁工谦,陈翔宇.视情维修中的设备维修模式权衡分析［J］.西北工业大学学报,2005,23(4)：504-507.

［10］王莹,王勇,徐志锋,等.民用飞机直接维修成本分析与控制技术［J］.航空维修与工

程,2014(4):103-106.

[11] 施劲松,步鑫.民用机载航电系统安全性实现方法分析[J].航空电子技术,2014(1):
52-56.

[12] GJB/Z1391—2006 故障模式、影响及危害性分析[S].2006.

[13] 派克·迈克尔·康锐.故障诊断、预测与系统健康管理[M].香港:香港城市大学故
障预测与系统健康管理研究中心,2010.

[14] 景博,杨洲,池小泉,等.系统健康管理及其在航空航天领域的应用[M].北京:国防
工业出版社,2014.

[15] 韩炜.可信嵌入式软件开发方法与实践[M].北京:航空工业出版社,2017.

[16] 蔡显良,王娟.PHM数据和知识管理系统的设计与实现[J].航空计算技术,2013,43
(2):95-98.

[17] WHITNEY P, HARTFORD E. Data fusion for enhanced aircraft engine prognostics
and health management[R]. Glenn Research Center.2005.

[18] PRZYTULA K W, CHOI A. Reasoning framework for diagnosis and prognosis
[C]//Aerospace Conference,2007.

[19] SAXENA A. Knowledge-based architecture for integrated condition based maintenance
of engineering systems[D].Atlanta:Georgia Institute of Technology,2007.

[20] SAHA B. A Model-based reasoning architecture for system-level fault diagnosis
[D]. Atlanta:Georgia Institute of Technology,2008..

[21] 孙倩,吕琛.PHM系统诊断与预测算法性能度量[C]//全国技术过程故障诊断与安
全性学术会议,2011.

[22] 代京,张平,李行善,等.综合运载器健康管理健康评估技术研究[J].宇航学报,
2009,30(4):1711-1721.

5

系统案例

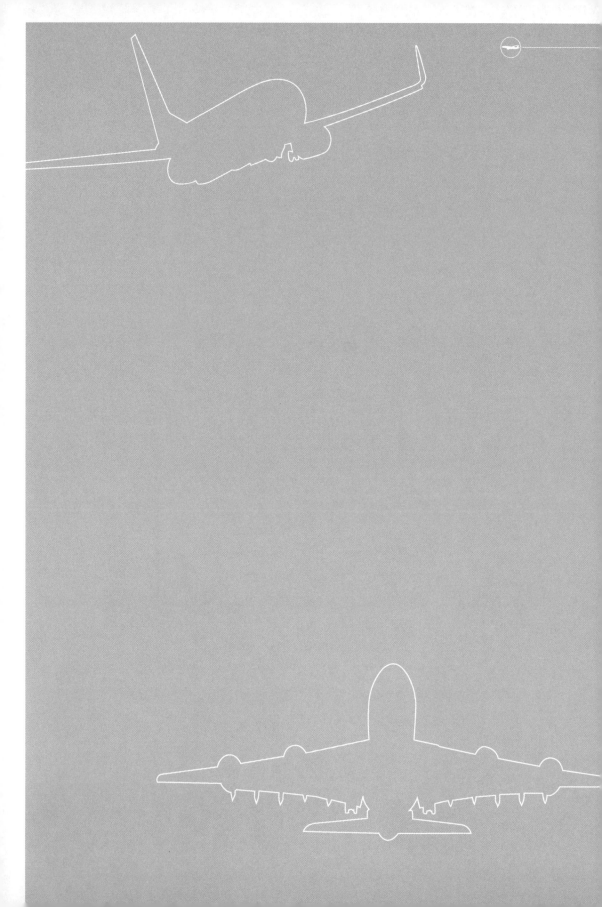

本章以实际的航空电子设备的机载健康管理分系统、发动机地面健康管理分系统以及诊断建模与验证辅助工具的开发为例,详细介绍了民用客机健康管理系统的具体开发实践。

5.1　航空电子设备的健康管理系统开发实践

5.1.1　系统需求定义

通用信息处理计算机(general information processing computer,GIPC)是某民机信息系统的核心设备,不仅为航电系统及客舱系统等机载系统提供网络连接和管理,而且为信息系统内部设备提供网络连接和管理。GIPC 具有开放的软、硬件基础平台,强大的、可扩展的计算及存储能力,可以宿驻大量的软件应用,实现飞机状态监控、信息系统健康管理、数据加载,可以宿驻航空公司开发的应用或其他应用等功能,提高航空公司的运营效率,降低飞机的维护成本。

GIPC 由文件服务器 1 模块、文件服务器 2 模块、航电安全接口模块、信息安全接口模块、安全路由模块和电源模块组成。健康管理软件宿驻在文件服务器 1 模块上。在信息系统运行过程中,健康管理软件接收信息系统各个设备的 BIT 信息,实时检测信息系统状态,综合分析故障,及时向 OMS 报告故障诊断结果。此外,健康管理软件支持维护人员维护自检;负责向机场具有无线通信功能的成员系统报告机场无线通信功能的可用状态,向 CAS 发送告警信息;并且负责收集、存储信息系统各个设备的软、硬件构型信息。维护人员可以通过基于 Web 的人机界面查看或打印故障报告和构型报告。

健康管理软件的系统需求主要包括故障诊断与隔离、构型数据管理、加电次数和加电时间管理、维护自检管理、OMS 接口管理、用户接口管理。

信息系统健康管理软件需求架构如图 5 - 1 所示。

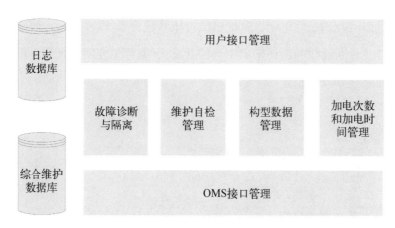

图 5-1　信息系统健康管理软件需求架构

1）故障诊断与隔离

故障诊断与隔离功能主要包括接收各个设备发送的 BIT 数据，并解算各个 BIT 关联的故障逻辑方程，保存解算结果及相关参数到综合维护数据库；此外，故障诊断与隔离还接收存储网关设备发送的日志信息。

2）构型数据管理与加电次数和加电时间管理

构型数据管理与加电次数和加电时间管理功能主要负责收集信息系统各个设备的软、硬件构型信息，并保存历史构型信息用于比较构型变化，构型变更记录保存在电子标牌中。此外，其还负责统计、计算 GIPC 累计加电次数和加电持续时间。

3）维护自检管理

维护自检管理主要实现维护自检运行条件检查，向信息系统相关设备发送维护自检命令，收集 BIT 信息并提供给 OMS 接口功能。维护自检管理功能通过 OMS 接口和用户接口功能实现人机交互。

4）OMS 接口管理

OMS 接口管理负责通过航电接口服务接收响应 OMS 命令，向 OMS 发送故障报告和构型数据。OMS 接口管理功能从健康管理数据库中读取故障数据和构型数据。

5）用户接口管理

用户接口管理提供基于 Web 方式的人机交互界面,负责显示故障信息列表、构型信息列表和维护自检显示信息,并接收用户的交互操作。

5.1.2　系统设计

5.1.2.1　软件功能架构设计

信息系统健康管理软件的功能架构如图 5-2 所示。

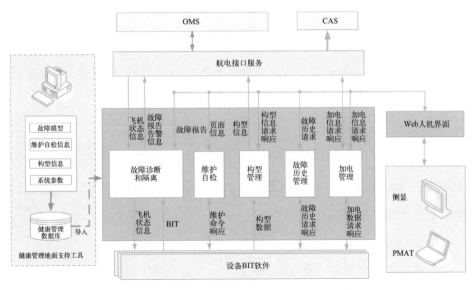

图 5-2　信息系统健康管理软件功能架构

1）故障诊断与隔离

故障诊断与隔离模块以信息系统的故障模型,即故障方程为核心。故障模型由地面支持工具——信息系统健康管理地面支持工具软件设计和开发。机载诊断与隔离模块为故障模型定义了统一且规范的模型标准、集成架构和接口,用户可以动态地配置故障模型,而不用更新模型及处理软件。在运行时,故障诊断与隔离模块实时监控各设备上报的 BIT 信息和飞机状态参数,当 BIT 变化时,故障诊断和隔离模块解算与之关联的故障方程,并向信息系统的人机界面和 OMS 实时上报诊断结果,严重故障需要向 CAS 系统发送告警信息。

2) 维护自检

维护自检模块为 Web 人机界面、PMAT 和各设备之间的交互式测试提供接口。与故障诊断与隔离模块一样,维护自检同样需要信息系统健康管理地面支持工具软件的支持。各底层设备定义测试的禁止条件和交互式过程,预定义测试指示、结果判定、页面信息等,维护自检模块控制和处理 Web 人机界面和设备之间的交互式测试过程。

3) 构型管理

构型管理模块接收各个设备或模块上报的软、硬件配置信息,在数据库中保存配置记录,并上报给信息系统人机界面和 OMS。此外,构型信息还需要在电子标牌中保存变更记录。

4) 故障历史管理

故障历史管理模块用来存储和管理信息系统中各设备或模块上的故障历史数据。历史数据以文件的形式保存在文件服务器中,可通过第三方数据加载代理软件下载到地面。

5) 加电管理

加电管理模块用来记录信息系统上其他设备或模块上报的加电数据,当收到 OMS 或信息系统显示终端的请求时,按照要求的数据格式上报加电数据。

6) Web 人机界面

Web 人机界面为信息系统显示终端和地面 PMAT 提供故障信息、构型和加电信息、维护自检信息浏览服务,维护人员可以通过基于 Web 的人机界面查看、打印故障报告或构型报告。

5.1.2.2 故障诊断与隔离模块功能架构

故障诊断与隔离模块的功能架构如图 5-3 所示。

故障诊断与隔离模块有两种工作模式:初始化工作模式和正常工作模式。

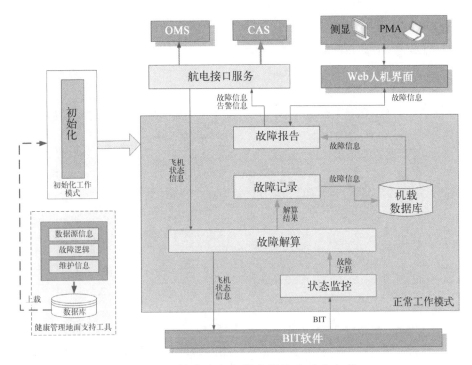

图 5-3　故障诊断与隔离模块的功能架构

1) 初始化工作模式

在初始化工作模式下,故障诊断与隔离模块加载故障方程库,并根据方程信息建立网络连接、数据源数据结构、故障方程数据结构以及故障处理数据结构。

初始化结束以后,故障诊断与隔离模块进入正常工作模式。在正常工作模式下,状态监控子模块监听信息系统各设备或模块上报的 BIT 数据。当 BIT 值或状态发生变化时,解算方程逻辑中包含该 BIT 的故障方程,如果结果为"TRUE",则在数据库中记录故障及其维护信息,并由故障报告模块上报给 OMS、信息系统显示终端或地面 PMAT。

2) 正常工作模式

在正常工作模式下,故障诊断与隔离模块从航电接口服务接收飞机状态信息,当航段变化时,将当前故障信息列表中的故障信息转存到历史故障列表。

此外，航段信息还需要周期性地传输给信息系统各设备或模块。

5.1.2.3 维护自检模块功能架构

维护自检模块的功能架构如图 5-4 所示。

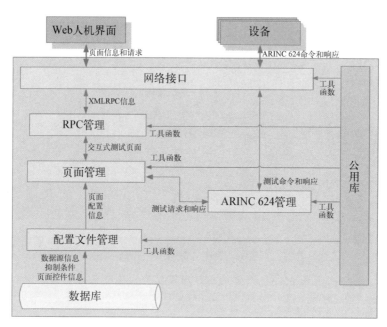

图 5-4 维护自检模块的功能架构

在初始化时，配置文件管理子功能从数据库中读取数据源、抑制条件、页面配置信息等数据，建立数据结构，初始化网络连接。配置数据库由信息系统健康管理地面支持工具软件开发，配置数据库定义抑制条件、交互式页面控件信息、设备信息、通信协议、设备自定义信息等。

1) ARINC 624 管理

ARINC 624 管理模块控制交互式测试状态机，管理各个状态之间的跃迁，与设备一起完成交互式维护。此外，ARINC 624 协议管理还按照协议要求打包测试命令和响应数据帧。

2) 页面管理

页面管理负责控制交互式测试页面。当收到来自 Web 人机界面的测试命令时,页面管理向 ARINC 624 状态机发送测试请求,并从 ARINC 624 管理模块获取设备响应,结合数据库中的页面控件信息,组织成可显示的页面。最后,通过远程过程调用(remote process call,RPC)管理器把页面内容发往 Web 人机界面。此外,页面管理还负责追踪页面之间的切换,跟踪光标当前位置及其移动信息。

3) RPC 管理

RPC 管理模块解析、处理从网络接口发送和接收的 XML - RPC 命令和页面信息,它是维护自检模块和 Web 人机界面之间的数据接口。

4) 网络接口

网络接口负责套接字管理,为维护自检和 Web 人机界面、设备之间的通信提供基于传输控制协议(transmission control protocol,TCP)和用户数据报协议(user datagram protocol,UDP)的数据发送、接收 API 等功能。

系统加电初始化之后,状态机处于"NORMAL"状态,并开始监听用户请求及设备响应。当收到触发事件时,状态机根据消息类型进行状态跃迁。

交互式测试消息类型如表 5 - 1 所示。

表 5 - 1　交互式测试消息类型

序号	消　息　类　型	功　　能	来　　源
1	run test request	请求执行测试	测试人员
2	abort request	请求中止当前测试	测试人员
3	display request	请求显示预定义测试指示	设　　备
4	continue request	继续执行测试	测试人员
5	in-test response	确认测试已开始执行	设　　备
6	inhibited test response	指明当前存在的禁止条件	设　　备
7	abort response	确认当前测试中止	设　　备
8	wait message	等待	设　　备

交互式测试协议如表5-2所示。

表5-2　交互式测试协议

测试命令和响应名称	功　　能	来　　源
initiated test run test command action	请求执行测试	测试人员
initiated test abort command action	请求中止当前测试	测试人员
initiated test display command action	请求显示预定义测试指示	设　　备
initiated test continue command action	继续执行测试	测试人员
initiated test in-test command response	确认测试已开始执行	设　　备
initiated test inhibited test command response	指明当前存在的禁止条件	设　　备
initiated test abort command response	确认当前测试中止	设　　备
wait message	等待	设　　备

（1）请求执行测试。

测试命令的发送者：测试人员。

测试命令适用条件：设备已就绪，状态机处于"NORMAL"状态。

测试命令描述：测试人员命令设备执行交互式测试。

请求执行测试的响应消息如表5-3所示。

表5-3　请求执行测试的响应消息

响　应　消　息	响应消息的含义
initiated test in-test command response	设备已开始执行测试
initiated test inhibited test command response	设备通知测试人员，请求的测试被禁止执行
wait message	设备忙碌

（2）请求中止当前测试。

测试命令的发送者：测试人员。

测试命令适用条件：设备正在执行测试或者等待操作者指示。

测试命令描述：测试人员命令设备中止当前测试。

请求中止当前测试的响应消息如表 5-4 所示。

表 5-4　请求中止当前测试的响应消息

响　应　消　息	响应消息的含义
initiated test abort command response	设备已中止测试
initiated test display command action	设备收到中止指令,需要测试人员的干预,向其显示一个交互式页面以给予操作提示

(3) 请求显示预定义测试指示。

测试命令的发送者:设备。

测试命令适用条件:设备需要操作者的干预以执行后续测试。

测试命令描述:设备要求在 Web 人机界面显示一个预先定义的交互式文本指示。设备在执行测试中途或者在测试过程中收到"test abort command"时,需要测试人员进行某种操作,例如,手动将设备恢复到正常配置,才能执行后续测试,就会向 Web 人机界面发送"test display command",给予测试人员提示。

测试人员按照提示手动操作予以响应。

(4) 继续执行测试。

测试命令的发送者:测试人员。

测试命令适用条件:设备等待测试人员执行某种操作或指令完成之后。

测试命令描述:测试人员命令设备继续执行测试。

继续执行测试的响应消息如表 5-5 所示。

表 5-5　继续执行测试的响应消息

响　应　消　息	响应消息的含义
initiated test inhibited test command response	禁止设备报告测试
initiated test in-test command response	设备继续执行测试
initiated test abort command response	设备正在中断之前执行的测试
wait message	设备忙碌

（5）确认测试已开始执行。

测试响应的发送者：设备。

测试响应的对应请求：initiated test run test command action；initiated test continue command action。

测试响应描述：设备发送该响应，通知测试人员测试开始执行（响应请求"initiated test run test command action"）或继续执行（响应请求"initiated test continue command action"）。测试响应包含了开始执行的交互式测试标号。

（6）指明当前存在的禁止条件。

测试响应的发送者：设备。

测试响应的对应请求：initiated test run test command action；initiated test continue command action。

测试响应描述：设备发送该响应，通知测试人员，由于禁止条件有效，因此测试无法启动（响应请求"initiated test run test command action"）或无法继续执行（响应请求"initiated test continue command action"）。测试响应包含了各个禁止条件的当前状态。

（7）确认当前测试中止。

测试响应的发送者：设备。

测试响应的对应请求：initiated test abort command action；initiated test continue command action。

测试响应描述：设备发送该响应，通知测试人员测试执行被中止。

（8）等待。

测试响应的发送者：设备。

测试响应的对应请求：initiated test run test command action；initiated test continue command action。

测试响应描述：设备发送该响应，通知测试人员设备处于忙碌状态，无法正常响应请求。

以上交互式测试消息均遵循 ARINC 624 协议,ARINC 624 协议状态机如图 5-5 所示。

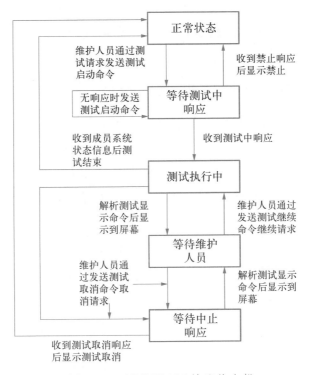

图 5-5　ARINC 624 协议状态机

5.1.2.4　Web 人机界面功能架构

Web 人机界面按照功能划分为五大功能模块:网络管理、配置管理、页面管理、错误控制和数据接口。

1) 网络管理

网络管理功能负责网络连接的处理,网络数据的接收,网络接口的管理等。如果 Web 人机界面接收到网络数据,则会根据 socket_id 搜索已建立好的网络接口列表,根据匹配结果提取和发送数据。

2) 配置管理

配置管理功能负责读取和解析配置文件。当 Web 人机界面初始运行时,读取配置文件，确定初始页面显示元素。

3）页面管理

页面管理功能负责管理数据和创建数据页面。该组件负责创建数据页面需要显示的组件以及页面显示布局，管理页面各种按钮的事件响应和页面刷新。

4）错误控制

错误控制功能负责处理错误并建立错误页面。该组件负责处理 Web 人机界面所有的错误信息并建立相对应的错误页面。

5）数据接口

数据接口功能负责 XML - RPC 调用的执行。该组件为组件间以及 Web 人机界面与健康管理软件的通信提供 XML - RPC 请求和响应的发送和接收、XML 格式内容的解析以及处理来自网络连接的数据事件。

5.1.3　系统实现

健康管理软件可以监控信息系统各模块的状态，储存和处理实时捕获的故障信息以及软、硬件构型信息，对地面测试进行统一管理，并给维护人员提供良好的基于 Web 的人机交互界面，从而提高维护水平，最终达到视情维修的目的。

健康管理系统提供主菜单显示，支持用户触摸屏或鼠标操作，主菜单项包括如下几个方面。

（1）View Fault Messages(XXX Active)。

（2）View System Configuration。

（3）Perform LRU Operation。

（4）Write Maintenance Report。

（5）Utility Functions。

健康管理软件主菜单如图 5 - 6 所示，"View Fault Messages（XXX Active）"菜单项中的"XXX"表示当前检测到的信息系统故障个数。当检查到的故障数目发生变化时，健康管理软件刷新"View Fault Messages（Active XXX）"菜单项中的"XXX"。

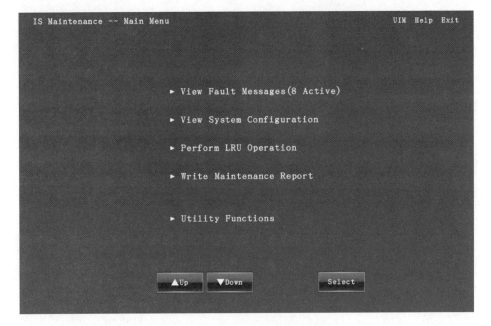

图 5-6　健康管理软件主菜单

5.1.3.1　故障信息页面

当用户在主菜单中选择"View Fault Messages"选项时,健康管理软件显示信息系统故障信息页面。

故障信息页面显示当前所有故障列表。故障列表中的故障信息应包括如下几个方面。

(1) Fault Message。

(2) Fault Code。

(3) Time。

(4) Flight Leg(仅适用于历史故障)。

(5) ATA。

"Fault Message"为故障的简要描述,最多可显示 200 个字符。

对于当前"Flight Leg"发生的故障,故障信息显示不包含"Flight Leg"信息。只有当显示历史故障信息时,"Flight Leg"才显示。"Flight Leg"以"Flight

Leg：nnn"的形式显示,其中 nnn 为 0～99 范围内的整数,0 表示当前航段。

"Time"按照 ddmmyyyy hh：mm 的格式显示。

（1）dd 为日期。

（2）mm 为月份(大写的英文缩写)。

（3）yyyy 为年份。

（4）hh 为小时数(24 小时制)。

（5）mm 为分钟数。

比如：20MAY2012 16：40 表示故障发生时间为 2012 年 5 月 20 日下午 4 点 40 分。

"ATA"为当前故障所在设备的 ATA 章节号。

故障信息页面提供按照当前航段活动故障显示、历史航段故障显示和所有故障显示对故障列表进行过滤的功能。故障信息页面还提供按照故障发生时间排序和按照字母顺序排序的功能。故障信息页面如图 5 - 7 所示。

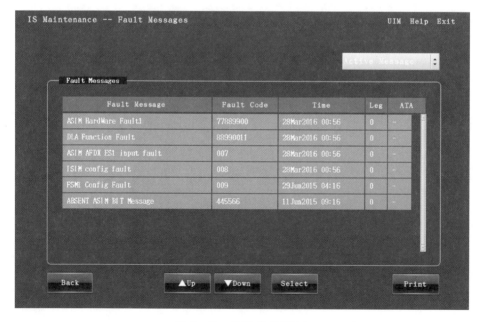

图 5 - 7　故障信息页面

5.1.3.2 构型信息页面

当用户在主菜单中选择"View System Configuration"选项时,健康管理软件显示信息系统构型信息页面。

构型信息页面显示信息系统所有设备的硬件构型信息列表。

构型信息列表中的设备硬件构型信息包括如下几个方面。

(1) Equipment ID。

(2) Equipment Name。

(3) Hardware Part Number。

(4) Hardware Serial Number。

(5) Modification Status。

"Equipment ID"为设备标识,显示为一个整数,范围在 1~4 095 之间。"Equipment ID"在信息系统 ATA 中保持唯一。

"Equipment Name"为设备名称,从健康管理软件数据库中读取。

"Hardware Part Number"为硬件部件号,最长为 25 个字符。

"Hardware Serial Number"为硬件序列号,最长为 25 个字符。

"Modification Status"为更新状态,最长为 35 个字符。

健康管理软件能按设备标识或设备名称字母顺序对硬件构型信息列表进行排序。

如果设备"Part Number"为"Not Valid"或"Not Loaded",则健康管理软件不允许进入可加载软件构型信息显示。

当选择了信息系统设备硬件构型信息列表中的一项并且该项设备"Part Number"不为"Not Valid"或"Not Loaded"时,健康管理软件能显示该设备的所有可加载软件的软件构型信息。

软件构型信息包含如下几个方面。

(1) Loadable Software Part Number。

(2) Loadable Software Type ID。

（3）Loadable Software Description。

"Loadable Software Part Number"为可加载软件部件号，最长为 15 个字符。

"Loadable Software Type ID"为可加载软件类型标识，显示为一个整数，范围在 1～65 535 之间。

"Loadable Software Description"为可加载软件描述，最长应为 35 个字符。

当选择了信息系统设备硬件构型信息列表中的一项时，健康管理软件能显示该设备的"Modification Status"。

当选择了信息系统设备硬件构型信息列表中的一项时，健康管理软件能显示该设备的加电次数与加电累计时间。

设备的加电次数显示为"Number of Power Cycle：n"，n 的范围为 0～4 294 967 296。

设备的加电累计时间显示为"Number of Power Hours：n"，n 的范围为 0～4 294 967 296。

如果设备"Part Number"为"Not Valid"或"Not Loaded"，则设备加电次数和累计数据显示为"Number of Power Cycle：----"和"Number of Power Hours：----"。

如果设备加电次数和加电时间为 0，则设备加电次数和累计加电时间显示为"Number of Power Cycle：----"和"Number of Power Hours：----"。

构型信息页面如图 5-8 所示。

5.1.3.3　维护自检页面

当用户在主菜单中选择"Perform Initailed Tests"选项时，健康管理软件显示信息系统维护自检页面。

当飞机处于地面状态时，健康管理软件能显示当前信息系统所有支持维护自检的设备列表。

支持维护自检的设备列表如下所示。

（1）Equipment ID。

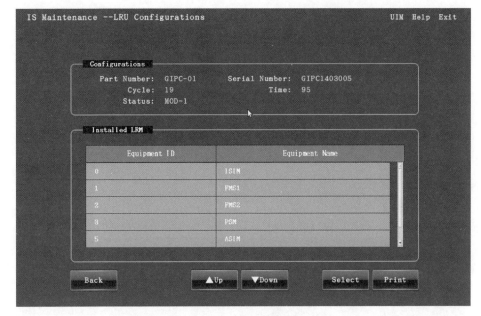

图 5-8　构型信息页面

（2）Equipment Name。

"Equipment ID"为设备标识，显示为一个整数，范围在 1～99 之间。

"Equipment Name"为设备名称，显示为最长 20 个字符的字符串。

当飞机没有处于地面状态时，健康管理软件禁止维护自检功能。

当用户从设备列表中选择一个设备时，健康管理软件能显示该设备所有维护自检列表。

维护自检列表应包含序号、维护自检名称、维护自检描述。

序号显示为一个整数，范围在 1～999 之间，唯一标示一个维护自检测试。名称显示为最长 20 个字符的字符串；描述显示为最长 50 个字符的字符串。

当用户从列表中选择一个维护自检项目时，健康管理软件能显示该维护自检页面。维护自检页面通过地面工具软件定义，存储在信息系统健康管理数据库中，页面中的元素包括文本和按钮。维护人员可以通过按钮与维护自检进行交互，也可以终止正在运行的维护自检。

健康管理软件提供方式允许用户终止正在运行的维护自检;支持维护自检页面显示单选按钮和命令按钮;能捕获用户对维护自检页面按钮的操作;能将用户的按钮操作发送给正在运行维护自检测试的设备。

在单个维护自检测试中,健康管理软件最多支持10个按钮操作。在某一时刻,健康管理软件最多支持1个维护自检测试的运行。

健康管理软件不支持多个维护自检测试同时运行,只有当前维护自检测试运行完毕或者被维护人员终止,下一个维护自检测试才能启动。

维护自检页面如图5-9所示。

图5-9 维护自检页面

5.1.3.4 打印维护报告页面

当用户在主菜单中选择"Write Maintenance Report"选项时,健康管理软件显示信息系统打印维护报告页面。

健康管理软件提供故障信息和构型信息打印功能。当用户选择打印故障信息时,可打印当前故障、历史故障或全部故障。当用户选择打印构型信息时,健康管理软件可打印信息系统全部构型信息。

打印故障信息报告页面如图 5-10 所示。

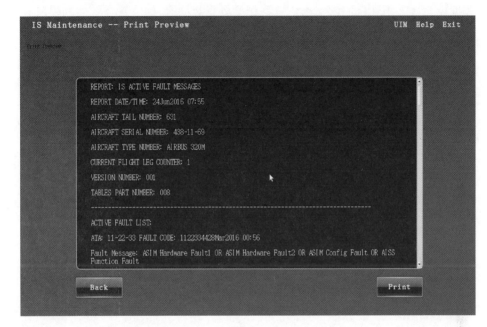

图 5-10　打印故障信息报告页面

5.1.3.5　辅助功能页面

当用户在主菜单中选择"Utility Functions"选项时,健康管理软件显示信息系统辅助功能页面。

健康管理软件提供如下辅助功能。

(1) 设置 GIPC 加电数据。

(2) 日志数据管理。

(3) 故障数据管理。

(4) 故障历史管理。

(5) 查看故障手册。

当用户选择设置 GIPC 加电数据时,进入 GIPC 加电数据设置页面,可手动设置 GIPC 加电时间和加电次数。

日志数据管理提供查看日志数据和删除日志数据功能。当用户选择查看日志数据信息时,健康管理软件显示当前日志数据库中记录的日志数量、日志数据库文件大小和日期。当用户选择删除日志数据时,健康管理软件删除所有记录的日志信息。故障数据管理提供查看故障数据和删除故障数据功能。当用户选择查看故障数据信息时,健康管理软件显示记录故障的飞行航段数量、历史故障数量、当前故障数量、故障总数、健康管理数据文件大小和日期。当用户选择删除故障数据时,健康管理软件应删除所有记录的故障信息,包括历史故障和当前故障。

当用户选择故障历史管理选项时,健康管理软件显示信息系统当前所有支持故障历史管理的设备列表,用户可在列表中勾选设备,进行故障历史数据上传和删除操作。

查看故障手册功能提供故障手册电子文档,可供维护人员查询。

故障数据信息页面如图 5-11 所示。

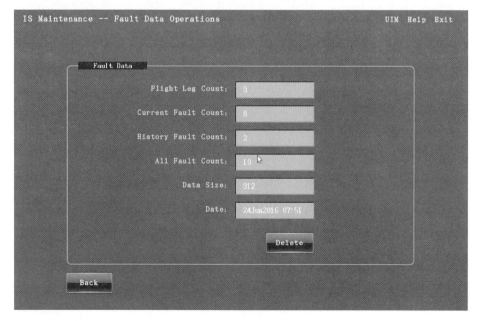

图 5-11 故障数据信息页面

5.2　发动机的健康管理系统开发实践

　　某发动机健康管理系统(engine health management system，EHMS)具有采集和处理发动机物理信息，实现发动机状态监控、故障诊断与预测、寿命管理和维修决策，并进行自诊断的功能。EHMS能够采集和存储发动机气路、燃油和滑油、振动、控制及健康管理系统的工作参数；为排故和故障预测提供大量可分析数据；可以验证并逐步完善异常检测、故障诊断、趋势分析、寿命管理和维修建议算法。

　　EHMS分为机载和地面两部分。机载部分完成状态监测与记录、异常检测、报警和初步的故障诊断功能；地面部分完成进一步的故障诊断、趋势分析、寿命管理和维修建议，EHMS组成如图5-12所示。

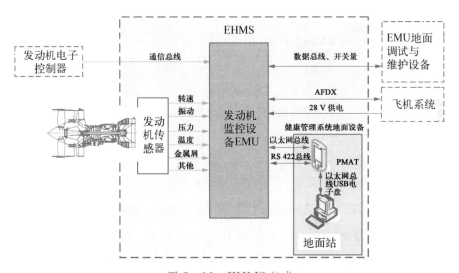

图5-12　EHMS组成

　　EHMS中的PMAT用来完成发动机机载健康管理数据的下载、发动机参数实时监控、故障诊断、数据分析等现场维护操作；地面站用来实现发动机供应商和航空公司对发动机的故障诊断、健康状态预测、发动机数据库管理、数学模型和判断准则的维护，以及寿命管理和输出维修建议等健康管理功能。EHMS的系统视图如图5-13所示。

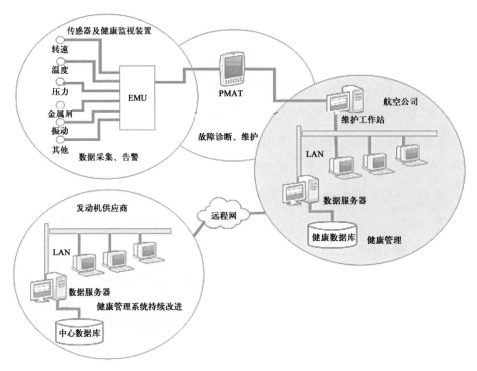

图 5-13　EHMS 的系统视图

5.2.1　系统需求定义

EHMS 的地面子系统由地面站和 PMAT 组成。PMAT 主要完成 EMU 数据的下载、处理和管理,同时实现 EMU 设备的维护功能,并且将数据传递给数据管理设备。地面站由数据管理系统和数据分析系统组成,分别实现地面站数据管理和数据分析工作。

5.2.1.1　PMAT 用户需求

PMAT 主要完成从 EMU 下载和存储机载数据、对 EMU 进行软件加载和更新、在线动态调参、发动机监控数据回放与预处理功能,PMAT 设备功能架构如图 5-14 所示。

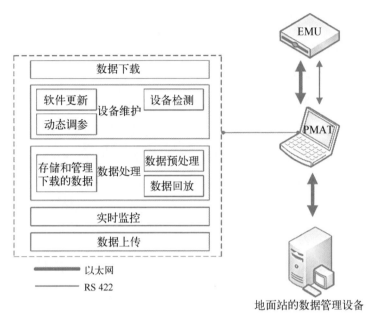

图 5-14　PMAT 设备功能架构

1) 数据下载

支持与 EMU 之间基于以太网的通信及数据下载；支持 UDP/IP 协议、TFTP 协议、ARINC 615A 协议；对下载的监控数据可进行离线存储。

2) 设备维护

通过与 EMU 的通信握手实现单机维护工作模式的建立；在 EMU 单机维护模式下，通过 RS 422 接口加载更新 EMU 软件；在 EMU 的工作模式、调试模式和维护模式下，通过 RS 422 通信接口对 EMU 进行动态在线调参；在 EMU 的单机维护模式下，通过 RS 422 接口向 EMU 发送自检命令，并显示自检结果。

(1) 实时监控发动机参数、振动数据、告警和发动机健康状态信息；使用图形、数值、文字的形式表达实时监控的信息，包括参数-时间曲线图、参数-参数曲线图、数值列表、振动信息、状态信息（告警和故障）、仪表显示。

(2) 数据处理：离线处理和显示下载的数据；对下载的数据进行格式转换

等预处理;可实现数据回放。

（3）数据管理：存储和管理下载的发动机监视数据;支持数据按时间、类型、名称等进行检索、排序;支持飞行任务管理。

（4）通过以太网向地面站的数据管理系统传输数据。

（5）二次开发功能支持定制从 EMU 下载数据的通信协议以及上传地面站的通信协议;向用户提供软件二次开发接口,包括与 EMU 交互所需的 TFTP 协议、ARINC 615A 协议、RS 422 通信访问接口以及与地面站交互。

5.2.1.2 地面站用户需求

地面站由数据管理系统和数据分析系统组成,功能架构如图 5-15 所示。

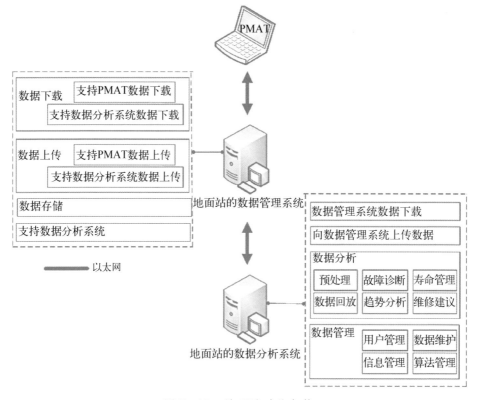

图 5-15 地面站功能架构

地面站数据管理系统从 PMAT 下载 EMU 数据,然后进行数据的分选和汇总,并进行相应的格式转换;实现各类数据(原始数据、故障数据、机载诊断报告、信号类型数据、算法数据、故障诊断数据、趋势分析数据、寿命管理数据、维护建议数据及航空公司维修数据等)的存储与维护;向 PMAT 和数据分析系统提供所需的数据与服务。

地面站数据分析系统可以回放、诊断以及分析各种数据趋势;为发动机提供寿命管理与维护建议;将分析结果返回数据管理系统,更新数据;完成用户与各种数据的更新维护。

地面站的数据分析流程如图 5-16 所示。

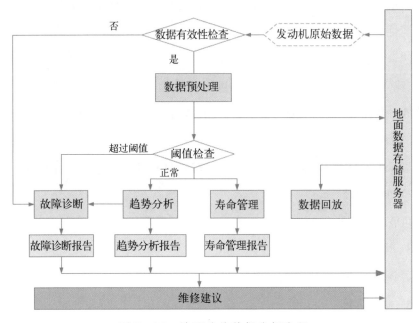

图 5-16　地面站的数据分析流程

1) 数据上传和下载

通过以太网支持 PMAT 和地面站数据分析系统上传和下载数据;支持 PMAT 与地面站通信数据配置;下载地面站数据管理系统的数据;向地面站数据管理系统上传数据。

2）数据存储

具有冗余备份措施，可对地面站管理的数据进行分类管理；数据以数据库的方式进行存储和管理；以方便使用和维护的格式存储所有报告。

3）数据预处理

完成对发动机原始数据的有效性检查、格式转换、偏差比较和平滑操作。

4）数据回放

从数据库中提取发动机工作参数，以波形、状态、数值和报告的形式显示发动机运转过程中任意时刻的工作状态。

5）诊断分析

包括故障诊断、趋势分析和寿命管理。可从数据管理系统提取发动机与部件的属性数据以及其他所需数据；可对不同类型的数据使用对应的阈值告警检测算法；可创建、更新、删除诊断分析配置项，诊断分析配置项应包含名称、功能描述、输入要求、对应的算法等信息；可运行所选择的诊断分析配置项，得到地面诊断分析报告，根据需要可提供趋势图，报告以表格形式表示。

6）维修建议功能

显示振动信息、耗油率、排气温度、故障信息和寿命信息五方面内容。

7）用户管理

可管理使用软件的用户。

8）信息管理

可管理发动机及部件的信息。

9）数据维护

可提供数据库的基本操作。

10）算法管理

通过用户界面配置各种算法的使用，完成算法调用。此外，地面站还提供风扇配平诊断演示功能和发动机排气温度（engine gas temperature，EGT）趋势分析演示功能。

5.2.2　系统设计

发动机健康管理地面系统的体系结构如图 5-17 所示。将在下文分别对 PMAT 和地面站两部分进行详细介绍。

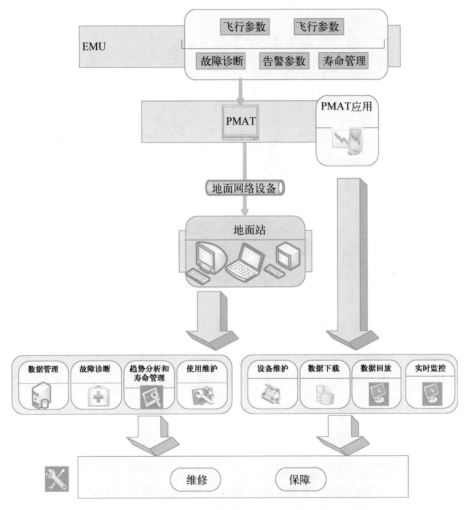

图 5-17　发动机健康管理地面系统的体系结构

5.2.2.1　PMAT 方案设计

PMAT 通过接口与健康管理计算机 EMU 连接,下载采集的发动机参数和机载诊断的结果等数据;同时也将修正的机载程序上载至 EMU 中,并通过以太网连接地面站实现数据通信。PMAT 的层次结构如图 5-18 所示。

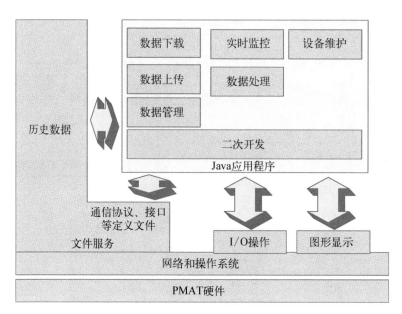

图 5-18　PMAT 层次结构

PMAT 数据处理软件完成数据下载、设备维护、实时监控、数据处理、数据管理、数据上传、二次开发功能；同时提供这些功能的用户界面配置项模块。不同类型的用户所关注的功能不同，可通过配置文件实现相应的权限。

PMAT 软件功能如图 5-19 所示。

1）数据下载

通过以太网从 EMU 下载监控数据并离线存储，同时支持从地面站下载。数据下载模块由下载参数设置子模块和下载存储子模块组成。

（1）下载参数设置子模块完成下载参数的配置。软件提供下载参数配置界面，用户通过该页面可浏览、设置下载数据的具体信息，如下载方式（通信接口方式、数据通信协议等）、下载数据来源（EMU、地面站）、信息类型（监控数

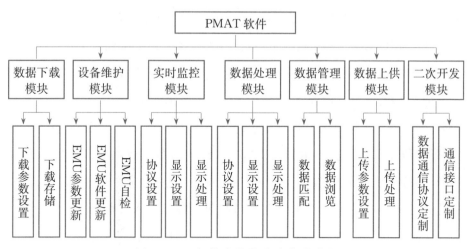

图 5-19　便携式维护终端软件功能

据、配置文件、软件算法等)、发动机信息(机队、飞机、发动机编号等)、飞行任务信息(飞行起始时间、结束时间、航路和航线信息)、数据校验方法、存储路径等。用户可以加载默认配置文件快速配置,也可以手动修改当前配置并保存。下载参数配置文件统一存储于指定目录。

(2) 下载存储子模块完成数据下载存储。软件加载用户指定的参数配置文件,按照用户设定的下载参数设置信息从相应位置选择、传输对应的数据文件,标识文件、校验数据,并存储到指定目录。下载数据操作在下载过程中显示下载进度、状态等信息,在下载完成后提供下载报告,更新下载数据管理的索引文件。下载的数据包括来自飞机的数据、来自发动机电子控制器(engine electronic controller,EEC)的数据、EMU 采集的监视数据、EMU 初步故障诊断、健康报告的数据、下载参数配置文件、参数解析定义文件、接口定义文件、EMU 参数配置文件、EMU 更新软件、数据校验算法及驱动文件、数据预处理驱动文件、图形显示的辅助文件等数据信息。数据传输支持 TFTP、ARINC 615、UDP/IP 等协议。

2) 设备维护

设备维护功能主要完成 EMU 的维护工作。设备维护模块由 EMU 参数更新子模块、EMU 软件更新子模块和 EMU 自检子模块组成。

（1）EMU 参数更新子模块主要完成 EMU 的在线动态调参功能。PMAT 通过 RS 422 接口向 EMU 发送请求，以获取 EMU 当前模式。若 EMU 当前模式不是工作模式、调试模式、维护模式之一，则 PMAT 向 EMU 发出指令，要求 EMU 将当前模式切换为单机维护模式。得到切换完成的反馈后，PMAT 在 EMU 参数配置界面上显示当前 EMU 软件的参数配置信息。用户可通过 EMU 参数配置界面浏览、更改 EMU 参数配置信息，如全部的配置参数、各个参数的当前值、阈值等，也可以通过软件提供的操作导入已存在的 EMU 参数配置文件。用户在确认参数设置正确后，可向 EMU 发送参数更新请求，并上传设置好的 EMU 参数配置。当 EMU 执行完毕后，提示"在线动态调参完成"；同时，用户可存储设置好的 EMU 参数配置。此外，对于 EMU 参数的更新操作，需要确认操作请求，以防止用户误操作。

（2）EMU 软件更新子模块完成加载更新 EMU 软件功能。PMAT 通过 RS 422 接口向 EMU 发送请求，以获取 EMU 当前模式。若 EMU 当前模式不是维护模式，则 PMAT 向 EMU 发出指令，要求 EMU 将当前模式切换为单机维护模式。在得到切换完成的反馈后，PMAT 在 EMU 软件更新界面上显示当前 EMU 软件的相关版本信息。用户通过 EMU 软件更新界面选择需要更新的软件，浏览选择软件的版本相关信息。用户在确认待更新软件选择正确后，可向 EMU 发送软件更新请求，并上传选择的 EMU 软件。当 EMU 执行完毕后，提示"软件更新完成"。此外，对于 EMU 软件的更新操作，需要确认操作请求，以防止用户误操作。

（3）EMU 自检子模块完成启动 EMU 自检和显示自检结果的功能。PMAT 通过 RS 422 接口向 EMU 发送请求，以获取 EMU 当前模式。若 EMU 当前不是维护模式，则 PMAT 向 EMU 发出指令，要求 EMU 将当前模式切换为单机维护模式。在得到切换完成的反馈后，PMAT 向 EMU 发送自检请求，当 EMU 执行完毕后，显示 EMU 自检结果报告，并存储自检结果报告。

3）实时监控

实时监控功能用于实时监控和显示。实时监控模块由协议设置子模块、显示设置子模块、显示处理子模块组成。

（1）协议设置子模块完成通信方式的设置功能。用户通过协议设置界面读取、浏览通信接口方式和数据通信协议，也可修改和保存配置。页面设置信息包含数据传输方式定义和数据组织方式定义。通信接口方式配置文件和数据通信协议配置文件统一存储于指定目录。

（2）显示设置子模块完成显示窗口的配置功能。用户通过显示设置界面读取、浏览显示设置配置信息，也可修改和保存配置。页面设置信息包含显示的方式（如参数-时间曲线图、参数-参数曲线图、数值列表形式、振动信息显示、状态信息显示等）、期望显示的参数、各参数的显示颜色和线形等、图像的更新速率、图形显示的数据和像素点的对应关系及处理方式等。显示设置配置文件统一存储于指定目录。

（3）显示处理子模块用于数据的显示。按照设置的协议方式接收、校验、解析发动机的实时数据，随后按照设置的显示方式显示用户关心的相关数据。

4）数据处理

数据处理功能用于数据预处理和回放。数据处理模块由协议设置子模块、显示设置子模块、显示处理子模块组成，其相关功能与实时监控的子模块一样。

5）数据管理

数据管理功能用于管理下载数据。数据管理模块由数据匹配子模块和数据浏览子模块组成。

（1）数据匹配子模块通过标识数据，完成数据与飞行任务的匹配，并建立匹配索引。用户通过匹配设置界面浏览、设置文件与飞行任务的匹配关系；用户可通过页面选择一个或一组与同一飞行任务相关的历史文件，按照不同的数据类型，重新组织这组文件，形成这一飞行任务的历史文件匹配索引,并存储。

（2）数据浏览子模块依据匹配索引和文件数据标识的信息,按照时间、类型、名称等,对历史数据进行检索排序。通过数据浏览界面,可从文件中对历史数据进行浏览、排序、查找等操作。

6）数据上传

数据上传功能用于向地面站的数据管理系统传输数据。数据上传模块由上传参数设置子模块和上传处理子模块组成。

（1）上传参数设置子模块用于配置上传参数。用户通过上传参数配置界面浏览、设置上传数据的具体信息,如上传方式（通信接口方式、数据通信协议等）、信息类型（监控数据、配置文件、软件算法、相关配置文件等）、发动机信息（机队、飞机、发动机编号等）、飞行任务信息（飞行起始时间、结束时间、航路和航线信息）、数据校验方法、存储路径等。用户可通过加载默认配置文件快速配置;也可手动修改当前配置并保存。上传参数配置文件统一存储于指定目录。

（2）上传处理子模块完成数据上传操作。在加载用户指定的参数配置文件后,按照用户设定的上传参数设置信息从相应位置选择、传输对应数据文件,完成数据校验,并存储到指定目录。上传处理操作在上传过程中显示上传进度、状态等信息,在上传完成后,提示用户上传完成。上传的数据包括来自飞机的数据、来自 EEC 的数据、EMU 采集的监视数据、EMU 初步故障诊断数据、健康报告的数据及其他数据、参数配置文件、参数解析定义文件、接口定义文件、EMU 参数配置文件、EMU 自检结果报告等。数据的传输方式支持 TFTP、ARINC 615、UDP/IP 等协议。

7）二次开发

二次开发功能主要用于通信协议的定制和通信访问接口二次开发。二次开发模块由数据通信协议定制子模块和通信接口定制子模块组成。

（1）数据通信协议定制子模块实现数据通信协议的定制功能。用户通过数据通信协议编辑软件界面,可以打开当前从 EMU 下载数据的通信协议定义文件、上传地面站通信协议定义文件等;并对当前数据定义进行新增、修改、删除操作,包括对数据类型、排列顺序、数据相关属性信息等内容的修正,以及对定制的数据通信协议进行保存。

(2) 通信接口定制子模块完成通信接口二次开发功能。用户通过通信接口编辑界面可以浏览当前使用的协议(包含 TFTP 协议、ARINC 615A 协议)和通信访问接口(如 RS 422 通信访问接口、与地面站交互所需的以太网通信访问接口)相关信息,如包头和包尾的定义、数据帧的结构、数据校验方式等,并可对这些信息进行新增、修改、删除操作,以及保存定制的通信接口。

5.2.2.2　地面站方案设计

地面站由数据管理系统和数据分析系统组成。

数据管理系统从 PMAT 下载 EMU 数据,分选、汇总数据,并进行相应的格式转换;实现原始数据、故障数据、机载诊断报告、信号类型数据、算法数据、故障诊断数据、趋势分析数据、寿命管理数据、维护建议数据及航空公司维修数据等的存储与维护;向 PMAT 和数据分析系统提供所需的数据与服务。

数据分析系统完成各类数据的回放、诊断与趋势分析;为发动机提供寿命管理与维护建议;将分析结果返回数据管理系统,并更新数据;完成用户与各类数据的更新和维护。

地面站平台软件系统采用 SQL Server 数据库系统、外部算法和驱动数据、算法的 Java 应用软件三部分内容。SQL Server 数据库系统管理下载机载数据、地面故障诊断和趋势分析结果数据、用于诊断和趋势分析的模型数据、模型训练样本数据、预测和寿命管理统计结果,生成维护报告或报表;外部算法提供故障诊断、趋势分析所需的算法执行文件。地面站通过接口连接 PMAT 获取发动机参数和机载诊断的结果等数据。地面站层次结构如图 5-20 所示。

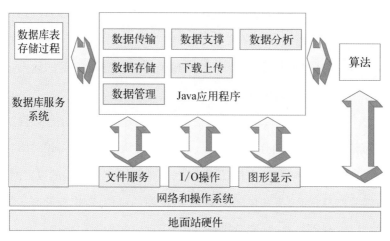

图 5 - 20　地面站层次结构

地面站软件功能如图 5 - 21 所示。地面站软件按照运行位置可分为数据管理系统软件和数据分析系统软件。数据管理系统软件和数据分析系统软件统称为地面站软件。其中,数据管理系统软件运行在数据管理系统服务器上。具体包括基本功能模块传输支持、数据存储、数据支撑,同时也包括数据传输、数据存储、数据支撑的用户界面配置项模块。

数据分析系统软件在数据分析系统计算机上运行。具体包括基本功能模块数据支撑、下载和上传、数据分析、数据管理以及其用户界面配置项模块。

1) 传输支持

传输支持功能支持数据管理系统与 PMAT 和数据分析系统之间的数据上传和下载。传输支持模块由 PMAT 数据下载准备子模块、PMAT 数据上传准备子模块、分析系统数据下载准备子模块、分析系统数据上传准备子模块、下载和上传处理子模块组成。

(1) PMAT 数据下载子模块完成从 PMAT 下载数据的准备工作。用户通过 PMAT 数据下载配置界面,对需要下载的数据信息选择设置,包含数据下载方式、数据解析方式、下载路径设置等。用户可以加载现存的配置文件并快速

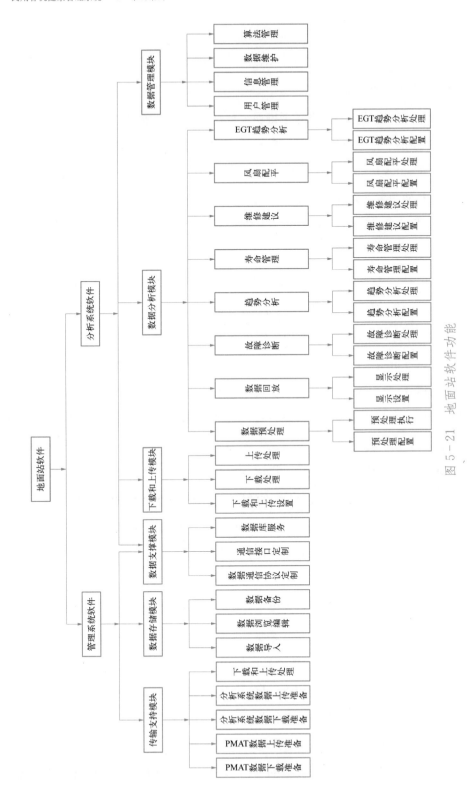

图 5 - 21　地面站软件功能

设置,也可以保存当前设置。

(2) PMAT 数据上传准备子模块完成从 PMAT 上传数据的准备工作。软件提供 PMAT 数据上传配置界面,允许用户通过该页面选择设置希望上传的数据信息,包含数据上传方式、上传文件的生成、上传路径的设置等。用户可以加载现存的配置文件进行快速设置,也可以保存当前设置。

(3) 分析系统数据下载准备子模块完成从分析系统下载数据的准备工作。软件提供分析系统数据下载配置界面,允许用户通过该页面选择设置希望下载的数据信息,包含数据下载方式、数据解析方式、下载路径设置等。用户可以加载现存的配置文件进行快速设置,也可以保存当前设置。

(4) 分析系统数据上传准备子模块完成从分析系统上传数据的准备工作。软件提供分析系统数据上传配置界面,允许用户通过该页面选择设置希望上传的数据信息,包含数据上传方式、上传文件的生成、上传路径的设置等。用户可以加载现存的配置文件进行快速设置,也可以保存当前设置。

(5) 下载上传处理子模块完成上传和下载的操作。用户按照选择的下载上传配置信息约定的模式上传、下载数据和文件。软件提供界面允许用户选择浏览操作的方式(上传或下载)、操作的源与目的地(PMAT、地面站数据分析系统、地面站数据管理系统)、通信协议、传输文件等,进行上传和下载操作前的确认工作。上传和下载完毕后向用户反馈执行的结果。

2) 数据存储

地面站需要管理的数据包含以下几类:飞行信息原始数据(包括来自飞机的数据、来自 EEC 的数据、EMU 采集的监视数据、EMU 初步的故障诊断及健康分析报告),基础数据(包括地面站所使用的算法、发动机及部件信息、用户信息、维修反馈信息、通信接口配置信息)和报告信息(包括原始数据报告、故障诊断报告、趋势分析报告、寿命管理报告、维修建议报告)等。针对不同的数据,应采取不同的数据管理方式。

数据存储功能主要实现数据的存储、管理、备份功能。数据存储模块由数据导入子模块、数据浏览编辑子模块、数据备份子模块组成。

（1）数据导入子模块完成数据信息由数据文件导入数据库的操作。用户通过数据导入页面选择需要导入的历史数据文件，根据文件的标识信息对导入数据库的数据进行分组，并根据数据解析的定义完成数据解析操作。在数据导入过程中显示进度和状态信息，导入结束后向用户显示导入总结报告。

（2）数据浏览编辑子模块实现数据的管理功能。用户通过数据浏览编辑页面对数据库中的所有数据进行筛选、显示、编辑、保存；并可对数据进行查询、增加、删除、修改等操作。

（3）数据备份功能子模块实现数据冗余备份功能。用户通过数据备份页面备份导出需要的数据；也可进行从备份数据到数据库的数据恢复操作。

3）数据支撑

数据支撑模块同时运行于数据管理系统和数据分析系统上。数据支撑模块由数据库服务子模块、数据通信协议定制子模块、通信接口定制子模块组成。

（1）数据库服务子模块是个后台功能模块。用户通过数据分析系统计算机上运行的数据分析系统软件，访问数据管理系统服务器，实现数据的获取、处理、上传等功能，由数据库系统提供服务支持。在软件方面，针对数据访问进行有效的权限管理和异常控制。

（2）数据通信协议定制子模块实现数据通信协议的定制功能。用户通过数据通信协议编辑页面可打开当前从 EMU 下载数据的通信协议定义文件、上传地面站通信协议定义文件等，并对当前数据定义进行新增、修改、删除操作，包括对数据类型、排列顺序、数据相关属性信息等内容的修正，以及对定制的数据通信协议进行保存。

（3）通信接口定制子模块完成通信接口二次开发功能。用户通过通信接口编辑页面浏览当前使用的协议（包含 TFTP 协议、ARINC 615A 协议）和通信访问接口（如 RS 422 通信访问接口、与地面站交互所需的以太网通信访问接口)的相关信息,如包头和包尾的定义、数据帧的结构、数据校验方式等,并可对这些信息进行新增、修改、删除操作,以及保存定制的通信接口。

4) 下载和上传

数据分析系统功能从数据管理系统进行数据下载和上传。下载和上传模块由下载和上传设置子模块、下载处理子模块、上传处理子模块组成。

(1) 下载和上传设置子模块完成下载和上传参数的配置。通过下载和上传配置页面浏览、设置下载和上传数据的具体信息,如下载和上传方式(通信接口方式、数据通信协议等)、操作类型(下载、上传)、信息类型(监控数据、配置文件、软件算法等)、发动机信息(机队、飞机、发动机编号等)、飞行任务信息(飞行起始时间、结束时间、航路和航线信息)、数据校验方法、存储路径等。可加载默认配置文件进行快速配置,也可手动修改当前配置并保存。下载和上传配置文件统一存储于指定目录。

(2) 下载处理子模块用于下载存储数据。通过加载用户指定的配置文件,按照用户设定的下载设置信息从相应位置选择、传输对应数据。数据传输的方式支持 TFTP、ARINC 615、UDP/IP 等协议。

(3) 上传处理子模块用于上传数据。通过加载用户指定的配置文件,按照用户设定的上传设置信息从相应位置选择、传输对应数据。数据传输的方式支持 TFTP、ARINC 615、UDP/IP 等协议。

5) 数据分析

数据分析功能是地面站软件的核心功能,用于数据预处理、数据回放、诊断分析、维修建议四个方面,其中诊断分析包含故障诊断、趋势分析和寿命管理三部分内容。数据分析模块由数据预处理子模块、数据回放子模块、故障诊断子模块、趋势分析子模块、寿命管理子模块、维修建议子模块、风扇配平子模块、EGT 趋势分析子模块组成。

(1) 数据预处理子模块由预处理配置和预处理执行分模块组成,完成有效性检查、格式转换、偏差比较、平滑操作。预处理配置分模块完成数据预处理的设置工作。用户通过数据预处理页面设置数据预处理操作的具体信息,如选择的预处理操作类型(有效性检查、格式转换、偏差比较、平滑)、选用的算法信息、参数的配置信息等。通过加载默认的配置文件,进行快速的预处理设置,也可保存当前配置。预处理执行分模块完成预处理的操作。按照选择的预处理设置,预处理选定的历史数据,并保存预处理结果。

(2) 数据回放子模块由显示设置和显示处理分模块组成,从数据库中提取发动机工作参数,并以波形、状态、数值和报告的形式显示发动机运转过程中任意时刻的工作状态。显示设置实现显示窗口的配置功能。用户通过该显示设置页面读取、浏览显示设置配置信息,也可修改和保存配置。页面设置信息包含显示的方式(如参数-时间曲线图、参数-参数曲线图、数值列表形式、振动信息显示、状态信息显示等)、期望显示的参数、各参数的显示颜色和线形等、图形显示的数据和像素点的对应关系和处理方式。显示处理实现数据的显示功能。通过读取数据库中存储的历史数据,并按照设置的显示设置方式显示用户关心的相关数据。

(3) 故障诊断子模块由故障诊断配置和故障诊断处理分模块组成,实现故障诊断。故障诊断配置用于设置故障诊断配置项,用户通过故障诊断配置项编辑页面浏览、编辑故障诊断配置项。故障诊断配置项信息包括故障诊断执行步信息、故障诊断执行步选用的算法、算法的输入和输出参数配置信息等。故障诊断处理用于故障诊断操作并生成故障诊断报告。按照选择的故障诊断配置项,处理数据库中的相关数据,形成故障诊断报告。在故障诊断处理过程中能够调用数据回放。

(4) 趋势分析子模块由趋势分析配置和趋势分析处理分模块组成,实现趋势分析功能。趋势分析配置用于设置趋势分析配置项,用户通过趋势分析配置项编辑页面浏览、编辑趋势分析配置项。趋势分析配置项信息包括趋势分析执行步信息、趋势分析执行步选用的算法、算法的输入和输出参数配置信息等。通过组合不同的趋势分析执行步骤,形成完整的趋势分析配置项,并存储配置项。趋势分析处理用于趋势分析操作并生成趋势分析报告。按照选择的趋势分析配置项,处理数据库中的相关数据,形成趋势分析报告。在趋势分析处理过程中能够调用数据回放。

（5）寿命管理子模块由寿命管理配置和寿命管理处理分模块组成,实现寿命管理功能。寿命管理配置用于设置寿命管理配置项。用户通过寿命管理配置项编辑页面浏览、编辑寿命管理配置项。寿命管理配置项信息包括寿命管理执行步骤信息、寿命管理执行步选用的算法、算法的输入和输出参数配置信息等。通过组合不同的寿命管理执行步骤,形成完整的寿命管理配置项,并存储配置项。寿命管理处理用于寿命管理操作并生成寿命管理报告。按照选择的寿命管理配置项,处理数据库中的相关数据,形成寿命管理报告。在寿命管理处理过程中能够调用数据回放。

（6）维修建议子模块由维修建议配置和维修建议处理分模块组成,通过综合获取发动机整机或部件信息,显示振动信息、耗油率、排气温度、故障信息和寿命信息。维修建议配置分模块用于维修建议报告内容的设置工作。用户通过维修建议配置页面选择期望显示的信息、信息的显示方式等,并存储配置信息。维修建议处理分模块用于维修建议的生成。依照选定的维修建议设置,对特定的整机或部件参考故障诊断报告、趋势分析报告和寿命管理报告进行决断,生成对应的维修建议。

（7）风扇配平子模块由风扇配平配置和风扇配平诊断分模块组成。风扇配平配置用于设置风扇配平的配置项。风扇配平子模块是一个定制的故障诊断案例,在逻辑上隶属于故障诊断子模块,可以在故障诊断子模块里完成算法更新、参数配置、风扇配平诊断等操作。作为一个特殊案例,在数据分析系统的主操作页面上设计该功能的入口,以实现快捷诊断。用户通过风扇配平配置项编辑页面浏览、编辑风扇配平配置项,并存储配置项。风扇配平诊断分模块按照风扇配平配置项处理相关数据,执行风扇配平诊断操作,生成报告。

（8）EGT 趋势分析子模块由 EGT 趋势分析配置和 EGT 趋势分析处理分模块组成。EGT 趋势分析子模块是一个定制的趋势分析案例，在逻辑上隶属于趋势分析子模块，可以在趋势分析子模块里完成算法更新、参数配置、EGT 趋势分析等操作。作为一个特殊案例，软件在数据分析系统的主操作页面上设计该功能的入口，以实现快捷趋势分析。用户通过 EGT 趋势分析配置项编辑页面浏览、编辑 EGT 趋势分析配置项，并存储配置项。EGT 趋势分析处理分模块按照 EGT 趋势分析配置项处理数据库中的相关数据，执行 EGT 趋势分析操作，生成报告。

6）数据管理

数据管理模块由用户管理子模块、信息管理子模块、数据维护子模块、算法管理子模块组成。

（1）用户管理子模块实现实用软件的用户管理功能。用户通过用户管理页面浏览、编辑、新建、删除用户账号信息。页面提供对用户名、密码、描述信息、权限信息的编辑操作，对使用软件的用户设置管理权限。权限分为管理用户和普通用户。

（2）信息管理子模块实现对发动机及部件信息的管理功能。用户通过信息管理页面浏览、编辑、新建、删除发动机及部件的信息。页面提供对发动机编号、发动机名称、飞行循环、部件编号、部件名称等信息的编辑操作；提供快捷的查询条件设置方式，方便用户查询整机部件的使用时间和使用循环数等相关信息。

（3）数据维护子模块完成数据库的基本操作。用户通过数据维护页面对数据库中的数据进行浏览、编辑、保存功能。用户可对数据库进行查询、增加、删除、修改等操作；并可通过页面进行数据筛选、对一个或一组数据进行浏览、编辑、增加、更新、修改、删除等操作。

（4）算法管理子模块完成对各种算法的使用配置。用户通过算法管理页面进行算法的创建、导入、调用、删除、修改、检索、排序操作。用户可编辑的算法信息包括算法名称、功能描述、输入和输出定义、参数说明、算法执行文件等。

7) 数据库设计

地面站数据库管理的数据类型复杂,数据量巨大,应用数据的方式灵活多样,并且需要考虑到后期新数据的引入和历史数据的变更,因此数据库在设计上优先考虑数据完整性和可扩展性,保证数据库建立后相对稳定,且用户维护方便。

在本阶段,拟采用 MS SQL Server 2008 作为地面站的数据库管理系统。SQL Server 是一个关系数据库管理系统,是由 Microsoft 推出的关系型数据库管理系统,它具有使用方便、可伸缩性好、与相关软件集成程度高的优点,可提供一个丰富的服务集合与数据交互作用,具有搜索、查询、数据分析、报表、数据整合和强大的同步功能。可在从膝上型电脑到大型多处理器的服务器等多种平台上使用。

考虑到今后数据库使用的环境多样性和用户的使用习惯,在设计数据库时要考虑数据迁移的问题,包括数据库的整体备份、数据在 SQL Server 与 Oracle 之间的迁移等。在软件方面,应能够提供数据库定义配置方式实现数据在 SQL Server 和 Oracle 之间支持切换,在设计数据库时,要充分考虑两种数据库数据格式的异同之处,必要时应进行特殊的转换处理。

考虑到软件的组成为 Server‑Client 形式,因此在数据库的设计和软件的实现上要考虑数据的一致性和同步性,数据库操作要有加锁和解锁的功能。

5.2.3 系统实现

5.2.3.1 PMAT 软件实现

PMAT 软件具有开放的体系架构,如图 5‑22 所示。数据源包含文件、以太网数据包和 RS 422 数据包,能实现数据传输、数据管理、数据处理、实时监控、设备维护五个功能。

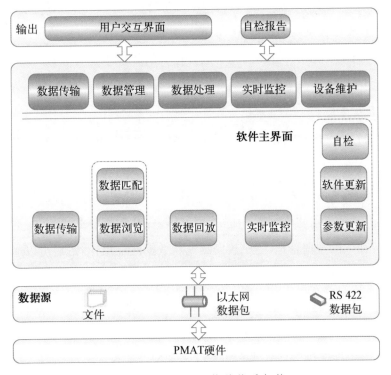

图 5 - 22   PMAT 软件体系架构

1) 软件单元划分

PMAT 软件分为六个相对比较独立的部分：软件主界面、数据传输、数据管理、数据处理、实时监控和设备维护。

（1）软件主界面主要显示软件单元名称，用户通过点击各软件单元的名称，软件自动进入相应的单元页面。

（2）数据传输主要完成从 EMU 通过以太网下载监控数据并进行离线存储的功能，能够支持从地面站下载数据和向地面站上传数据，对应软件需求中的数据下载和数据上传章节，数据传输包含数据传输软件单元。

（3）数据管理主要完成下载数据的管理功能，包括对数据文件再次组织、浏览、查找等，包含的软件单元有数据浏览、数据匹配。

（4）数据处理主要完成数据预处理和数据回放功能，包含数据回放软件单元。

（5）实时监控主要完成实时监控和显示功能，包含实时监控软件单元。

（6）设备维护主要完成 EMU 设备的现场维护工作，包括 EMU 参数更新、EMU 软件更新和 EMU 自检；设备维护包含的软件单元有参数更新、软件更新、自检。

2）执行方案

PMAT 的执行方案分为数据下载回放执行方案、实时监控执行方案、设备维护执行方案、数据上传执行方案。

（1）数据下载回放执行方案是指 PMAT 和 EMU 通过以太网连接，在启动软件后，通过点击软件主界面上的数据传输完成数据下载操作，再通过点击软件主界面上的数据管理，完成数据浏览和数据匹配操作，最后可以通过选择数据处理完成原始数据的现场回放操作。

（2）实时监控执行方案是指 PMAT 和 EMU 通过 RS 422 连接，在启动软件后，通过点击软件主界面上的实时监控完成实时监控操作。

（3）设备维护执行方案是指 PMAT 和 EMU 通过 RS 422 连接，在启动软件后，通过点击软件主界面上的设备维护完成 EMU 参数更新、EMU 软件更新和 EMU 自检操作。

（4）数据上传执行方案是指 PMAT 和地面站通过以太网连接，在启动软件后，通过点击软件主界面上的数据传输完成数据上传至地面站的操作。

3）软件效果

PMAT 软件实时监控功能的页面如图 5 - 23 所示。

5.2.3.2　地面站软件实现

地面站软件也具有开放的体系架构，如图 5 - 24 所示。数据源包含文件和数据库，能够实现传输支持、数据存储、数据分析、数据管理四个功能。

1）软件单元划分

地面站软件分为六个相对比较独立的部分：软件登录界面、软件主界面、传输支持、数据存储、数据分析和数据管理。

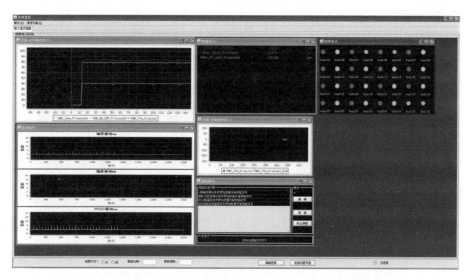

图 5-23　便携式维护终端软件实时监控功能的页面

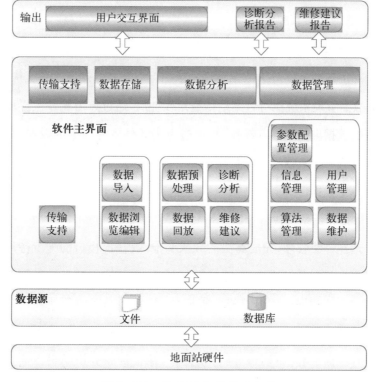

图 5-24　地面站软件体系架构

（1）软件登录界面主要核对访问软件的用户名称和密码。

（2）软件主界面主要显示软件单元名称，用户通过点击各软件单元的名称，自动进入相应的单元页面。

（3）传输支持主要实现数据管理系统与PMAT和数据分析系统之间的数据上传和下载功能，包含传输支持软件单元。

（4）数据存储主要实现数据的存储、管理、备份功能，包含的软件单元有数据导入和数据浏览编辑。

（5）数据分析主要实现数据预处理、数据回放、诊断分析、维修建议等数据分析功能，包含的软件单元有数据预处理、数据回放、诊断分析、维修建议。

（6）数据管理主要实现算法维护、数据维护以及浏览或修改发动机零部件信息、用户信息、参数配置信息等，包含的软件单元有用户管理、信息管理、数据维护、算法管理和参数配置管理。

2）执行方案

地面站的执行方案分为数据管理系统执行方案和数据分析系统执行方案。

（1）数据管理系统执行方案是指登录软件后，通过点击软件主界面上的传输支持完成数据上传和下载操作，再通过点击软件主界面上的数据存储，选择数据导入完成原始数据导入数据库的操作，最后可以通过选择数据浏览分析、查看数据库中数据。

（2）数据分析系统执行方案是指登录软件后，通过点击主页面上的数据管理功能并选择算法管理，完成算法的导入和输入、输出接口的配置待用。通过点击主页面上数据分析功能，再选择数据预处理，将原始数据进行预处理并存储预处理之后的数据待用。选择数据回放，软件将选择的预处理数据回放显示。选择诊断分析，通过配置算法和算法的输入、输出参数完成诊断分析配置，加载预处理之后的数据进行诊断分析操作，输出诊断分析结果。选择维修建议，软件生成维修建议报告。

3）软件效果

地面站软件数据回放功能的页面如图 5 - 25 所示。

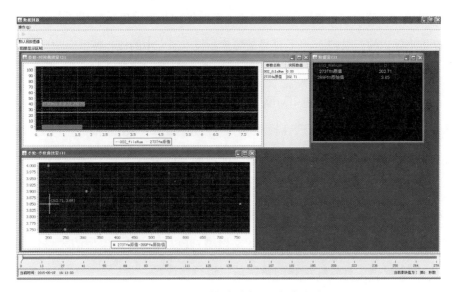

图 5 - 25　地面站软件数据回放功能的页面

地面站软件维修建议页面如图 5 - 26 所示。

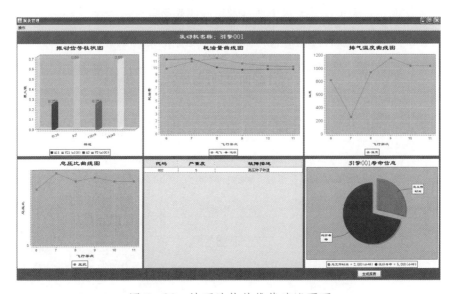

图 5 - 26　地面站软件维修建议页面

5.3　诊断建模与验证辅助工具

健康管理系统的诊断推理能力取决于诊断推理知识的正确性和完备性,因此,诊断推理知识的获取、表示和验证是故障诊断技术研究中的核心技术问题。

获取诊断推理知识主要有两个途径,一个是利用系统及设备的设计数据、产品技术说明等知识,通过 FMECA、测试性、安全性、可靠性设计分析等,创建基于先验知识的规则或原理性模型;另一个是利用试验数据和实际历史数据,通过数据挖掘的方法,创建基于数据的推理模型或案例。

基于设计分析的模型是依据系统或设备的相关设计数据分析得到的先验性模型,其判定规则或诊断逻辑确定性高。为了保证所创建模型的完备性和一致性,通常借助知识建模辅助工具开发模型,并可检查知识模型的完备性和一致性,用户根据工具软件反馈的错误信息进行修改。

健康管理系统的模型验证主要是在实验室环境下模拟模型、算法运行时所需要的外部环境,验证健康管理系统中相关模型、算法的性能,判断模型、算法的相关性能是否满足设计要求中所涉及的技术指标。

图 5-27 为模型开发与验证系统的基本功能框架。

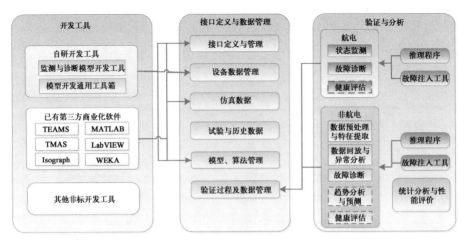

图 5-27　模型开发与验证系统的基本功能框架

模型开发与验证系统用于支持航电(任务系统)、非航电(结构、机电、飞控系统等)健康管理系统模型、算法的开发和仿真验证工作,主要由如下三部分功能组成。

1) 模型和算法开发

包括自研开发工具和第三方商业化开发工具。自研开发工具主要包括航电(任务系统)诊断模型的开发和模型开发通用工具箱;第三方商业化开发工具包括 MATLAB、WEKA 和五性建模软件(如 Relex、TEAMS、Nessus)等。

2) 数据与接口管理

数据管理功能为模型开发、仿真验证提供各种数据服务。数据管理功能通过统一管理设备数据、仿真数据、试验与历史数据,对这些数据进行二次处理和特征提取,使其具有统一的格式和完整属性;统一管理验证过程及相关数据以及模型和算法;根据接口定义文档实现对五性数据、在产品生命周期内产生的历史数据的处理,为模型的开发与验证提供数据服务功能。

3) 仿真验证

仿真验证通过仿真工具或以文件数据的形式模拟模型、算法运行时所需的外部环境,验证健康管理系统中相关模型、算法的性能,判断其是否达到设计要求中所涉及的技术指标。

本节将详细介绍诊断建模工具的功能结构、设计和实现;基于故障方程的诊断建模,即基于设计分析方法的典型应用;以及基于仿真验证的通用模型验证平台,该平台包括接口定义与数据管理和仿真验证两方面功能。

5.3.1 诊断建模工具

故障方程诊断是当前在国际航空维修领域比较先进的故障诊断方法。与基于故障树、事件树等传统的推理方法相比,基于故障方程的异常检测、故障诊断具有知识结构明晰、推理运算符完备、检索及解算效率高、无须冲突消解等优点,并且故障树、事件树等传统的先验式模型可以比较方便地分解及转换为若干对应的故障方程。

故障方程描述了故障的触发条件和故障的维护、存储、报告信息,是一种规范化的诊断推理知识,一个完整的故障方程由故障逻辑和故障方程属性两部分构成。故障逻辑是决定故障是否发生的逻辑表达式,其结果为布尔量,当结果为"TRUE"时代表故障发生;故障方程属性描述了故障的维护、存储、报告信息,主要提供故障的记录要求、故障报告的一些过滤条件、故障报告的内容、维修时的故障提示和排故帮助信息。

故障方程使用统一的数学符号和表示方法,利用故障方程辅助开发工具可以提高故障方程建立效率,节约了故障方程开发成本;当故障模型发生改变时,只需利用故障方程辅助开发工具将相应故障方程加以修改即可,对于对应的解算程序则不发生改变,节约了故障方程的维护成本。

基于故障方程为表现形式的诊断模型充分利用了 FMECA、测试性建模、故障树分析等大量五性数据,适用于航电、非航电突发性故障的在线自主诊断以及渐发性故障的在线异常检测。

1) 故障方程的建模过程

故障方程属于先验式模型,建模过程可参考 4.3.4 节。基于故障方程的建模过程主要包括数据准备和交互式开发两个过程。

(1) 数据准备(知识提取)。设备和系统的 FMECA 报告、故障树分析、事件树分析、五性分析等活动为故障诊断提供了基本的数据素材,可从中提取设备和系统的系统结构单元信息、故障模式信息、测试信息、信号流与故障流,以及相关性和辅助信息(如模拟量、环境信息、状态信息等 LRU 外部信息),特别是通过 FMECA 报告可确定需要分析的故障模式。对于诊断模型的开发,需要的准备工作如下:① 确定设备和系统层次;② 选定具体故障模式;③ 具体诊断模型命名;④ 定义诊断模型的参数及其属性;⑤ 映射诊断模型的变量;⑥ 确定诊断模型逻辑;⑦ 设置诊断模型属性;⑧ 生成规范的故障方程报告。

(2) 交互式开发阶段则是根据故障方程设计规范,利用故障方程辅助开发工具,把故障方程报告转化为面向机载解算程序的故障方程数据,并检查其语法错误、语义冲突等,检查知识模型的完整性和一致性,用户根据工具软件反馈的错误信息进行修改。

2) 故障方程辅助开发工具

为了保证所创建模型的完备性和一致性,故障方程的开发需要通过辅助工具实现。故障方程辅助开发工具以建立的数据库为中心,创建基本的 I/O 信息、变量信息、方程信息、系统参数等,根据一定的规则运算和逻辑关系,建立、开发设备和系统的故障方程。故障方程辅助开发工具功能结构如图 5 - 28 所示。

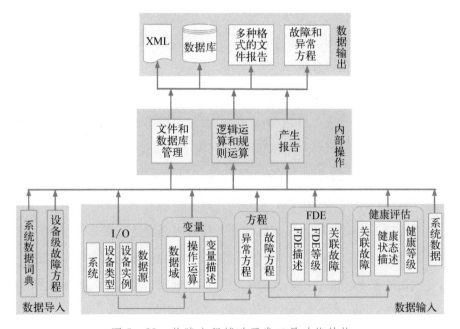

图 5 - 28　故障方程辅助开发工具功能结构

故障方程辅助开发工具软件功能结构可以划分为如下四个部分。

(1) 数据输入。故障方程辅助开发工具为设备和系统供应商提供了完整的数据输入功能。

a. 能够建立基本的 I/O 信息,创建详细的数据信息。I/O 信息包括系统信息、子系统信息、LRU 类型、LRU 实例、数据源等数据。

b. 能够建立基本的变量定义,创建详细的变量信息。包括变量所关联的数据域、变量的操作运算、变量的比较常量、变量的描述信息等。

c. 能够建立基本的故障方程定义,创建详细的故障方程信息,计算变量之间的逻辑关系和规则运算,产生具体 LRU 类型所对应的故障方程。

d. 能够建立详细的异常方程信息,包括异常属性信息和异常方程逻辑的定义和编辑。异常逻辑定义了异常的触发条件;异常属性信息反映了当异常发生时,系统需要记录当时的相关参数、之前一段时间的参数和之后一段时间的参数。

e. 能够提供系统的 FDE 信息定义,包括 FDE 名称、等级、描述以及触发逻辑、相关联的故障信息等。

f. 能够提供系统的健康状态信息定义,包括系统的健康等级、健康状态描述以及相关联的故障信息等。

(2) 数据导入。故障方程辅助开发工具提供了完善的数据导入功能,支持从系统数据词典中导入 I/O 信息,以及导入历史故障方程,进而提高故障方程的开发效率。同时,故障方程辅助开发工具能够探测和解决导入数据与已经输入数据之间的冲突,通过对话框的方式提示用户选择相应的操作,确保导入后数据库内容的完整性和正确性。

(3) 内部操作。故障方程辅助开发工具的内部操作功能能够创建指定路径下的数据库文件,完成文件和数据库的管理,实现历史更改和跟踪信息的管理,完成系统软件的配置管理,经过逻辑运算和规则运算将输入数据和导入数据生成为故障方程,产生多种实用格式的文件报告。

(4) 数据输出。故障方程辅助开发工具的数据输出功能能够输出或导出下面的多种数据。

a. 输出 I/O 信息、变量信息、方程信息、系统参数等,以.XML 形式存放。

b. 导出数据库信息。

c. 导出仿真工具所需的仿真配置文件。

d. 导出机载所需的方程信息文件。

e. 输出多种格式的文件报告，如 PDF、WORD、HTML 文件。

故障方程辅助开发工具软件界面如图 5-29 所示。

图 5-29　故障方程开发工具软件界面

故障方程是建立在网络传输数据之上的，通过多个变量进行运算的表达式。依据故障方程的这个特点，故障方程辅助开发工具软件按照定义故障方程的顺序依次定义了三个操作视图：系统视图、变量视图和方程视图。

在对操作视图中选中的数据对象进行编辑时，故障方程辅助开发工具对用户录入数据进行校验，保证数据的正确性和合理性。

5.3.2　模型验证平台

模型验证平台在实验室环境下能够完成健康管理系统的设计、开发和仿真验证工作。模型验证利用数字仿真的形式模拟在运行模型、算法时所需要的外部环境，验证健康管理系统中相关模型、算法的性能，判断模型、算法的相关性能是否满足设计要求中所涉及的技术指标。

模型验证平台为模型的验证提供图形化的引导式操作支持,允许用户选择、组合执行被验证的模型、算法,以及验证所需的仿真配置或历史文件,通过表格、雷达图、扇形图、曲线图等图形方式显示验证评估结果。平台支持导出验证结果的报告,并为验证过程提供过程控制和配置管理,方便用户查看历史验证结果。

1) 平台组成

模型验证平台包括接口定义与数据管理和仿真验证两方面功能,其功能组成如图 5-30 所示。

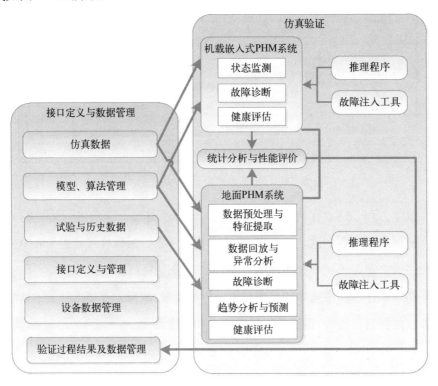

图 5-30　模型验证平台的功能组成

(1) 接口定义与数据管理功能为健康管理系统的模型验证提供各种数据服务,通过统一管理设备数据、仿真数据、试验与历史数据,可对这些数据进行二次处理和特征提取,使其具有统一的格式和完整属性;统一管理验证过程及相关数据以及模型和算法;根据接口定义文档实现对 ICD 信息数据、五性数据、产品生命周期内产生的历史数据的处理,为模型的验证提供数据服务功能。

(2) 仿真验证功能验证模型和算法的正确性,以及进行统计分析与性能评价,判断其是否达到设计要求中所涉及的技术指标。

2) 接口定义与数据管理

接口定义与数据管理功能主要完成对系统的产品数据(包括配置信息、履历信息、五性数据)、技术数据(包括仿真数据、历史数据、状态监控数据、诊断结果、预测结果、趋势分析结果)、知识数据(包括算法信息、诊断模型、预测模型、趋势分析模型)的统一管理,支持用户按照条件对数据进行浏览、查询、编辑、导入、导出等。

接口定义与数据管理平台主界面如图 5-31 所示,由四部分组成,包括菜

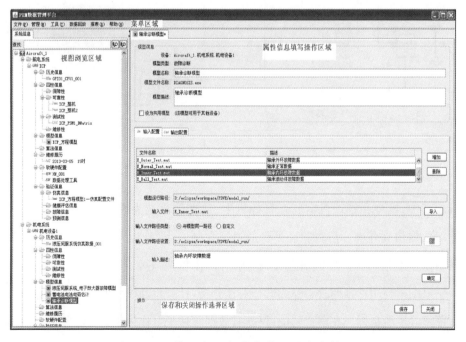

图 5-31　接口定义与数据管理平台主界面

单区域、以树形结构表示的视图浏览区域、右侧的属性信息填写操作区域、右下方的保存和关闭操作选择区域。

3）机载模型验证

健康管理系统的机载模型验证系统如图5-32所示。

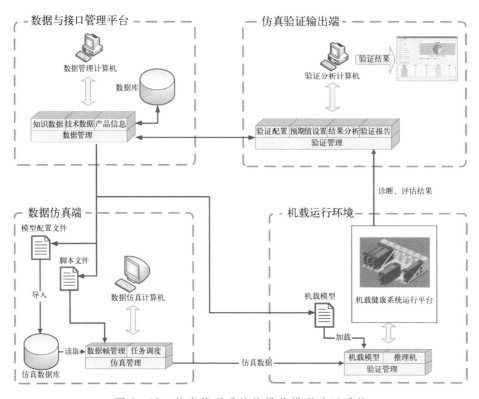

图5-32 健康管理系统的机载模型验证系统

其中,模型和推理机宿驻在目标机中,数据仿真端为推理程序的运行提供外部数据仿真环境。仿真验证平台通过以太网回收、分析和显示诊断结果。诊断结果主要包括验证配置信息、已检测故障、未检测故障、模糊组等。最后将模型输出结果与用户预期故障模式进行对比分析,计算诊断模型的检测率、隔离率、虚警率等性能指标。在整个验证过程中,数据管理平台作为中央数据库为其他功能模块提供数据支持服务,同时保存验证结果,方便用户查看历史验证结果。

4）地面模型验证

地面模型验证流程与机载模型验证流程类似，如图 5-33 所示，主要区别在于地面健康管理系统的模型、算法的加载统一在验证分析计算机中完成，即验证分析计算机提供模型、算法的运行环境，并对模型、算法的输出结果进行分析、评估和显示。数据仿真端为推理程序的运行提供外部数据仿真环境，数据管理平台为上述功能模块提供数据支持服务。

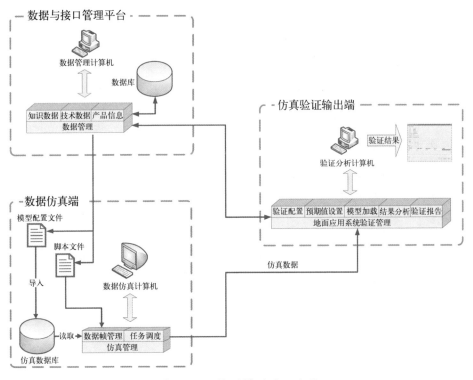

图 5-33　地面模型验证流程

5）故障注入

按照实际运行环境，故障注入技术可分为两类：一类是在实际操作系统中基于实物的故障注入，另一类是在仿真环境中基于仿真模型的故障注入。

对于基于实物的故障注入，此类数据可以涵盖已知对象的各种工况、负载和环境因素，数据真实可靠，但需要构建数据获取平台。数据仿真工具采用基于仿真模型的故障注入。

数据仿真工具软件完成数据仿真、总线仿真、同步控制、频率控制、运行支持，提供图形化建模界面以及读写、解释执行脚本语言的能力。

数据仿真工具主要为航电系统提供仿真数据，仿真注入工具主要用来读取BIT、状态信息等数据，并能实时注入需要的 BIT 和状态信息。

数据仿真工具具备如下功能。

（1）分级创建设备模型。

（2）设备模型的 BIT、状态参数等数据仿真。

（3）可配置的设备数据上报模式仿真。

（4）仿真数据频率控制和时序调度。

（5）上报模式脚本控制。

数据仿真工具主界面如图 5-34 所示。

图 5-34　数据仿真工具主界面

数据仿真工具区域模型、子区域模型和 LRU 模型的界面如图 5-35、图 5-36、图 5-37 所示。

图 5-35　数据仿真工具区域模型界面

图 5-36　数据仿真工具子区域模型界面

图 5-37 数据仿真工具 LRU 模型界面

6）基于故障方程的模型验证

基于故障方程的模型验证流程如图 5-38 所示。

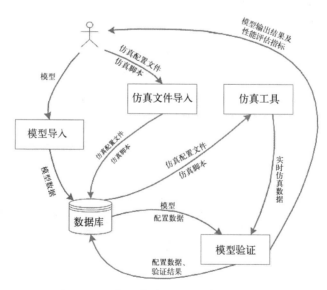

图 5-38 基于故障方程的模型验证流程

（1）将故障方程格式的诊断模型导入数据库。

（2）将与诊断模型配套的仿真配置文件、仿真脚本文件导入数据库。

（3）通过模型验证配置界面，选择待验证模型所属信息，包括飞机名称，设备名称等。

（4）选择仿真工具需要加载的仿真配置文件及仿真控制脚本文件。

（5）选择仿真脚本预期值：选择仿真脚本预期触发的故障模式名称列表。

（6）模型验证平台将对已配置的模型验证过程进行完整性检查，如果检查通过，则开始模型验证，否则会提示用户根据错误提示信息进行修改。

（7）在模型验证过程中，通过仿真工具实时注入模型验证所需的仿真数据。

（8）验证结束后，显示模型输出结果及各项性能指标。

（9）将验证配置数据和验证结果存储至数据库。

基于故障方程的诊断模型验证配置如图 5-39 所示，验证配置过程主要包括对如下数据的配置。

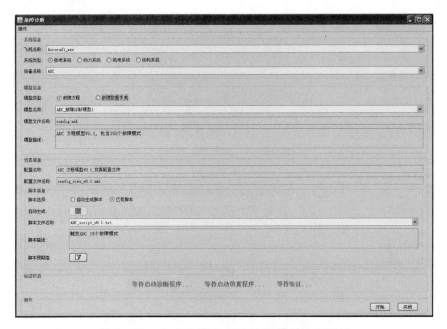

图 5-39　基于故障方程的诊断模型验证配置

（1）飞机名称。

（2）系统类型选择。

（3）设备名称。

（4）模型类型选择。

（5）模型选择。

（6）仿真配置文件选择。

（7）仿真脚本选择。

（8）预期触发故障模式设置。

基于故障方程的诊断模型验证输出结果如图 5-40 所示。仿真验证结果以扇形图和表格的形式对故障诊断结果进行统计和分析,验证结果主要包括如下数据。

（1）故障诊断配置项。

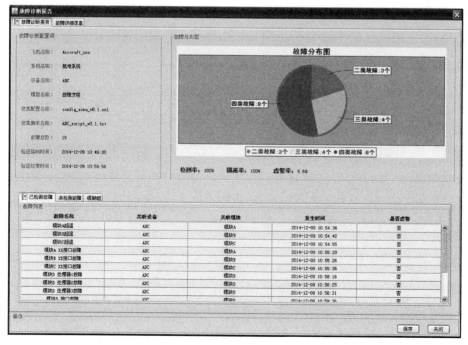

图 5-40　基于故障方程的诊断模型验证输出结果

（2）已检测故障列表。

（3）未检测故障列表。

（4）模糊组。

（5）故障检测率、隔离率、虚警率。

5.4　小结

本章以某型飞机航空电子设备的健康管理系统、某型飞机发动机的健康管理系统的开发实践为例，从需求定义、系统设计和系统实现方面详细介绍了健康管理系统的设计和实现过程。以诊断建模与验证辅助工具为例，说明了借助知识建模辅助工具开发可以保证模型的完整性和一致性；并且通过模型验证平台验证健康管理系统中相关模型、算法的性能，判断模型、算法的相关性能是否满足设计要求中所涉及的技术指标。

参考文献

［1］派克·迈克尔·康锐.故障诊断、预测与系统健康管理［M］.香港：香港城市大学故障预测与系统健康管理研究中心,2010.

［2］赵瑞云.民用飞机机载维护系统的中央维护功能［J］.中国民航大学学报,2008,26(5)：39-42.

［3］罗华,戎皓,彭乐林.无人机故障预测与健康管理系统研究［J］.飞机设计,2009,29(4)：52-55.

［4］刘志荣,朱睿,梁忠生,等.发动机健康基线及评估准则研究［J］.厦门大学学报（自然科学版）,2010,49(4)：520-525.

［5］李果,杜军,李学仁.基于飞参数据的直升机健康监控系统设计［J］.计算机工程与设计,2007,28(7)：1677－1679.

［6］CALLAN R，LARDER B，SANDIFORD J. An integrated approach to the development of an intelligent prognostic health management system ［C］// Aerospace Conference. IEEE，2006.

［7］WHITNEY P，HARTFORD E. Data fusion for enhanced aircraft engine prognostics and health management［R］. Glenn Research Center，2005.

［8］吕镇邦,王娟,孙倩.一种机载诊断模型的集成方法：中国,201510924450.4［P］. 2018－5－20.

［9］SAHA B. A model-based reasoning architecture for system-level fault diagnosis ［D］. Atlanta：Georgia Institute of Technology，2008.

6

总结和展望

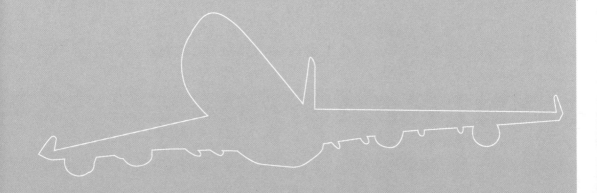

健康管理系统在保障飞机的安全性、提高飞机使用效率以及改进航空维修等方面起着至关重要的作用。健康管理技术的发展经历了故障诊断、故障预测、系统集成三个日益完善的阶段。在部件级和系统级两个层次，从最初侧重考虑的电子系统扩展到电子、机械、结构、动力等各种主要分系统。当前民用客机健康管理技术以系统级集成应用为牵引，提高故障诊断与预测精度、扩展健康监控的应用对象范围，向测试、监控、诊断、预测和维修管理一体化方向发展，支持视情维修和自主式保障综合能力的提升。

6.1　面临的挑战

虽然在全球范围内，健康管理技术得到了来自政府部门、国防技术研究机构、工业界以及各类学术研究机构的广泛关注，并构建了基本的理论、技术和应用研究体系，经过多年的发展，在航空工业、能源、机械等领域逐步得到了广泛的应用，取得了显著的经济效益和社会效益；但其总体水平仍处于发展初期，尚未上升到视情维修、自主保障所要求的剩余寿命预测、综合管理阶段。因此还需要经历漫长的发展和成熟过程，同时也面临着许多技术性以及非技术性方面的挑战。

在技术性方面，传感器技术的发展虽然为机械诊断、结构健康等领域提供了比较充分的信息感知方式，但是对于电子系统，尤其是对电子元器件性能状态的原位监测，仍然缺乏有效的方法和手段。因此，灵巧而稳定的信息感知和信息融合技术是健康管理技术的基础性研究问题之一，是复杂装备设计、状态监测、故障诊断和预测的共性关键技术。

在非技术性方面，飞机的健康管理系统面临的主要挑战来自经济或商业方面，项目的组织管理、协调实施等方面。

6.1.1　技术性挑战

健康管理系统的主要核心功能是监测并诊断设备的故障和异常，主动预防和综合规划管理。为实现上述功能，在技术上面临的主要挑战包括数据采集技术、实时监测与机载诊断技术、地面综合诊断技术、故障预测与寿命管理技术、健康评估与维修决策技术、仿真试验技术及工程化建模技术等。

1) 数据采集技术

确保提供有效的健康监测与预测的寿命周期参数，是民用客机实施数据采集的重要挑战。特别是针对由大量元件组成的电子产品，每一个元件都可能具有多个可测量的性能参数，具有大量潜在的失效源。在电子产品中，不同元件之间具有非常复杂的性能相关性，这就导致很难在元件层次上监测电子产品性能。

此外，传感器作为数据采集的重要产品，面临许多技术挑战。一是核心技术和基础能力缺乏，创新能力弱。在健康管理系统中，需要连续监测寿命周期载荷，确保不错过关键数据。为实现连续监测能力，传感系统或将搜集的数据实时传递给地面站，或将大量数据存储到容量足够大的机载存储器中。如果机载存储能力不够，则可用数据简化算法缩小数据规模；但是这将消耗大量功率，而且大幅度缩短传感系统的电池寿命。目前，几乎全部中高档传感器产品和90%的芯片从国外进口，国内缺乏对新原理、新器件和新材料传感器的研发和产业化能力。二是共性关键技术尚未真正突破，设计技术、封装技术、装备技术等方面都存在较大差距。国内尚无一套拥有自主知识产权的传感器设计软件，国产传感器可靠性比国外同类产品低1~2个数量级，传感器封装尚未形成标准和统一接口。三是产业结构不合理，品种、规格、系列不全，技术指标不高。国内传感器产品往往很难形成系列，产品在测量精度、温度特性、响应时间、稳定性、可靠性等指标方面与国外也有相当大的差距。四是企业能力弱，从目前市场份额和市场竞争力指数看，外资企业仍占据较大的优势。我国95%以上传感器企业属小型企业，规模小、研发能力弱、规模效益差。由于民用客机对重量的要求非常严格,传感器数量一般严格限定,因此不是所有的参数都能够进行机载测量,而只是保留了极少数用于控制和必要诊断的传感器,从而进一步增加了数据采集的难度。

2) 实时监测与机载诊断技术

飞机实时状态监测数据是进行机载健康评估和实时诊断的基础,如何获取准确、可靠的实时特征信号是进行状态监测的关键。飞机状态监测数据源很广,包括温度、电压、电流、压力、流量、振动等,所监控的数据包括趋势数据、超限数据、用户事件、生命周期数据等。在选择特征信号时,应选择容纳信息量大、对状态变化量敏感、便于测量和分析、具有较高精确性和置信度的信号。将这些特征信号进行处理,并与预定的失效判据比较,以监测系统当前的状态,提供故障报警能力。此外,在实际的设备运行过程中常常会由于设备自身特性、操作条件、设备载荷、外界环境等因素的改变而引起工况变化,从而产生多工况问题。多工况的存在又导致采样数据的均值、方差、相关性等发生改变。用传统的固定阈值监测设备运行状态势必会引起监测过程中异常情况的误报和漏报。因此,需要在设备运行初期识别工况,并采用各工况下的自适应阈值,实现变工况下的准确监测,这进一步增加了设备实时监测的难度。

机载诊断根据实时监测的数据信息,通过对成员级、区域级、飞机级由低到高逐级集中的信息融合和诊断推理,实现飞机整体的健康状态评估。尽可能自主地完成相关诊断功能,实现实时机上告警决策和空-地数据传输决策,从而合理地部署任务,减少不必要的数据传输和处理工作。

基于模型的机载诊断方法是当前的研究热点,该方法从可观测的系统行为中检测并隔离出系统内部的部件故障,并形成部件级故障传播模型,从而对系统即将发生的危险进行智能估计。因此,准确分析产品的结构特征和功能特征,并明确部件之间的关联关系,进而建立精准的诊断推理模型,减少误报和漏报,成为机载诊断急需突破的一个技术难点。

3）地面综合诊断技术

准确的诊断是预测的前提，地面综合诊断是对机载诊断功能的补充和验证，特别是对于机载健康管理系统遗漏或误诊的故障。地面综合诊断系统通过结合外场及基地的测试数据进行综合诊断。地面综合诊断必须广泛综合各种信息源，如自动测试、人工测试、训练、维修、技术信息、使用和维修人员输入、机内测试、产品数据和工程产品保障方面的信息。因此，研究高效准确的信息融合方法是实现地面综合诊断的关键突破点。

目前，地面综合诊断采用的方法主要包括基于原理模型的诊断、基于数据模型的诊断、基于案例的诊断以及基于多智能体的综合诊断。针对不同类型的成员系统，所采用的故障诊断方法也不尽相同。因此，如何选择恰当的诊断方法，结合地面测试数据等信息，确认或修正置信程度不达标的机载诊断结果，进一步隔离机载健康管理系统生成的模糊组，消除虚警，并生成必要的应急处置措施或维修方案，成为地面综合诊断的研究难点。此外，地面综合诊断系统不仅作为机载健康管理系统的功能延伸，而且要为整个健康管理系统的开发、熟化和运转提供一系列的内容和功能支持，如部件寿命追踪、决策支持、知识数据库管理以及辅助工具等，这也为地面综合诊断系统的开发增加了难度。

4）故障预测与寿命管理技术

故障预测与寿命管理技术是健康管理系统中最具代表性的技术，是密切联系机载系统寿命管理信息与地面维修保障、后勤规划的关键所在。故障预测的主要功能是结合失效物理模型和材料的实际状况预计部件的剩余使用寿命，从而实现部件或系统故障的智能预测，而不是单纯的事后诊断和趋势分析。故障预测技术是实现新型二级维修保障模式变革的关键支撑技术。

常见的故障预测技术主要包含基于经验的故障预示法、基于演化的故障预测法、基于特征传播和人工智能的故障预测法、基于状态估计的故障预测法和基于物理失效的故障预测法五方面研究内容。其技术难点主要包括获取限寿关键部件的失效物理模型；模型不确定性的表征；预测指标的选择、验证等。

5）健康评估与维修决策技术

先进推理将健康管理系统的诊断信息转化成维修操作建议的关键技术。这项技术异常复杂，且与维修保障关系具有最紧密、最直接的关联性，因此也被国外列为民机维修保障中的核心支撑技术之一。先进推理技术需要综合运用飞机的设计数据、FMECA 结果、历史维修数据、健康管理诊断信息、飞行员观测信息、以可靠性为中心的维修对策分析、维修规程要求等众多数据源的大量资源和信息。如何高效组织这些信息以及如何综合运用这些信息并采用适当的数据挖掘手段建立与维修操作的关联关系，是需要重点研究的重大技术难题。

6）仿真试验技术

仿真试验技术是分析复杂系统性能的主要方法，针对飞机系统的健康管理问题，在分析各个子系统工作原理和故障特性的基础上，通过提取系统的结构知识、功能知识、拓扑知识和行为知识，以软件或自研发工具作为仿真平台，建立各个系统的结构或功能模型和仿真系统的工作过程，获取设备在不同健康状态的性能参数数据，实现故障注入功能，为后续诊断、预测模型的开发、验证和性能评价奠定基础，也是健康管理系统模型开发和验证工作的一个技术难点。针对不同的系统设备，仿真试验需要根据实际系统的原理，使用仿真软件中提供的图形符号和自然语言建立系统的模型和功能关系。在仿真过程中，首先搭建系统的结构模型，其次给每个元件分配合适的数学模型，再次给每个子模型设置参数，最后仿真。因此，如何准确地分析不同系统和设备的结构和功能特征，搭建准确的仿真模型是仿真试验工作的难点。对于航电系统诊断模型的仿真验证，一般利用数字仿真的形式模拟模型、算法验证时所需要的外部环境，利用软件模拟各个底层 LRU 上报的 BIT 数据、状态参数、配置信息和履历信息，验证健康管理系统中相关模型、算法的性能，判断模型、算法的相关性能是否满足设计要求中所涉及的技术指标。

7）工程化建模技术

基于模型的诊断技术在健康管理系统研制中得到高度重视,特别是如何将建模方法有效地应用到具体的工程实践中,已成为亟待解决的技术问题。

健康管理系统的工程化建模主要有两大途径:一个是利用系统及设备的设计数据、产品技术说明等知识,通过 FMECA、测试性、安全性、可靠性设计分析等,创建基于先验知识的规则或原理性模型;另一个是利用试验数据和实际历史数据,通过数据挖掘的方法,创建基于数据的推理模型或案例。前者属于基于规则的建模,此类建模的推理知识与推理程序两者相互分离,便于维护,规则来源于领域知识的显式提炼,推理算法简单,结论明确,特别适合于突发性故障的在线自主诊断以及渐发性故障的在线异常检测。目前比较常用的基于设计数据的工程化建模方法有基于故障方程的诊断、基于案例的诊断等。基于数据挖掘的建模是指其知识内容不能完全由先验知识信息得出,因此必须依赖相关的实际或仿真试验以及历史使用数据等后验信息,结合机器学习或训练而构建模型,例如神经网络模型、贝叶斯网络模型、模糊聚类模型等。

工程化建模方法的宗旨和技术难点是从可观测系统行为中检测并隔离出系统内部的部件故障,形成部件级故障传播模型,从而对系统即将发生的危险进行智能预测。健康管理系统工程化建模需要体现规范性、系统性、通用性、实用性等工程化特点,并严格按照 OSA - CBM、IEEE 1232 等技术标准定义数据接口,建模流程应贯通数据流和工作流,尽可能覆盖不同的系统和设备,建模方法要求具有实用价值和一定的技术成熟度,这必将给健康管理系统的工程化建模增加一定的难度。

6.1.2 非技术性挑战

非技术性挑战主要来自经济或商业方面,项目的组织管理、协调实施等方面。

（1）难以量化健康管理技术带来的利益。在评估和鉴定健康管理系统的投资回报率时,需要用到一些度量标准,包括减少维修行为的人工小时数,减少维修行为的成本费用、延长寿命周期、避免系统失效次数等。健康管理系统的度量基准应该准确地显示健康管理技术在飞机全寿命周期实施时的消极影响和积极影响。

(2)目前民用客机健康管理相关科研、工程和应用各自为政,缺乏统筹规划与系统工程管控。由于没有从顶层统一规划并定义成员系统需求规范,因此导致各配套厂商的成员系统产品对飞机健康管理系统的支持度参差不齐,不能完全满足健康管理系统对成员系统上报参数的需求。

(3)民用客机健康管理系统的研制需要飞机各系统的专业人员及多领域专家的深度参与。系统诊断、评估、预测等模型的开发、集成和熟化需要大量的人力、财力和物力成本,并且此任务贯穿飞机健康管理系统的全寿命周期。因此,需要对各类资源进行组织管理和协调。

最后,系统研制过程需要对健康管理技术执行成本与健康管理技术成本规避进行权衡。健康管理技术的执行成本包括研发成本(如硬件、软件以及集成)、产品制造重复性成本(如硬件、测试和安装)、基础设施成本(如文件编制、后勤和维修文化的培训与改革)、持续保障成本(如数据搜集、数据归档、健康管理系统结构的后勤规模、故障确定费用)等。健康管理技术的成本规避包括失效避免(如使非计划维修最小化、提高可用性、减少系统故障风险、提高安全性)、残余寿命的损失降到最小、系统后勤规模的减小(如优化备件管理、外部测试设备降到最少)、减少修理成本(如改善故障隔离、在修理期间减少间接失效)等。

6.2　未来发展趋势

目前,健康管理系统的开发经验及相关数据的积累薄弱,机电、结构、动力系统的故障诊断主要依赖于地面综合诊断系统。虽然航电系统的测试性与机载诊断技术基础相对较好，但预测、评估等关键智能推理技术成熟度较低。

未来，民用客机健康管理系统将朝着综合化、标准化、一体化、智能化、微型化、网络化的方向发展。其中，传感器微型化和智能化技术、智能诊断技术必将成为研究热点和技术攻关方向。

6.2.1　传感器微型化和智能化技术

当前传感器的技术指标正朝着集成化、微型化的方向发展。由于传感器具有频率响应、阶跃响应等动态特性以及诸如漂移、重复性、精确度、灵敏度、分辨率、线性度等静态特性，因此外界因素的改变与动荡必然会造成传感器自身特性不稳定，从而给其实际应用造成较大影响。这就要求我们针对传感器的工作原理和结构，在不同场合对传感器规定相应的基本要求，以最大限度地优化其性能参数与指标，如高灵敏度、抗干扰的稳定性、线性、易调节性、高精度、无迟滞性、长工作寿命、可重复性、抗老化性、高响应速率、抗环境影响性、互换性、低成本、宽测量范围、小尺寸、小质量和高强度等。

同时，根据对国内外传感器技术的研究现状分析以及对传感器各性能参数的理想化要求，现代传感器技术的发展趋势可以从以下四个方面进行分析与概括：一是新材料的开发与应用；二是实现传感器集成化、多功能化及智能化；三是实现传感技术硬件系统与元器件微型化；四是通过传感器与其他学科的交叉整合，实现无线网络化。

1）新材料的开发与应用

材料的研发与优化是传感器技术的重要基础和前提，是传感器技术升级的重要支撑，因而传感器技术的发展必然要求加大对新材料的研制力度。事实上，由于材料科学的不断发展，传感器材料得以不断更新，品种得以不断丰富。目前除传统的半导体材料、陶瓷材料、光导材料、超导材料以外，新型纳米材料的诞生也有利于传感器向微型化方向发展，随着科学技术的不断进步，将有更多的新型材料诞生。半导体材料在敏感技术中占有较大的技术优势,半导体传感器不仅灵敏度高、响应速度快、体积小、质量小,且便于实现集成化,今后仍将占有主要地位。以一定化学成分组成、经过成型及烧结的功能陶瓷材料,其最大的特点是耐热性好,在敏感技术发展中具有很大的潜力。此外,采用功能金属、功能有机聚合物、非晶态材料、固体材料、薄膜材料等,都可进一步提高传感器的产品质量,降低生产成本。

2) 传感器集成化、多功能化及智能化

传感器的集成化分为传感器本身的集成化和传感器与后续电路的集成化。前者是在同一芯片上,或将众多同一类型的单个传感器集成为一维线型、二维阵列(面)型传感器,使传感器的检测参数由点到面再到体多维图像化,甚至能加上时序,变单参数检测为多参数检测。后者是将传感器与调理、补偿等电路集成一体化,使传感器由单一的信号变换功能扩展为兼有放大、运算、干扰补偿等多功能——实现了横向和纵向的多功能。如日本丰田研究所开发出了同时检测 Na^+、K^+ 和 H^+ 等多种离子的传感器,这种传感器的芯片尺寸为 $2.5\,mm \times 0.5\,mm$,仅用一滴液体,如一滴血液,即可同时快速检测出其中 Na^+、K^+ 和 H^+ 的浓度,非常便于医院临床使用。目前集成化传感器主要使用硅材料,它可以制作电路,也可制作磁敏、力敏、温敏、光敏和离子敏器件。在制作敏感元件时要采用单硅的各向同性和各向异性腐蚀、等离子刻蚀、离子注入等工艺,利用微机械加工技术在单晶硅上加工出各种弹性元件。如今,发达国家正在把传感器与电路集成在一起进行研究。智能化传感器是 20 世纪 80 年代末出现的另外一种涉及多种学科的新型传感器系统。此类传感器系统一经问世即受到科研界的普遍重视,尤其在探测器应用领域,如在分布式实时探测、网络探测和多信号探测方面一直颇受欢迎,产生的影响较大。智能化传感器是指那些装有微处理器,不但能够执行信息处理和信息存储,而且能够进行逻辑思考和结论判断的传感器系统。这一类传感器相当于是微型机与传感器的综合体,其主要组成部分包括主传感器、辅助传感器及微型机的硬件设备。

3) 传感技术硬件系统与元器件微型化

为了能够与信息时代下信息量激增、要求捕获和处理信息的能力日益增强的技术发展趋势保持一致，对于传感器性能指标的要求也越来越严格。与此同时，传感器系统的操作友好性也被提上了议程，因此还要求传感器必须配有标准的输出模式。传统的大体积、弱功能传感器往往很难满足上述要求，所以它们已逐步被各种不同类型的高性能微型传感器所取代。微型传感器主要由硅材料制成，具有体积小、质量小、反应快、灵敏度高以及成本低等优点。就当前技术发展现状来看，微型传感器已经在许多不同应用领域，如航空、远距离探测、医疗及工业自动化等领域的信号探测系统中产生了深远影响。目前开发并进入实用阶段的微型传感器已经可以用来测量各种物理量、化学量和生物量，如位移、速度、加速度、压力、应力、应变、声、光、电、磁、热、pH 值、离子浓度及生物分子浓度等。

4) 传感器无线网络化

传感器无线网络的主要组成部分是一个个传感器节点，这些节点可以感受温度的高低、湿度的变化、压力的增减、噪声的升降。更让人感兴趣的是，每一个节点都是一个可以进行快速运算的微型计算机，它们将传感器收集到的信息转化成数字信号进行编码，然后通过节点与节点之间自行建立的无线网络发送给具有更大处理能力的服务器。

综上所述，传感器行业的发展已经进入了一个新的时代，网络传感器、生物传感器、纳米传感器等更尖端的传感器已进入国内市场和我们的生活。今后，随着 CAD 技术、MEMS 技术、信息理论及数据分析算法继续向前发展，未来的传感器系统必将更加朝微型化、综合化、多功能化、网络化、智能化和系统化的方向发展。

6.2.2　智能诊断技术

智能诊断技术是人工智能理论和方法在故障诊断领域的应用和发展。人工智能理论和方法根据其研究形式可分为两大类：一类是符号智能，它以知识为基础，通过推理求解问题，其典型代表为专家系统；另一类是计算智能，它以数据为基础，通过训练建立联系，求解问题，这种方法也称为软计算，典型代表为人工神经网络。因此，智能诊断方法相应地也可分为两大类：一类是符号推理方法，包括基于规则的诊断方法、基于模型的诊断方法和基于案例的诊断方法等；另一类是软计算方法，包括模糊推理诊断方法、人工神经网络诊断方法和演化计算诊断方法等。

智能诊断技术的发展趋势主要包括以下方面：深度学习技术、智能 BIT 技术、智能体故障诊断技术、智能结构故障诊断技术、基于智能引导的交互式推理与决策技术、基于知识的故障诊断与预测技术、大数据驱动的健康管理技术。

1）深度学习技术

当前多数分类、回归等学习方法为浅层结构算法，其局限性在于在样本和计算单元有限的情况下对复杂函数的表示能力有限，针对故障模式识别、预测等复杂分类问题，其泛化能力受到一定制约。深度学习技术可通过学习一种深层非线性网络结构，实现复杂函数逼近，表征输入数据分布式表示，并展现了强大的从少数样本集中学习数据集本质特征的能力。深度学习的概念源于人工神经网络的研究，包含多隐层的多层感知器就是一种深度学习结构。深度学习通过组合低层特征，形成更加抽象的高层表示属性类别或特征，以发现数据的分布式特征表示。深度学习常用的模型或方法包括自动编码器、系数编码、限制玻尔兹曼机、深信度网络和卷积神经网络。在健康管理系统的研究领域中，应用深度学习技术的实质是通过构建具有很多隐层的机器学习模型和海量的历史或试验数据，学习更有用的特征，从而提升故障分类或预测的准确性。因此，深度模型是手段，特征学习是目的。与人工规则构造特征的方法相比，利用大数据学习特征，能够刻画更丰富的数据内在信息，提取更有效的数据特征；同时，由于模型的层次、参数很多，模型有能力表示大规模数据，因此对于图像、声音这种特征不明显的问题，也能够在大规模训练数据上取得更好的学习效果。

2）智能 BIT 技术

传统 BIT 的单一算法不能准确、完整地反映系统的状态信息，往往会造成故障误报和漏报。随着人工智能及相关理论的发展，BIT 正向智能化设计、智能化信息处理、智能化故障诊断决策的方向发展。此外，为了减少种类和降低保障费用，自动测试设备正走向通用化、模块化，电子集成程序的提高使得自动测试设备微型化甚至芯片化成为可能。因此，通过 BIT 与自动测试设备的融合，将会使 BIT 的功能更加强大，并具有很多原先自动测试设备才具备的故障检测、定位和隔离功能。综合化 BIT 肩负的任务不仅限于检测和诊断，而且包含控制和保护，它具有综合状态监测、复杂故障诊断、精确故障定位、关键部件保护和反馈控制等多种功能。原先的 BIT 主要应用于军用航空电子设备，随着传感器技术（如分布式光纤）、智能前端信号采集处理器的发展和中央处理器的小型化、集成化，BIT 正逐步运用到复杂机电系统中。

可以想象，下一代 BIT 系统将会是一个集检测、诊断、定位、隔离、控制、保护等于一体的微型化、智能化、芯片化、模块化、通用与专用相结合的机电系统，它不但能提高设备的可靠性和测试性，而且能简化维修、降低费用，应用前景非常广阔。

3）智能体故障诊断技术

智能体及其应用研究是目前人们最为关注的研究热点之一。基于代理的智能诊断系统以故障为对象单位，将事实性知识、经验性知识、控制性知识和过程性知识分别封装在一个个相对独立的代理实体中，每一个代理对象可以选择独特的推理和映射机制，使得我们可以很方便地将规则、隶属函数和神经网络等多种知识表示方法有机地统一于一个代理结构中，形成各个代理的知识对象。各知识对象都有自身的推理控制机构，它们之间的相互联系通过信息的传递实现，而不存在控制的不一致性和不统一性。诊断系统内各代理之间的合作可分为纵向合作和横向合作。在纵向合作关系中，系统管理代理发出信息启动诊断代理，诊断代理综合评判决策后，决定代理的具体执行方式；在横向合作关系中,管理代理及诊断代理分别与功能代理交互,根据需要获取征兆信息,诊断代理之间互相传递信息,当某一诊断代理的诊断失败或中止时,可发出信息触发其他诊断代理。

4) 智能结构故障诊断技术

智能结构是近年来发展最快的领域之一,它是材料科学、计算机科学、微机械、微电子学、现代控制理论、人工智能等一系列高新技术综合集成的结果。由于其具有十分重要的用途和广阔的应用前景,因而受到了人们的极大关注。将智能结构用于故障诊断,要求其必须具有感知、识别、信息处理、网络通信和控制、故障自诊断、自适应和自修复功能。为此,智能结构故障诊断系统至少应包含传感单元、执行单元、控制单元、处理单元、故障诊断单元和通信网络。

将智能结构用于故障诊断,需要解决智能传感、智能驱动、智能集成和智能主动控制等关键技术。

(1) 传感器元件能感受结构状态(如应变、位移)的变化,并将这些力学量转变为电信号,以便传输和处理,它是智能结构的重要组成部分。新型光纤、激光、压电传感器原理与技术的研究,高性能、多用途表面声波传感器的开发,分布式传感器网络及多传感器复用原理与方法研究,新型加速度、速度、位移、变形、裂纹、损伤传感器技术的研究,传感器数量与位置优化设计等,都是智能传感技术亟须解决的关键技术。

(2) 智能结构故障诊断系统中的驱动器应高度分布、易于集成,并能对结构的机械状态施加足够的影响。目前,已研制成可供使用的应变驱动材料主要有形状记忆合金、压电材料、电致伸缩材料、磁致伸缩材料、电流变体和磁流变体等。研究高阻尼性能的形状记忆合金被动阻尼技术,设计制造具有自适应功能的驱动器等,都是智能驱动技术的研究重点。

(3) 真正意义上的智能结构,也就是智能结构的最高级形态,不仅应具有集成的传感器元件和制动元件,而且还要有实现各种控制功能的控制单元、信号传输线路以及电源等,都集成于母体结构。目前已对智能结构的集成技术进行了大量可行性研究,取得了电子电路封装、引线与接头设计、机械和物理与化学绝缘方式等一系列大有裨益的数据,在真正意义上推动了智能结构的发展。

(4) 将制动与传感器材料一起集成在母体结构中,通过反馈控制结构的形状或动态特性,就构成了所谓的主动结构控制(active structure, AS),这是智能结构中更高级的形态,也是目前研究和应用最多的一类智能主动控制方式。

5) 基于智能引导的交互式推理与决策技术

专家系统故障诊断是基于智能引导的交互式推理与决策技术,也是故障诊断中研究最多、应用最广的一类智能故障诊断技术。一般认为,专家系统是一个具有大量专门知识与经验的计算机程序系统,它应用知识和人工智能技术,通过推理和判断解决那些需要大量人类专家才能解决的复杂问题。专家系统用于智能故障诊断领域,能综合利用各种信息与诊断方法,以灵活的诊断策略解决诊断问题。它能实现从数据到干预控制的全套自动化诊断,能通过使用专家经验而相对避开信号处理方面复杂的计算,为设备的实时监控提供时间上的有利条件。由于专家系统采用模块结构,因此可以方便地增加它的功能,也可以方便地调用其他程序。如对其诊断系统,可以通过加入维修咨询子任务模块的方式,使其能在诊断后提供维修咨询;还可以加入信号处理程序包,使其具有信号处理功能。此外,故障诊断专家知识库便于修改与增删,使之适用于不同系统,能通过人机对话的形式快速培训维修人员。智能故障诊断专家系统汇集众多领域专家知识和经验以及他们协作解决重大问题的能力,拥有更渊博的知识、更丰富的经验和更强的工作能力。

6) 基于知识的故障诊断与预测技术

基于知识的故障诊断与预测技术不需要对象系统精确的数学模型,同时能够有效地表达与对象相关的领域专家的经验知识,因此很有应用前景。基于知识的故障诊断与预测技术的最大优势就是能够充分利用对象系统有关的领域专家经验知识。但是,由于基于知识的故障诊断与预测技术本身更适合于定性推理而不太适合于定量计算,因而其实际应用还比较困难,单独使用专家系统或模糊逻辑进行故障诊断与预测的实例还不多见。由于基于知识的方法是一种半定量方法,在表述知识和推理方面有其独到之处,因此一般将其与其他技术相结合(如与神经网络结合的故障预测),以期获得更好的应用效果。基于知识的故障诊断与预测的一般原理如下所示。

(1)数理统计的模型。通过系统现象对应的关键参数集,依据历史数据建立各参数变化与故障损伤的概率模型(退化概率轨迹),与当前多参数概率状态空间比较,进行当前健康状态判断与趋势分析。通过干涉当前参数概率空间与已知损伤状态概率空间,进行定量损伤判定,基于既往历史信息进行趋势分析与故障预测。

(2)神经网络的模型。利用神经网络的非线性转化特征及其智能学习机制,建立监测到的故障现象与产品故障损伤状态之间的联系。利用已知的异常特征-故障损伤退化轨迹,或通常故障注入建立与特征分析结果关联的退化轨迹,对 ANN 模型进行训练和学习,然后利用训练和学习后的 ANN 依据当前产品特征对产品的故障损伤状态进行判断。BP 算法是该模型应用最广泛的一种网络。此外还有专家系统模型、模糊综合评判模型等。

7)大数据驱动的健康管理技术

大数据处理数据的基本理念是用全体代替抽样,用效率代替绝对精确,用相关代替因果。大数据对其采集、传输、处理和应用的相关数据,包括大量的结构化、半结构化和非结构化数据,用非传统的工具进行处理,从而获得分析和预测结果,这就是大数据技术。

大数据支持的装备健康管理系统主要包含数据采集、数据处理、状态监测、故障预测、健康评估和保障决策六个方面的内容。数据获取的容量、速度及准确性都直接影响装备健康管理的有效性和准确性。大数据系统从实时监测数据、历史监测数据、供应商数据、系统日志数据等状态监测数据源获取数据信息,进行数据存储;并实施实时数据处理和离线数据处理。数据分析方法包括可视化分析、数据挖掘、预测性分析以及语义引擎等,这些方法均可为大数据处理系统提供数据支持。通过处理采集而来的实时数据,提取、挖掘有价值的、潜在的信息,找出设备和系统健康趋势,利用大数据驱动实现装备的故障预测,为决策层提供有力依据。

大数据驱动的健康管理技术跨地域地将全部数据存储在服务器系统中,利用数据库技术使各使用单位、各地维修人员、基层技术部门、管理部门、科研院所、航空维修企业以及生产厂商等通过不同的装备和方式,访问和操作共同的大数据库,在服务器上统一录入、管理和维护数据,大大提高数据的完整性与安全性。同时在服务器上完成大量数据信息的传输与处理、装备状态在线与离线检测以及处理各种诊断和预测请求并反馈处理结果。在此基础上可以引进苹果应用商店的思想,将装备数据接口标准化、算法应用标准化。故障预测专家可以直接使用系统已有的全部诊断与预测算法,对装备及其部件状态在未来一段时间里可能出现的故障进行预测和诊断。同时开发人员还可以将新开发的预测与诊断算法共享到系统中,供其他所有人员应用测试算法,提高相关技术的应用研发效率。

健康管理技术作为新生力量已经成功应用于民用航空领域,必将大大提升民用客机的运作效率,有着广阔的发展前景。

6.3 小结

本章在总结当前技术现状的基础上,系统地分析了民用客机健康管理系统所面临的技术性挑战和非技术性挑战,并针对传感器微型化、智能化技术,以及深度学习、大数据驱动等智能诊断技术,展望了民用客机健康管理系统的未来的发展趋势。

参考文献

［1］彭宇,刘大同,彭喜元.故障预测与健康管理技术综述[J].电子测量与仪器学报,2010,24(1)：1-9.

［2］JOHNSON S B, GORMLEY T J, KESSLER S S, et al. System Health Management with Aerospace Application[M]. West Sussex, United Kingdom：John Wiley & Sons,Ltd.,2011.

［3］ANGELI C. ONLINE expert systems for fault diagnosis in technical processes [J]. Expert Systems, 2010, 25(2)：115-132.

［4］李红卫,杨东升,孙一兰,等.智能故障诊断技术研究综述与展望[J].计算机工程与设计,2013,34(2)：632-637.

［5］POLL S, PATTERSON-HINE A, CAMISA J, et al. Advanced diagnostics and prognostics test bed[C]. Processing of the 18th International Workshop on Principles of Diagnosis. 2007.

［6］祁涛,张彦斌,姚人前.神经网络技术在智能BIT故障诊断系统中的应用[J].火力与指挥控制,2016(6)：125-128.

［7］程金山,李媛.基于Multi-Agent的电网故障精确诊断系统的研究[J].电子世界,2014(5)：55-56.

［8］王仲生,樊军.基于Agent的飞行器智能诊断系统[J].测控技术,2004,23(7)：64-66.

［9］孟小峰,慈祥.大数据管理：概念、技术与挑战[J].计算机研究与发展,2013,50(1)：146-169.

［10］鞠建波,胡胜林,单志超,等.大数据驱动的装备健康管理研究[J].兵器装备工程学报,2017(06)：79-81.

［11］BELCASTRO C M. Aviation safety program integrated vehicle health management technical plan summary[R].NASA, 2008.

缩略语

ACARS	aircraft communication addressing reporting system	飞机通信寻址与报告系统
ACAMS	aircraft condition analysis and management system	飞机状态分析与管理系统
ACMS	aircraft condition monitoring system	飞机状态监控系统
ADCC	Aviation Data Communication Corporation	民航数据通信有限责任公司
AHM	aircraft health management	飞机健康管理
AHTMS	aircraft health and trend monitoring system	飞机健康趋势监测系统
AIDS	aircraft integrated data system	飞机综合数据系统
AIMS	airplane information management system	飞机信息管理系统
ALIS	autonomic logistics information system	智能后勤信息系统
AMI	aircraft modifiable information	航空公司可修改信息
AMMS	aircraft maintenance management system	飞机维修管理系统
ANN	artificial neural network	基于人工神经网络
AR	auto regression	自回归
ARMA	autoregression moving average	自回归滑动平均
AIRMAN	aircraft maintenance analysis	飞机维护分析系统
API	application programming interface	应用程序编程接口
AS	active structure	主动结构控制
ATA	Air Transport Association	航空运输协会
BBN	Bayesian belief network	贝叶斯认知网

BIT	built-in test	机内测试
BITE	built-in test equipment	机内测试设备
BITS	built-in test system	机内测试系统
BMU	best matching unit	最佳匹配单元
CAS	crew alerting system	机组告警系统
CAMO	Continuous Airworthiness Management Organization	持续适航管理组织
CBR	case-based reasoning	基于案例的推理
CCS	common core system	通用核心系统
CCR	communal computing resources	公用计算资源
CDL	configuration defect list	构型缺损清单
CDN	communal data network	公用数据网络
CFDS	centralized fault display system	中央故障显示系统
CFDIU	central fault display interface unit	中央故障显示接口组件
CHMM	continuous HMM	连续隐马尔科夫模型
CINF	cost infrastructure	基础架构成本
CIS	crew information system	机组信息系统
CMC	central maintenance computer	中央维护计算机
CMCS	central maintenance computer system	中央维护计算机系统
CMS	central maintenance system	中央维护系统
CND	can not duplicate	无法复制
CNRE	cost non-repeatable	不可重复成本
COCOMO	constructive cost model	构造性成本模型
CPH	critical predication horizontal	临界预测水平
CV	confidence value	置信度

CWLU	crew wireless LAN unit	机务无线局域网单元
DAL	development assurance level	研制保证等级
DFDRS	digital flight data recording system	数字式飞行数据记录系统
DFT	discrete Fourier transform	离散傅里叶变换
DHMM	discrete HMM	离散隐马尔科夫模型
DKMS	diagnostic knowledge management system	诊断知识管理系统
DLCS	data loading and configuration system	数据加载和构型系统
DLL	dynamic link library	动态链接库
DMDT	diagnostic model development tool	诊断模型开发工具
ECAM	electronic centralized aircraft monitor	电子中央监测器
EEC	engine electronic controller	发动机电子控制器
EFB	electronic flying bag	电子飞行包
EGT	engine gas temperature	发动机排气温度
EHMS	engine health management system	发动机健康管理系统
ELB	electronic log book	电子记录本
EMU	engine monitor unit	发动机监测单元
ES	expert system	专家系统
FAA	Federal Aviation Administration	美国联邦航空局
FAR	Federal Acquisition Regulations	联邦采办规定
FDE	flight desk effect	驾驶舱效应
FDR	fault detection rate	故障检测率
FFT	fast Fourier transform	快速傅里叶变换
FHA	functional hazard analysis	功能性危险分析
FIR	fault isolation rate	故障隔离率

FMEA	failure modes, effect analysis	失效模式与影响分析
FMECA	failure modes, effect and criticality analysis	失效模式、影响与危害性分析
FTA	fault tree analysis	故障树分析
GBST	ground based software tool	地面软件工具
GIPC	general information processing computer	通用信息处理计算机
GMM	Gaussian mixture model	高斯混合模型
GPM	general processing module	通用处理模块
HIRF	high intensity radiation field	高强辐射场
HMM	hidden Markov model	隐马尔科夫模型
HUMS	health usage and monitoring systems	健康使用和监测系统
IBIT	initiate BIT	启动 BIT
ICD	interface control document	接口控制文件
ICP	integrated core processor	综合核心处理器
IMA	integrated modular avionics	综合模块化航电系统
IVHM	integrated vehicle health management	飞行器综合健康管理
JDBC	Java data base connectivity	Java 数据库连接
LCC	life cycle cost	全寿命周期成本
LRM	line replaceable module	外场可更换模块
LRU	line replaceable unit	外场可更换单元
MA	moving average	滑动平均
MAE	mean absolute error	平均绝对误差
MAT	maintenance access terminal	维护访问终端
MBR	model-based reasoning	基于模型的推理
MCC	maintenance control center	维护控制中心

MCDP	maintenance control display panel	维修控制显示板
MCDU	maintenance control and display unit	维修控制和显示单元
MEL	minimum equipment list	最低设备清单
MQE	minimum quantization error	最小量化误差
MFHBF	mean flying hours between failure	平均失效间隔飞行小时
MMEL	master minimum equipment list	主最低设备清单
MMH/fh	mean maintennance manhours/flight hour	每飞行小时平均维修工时
MOs	maintenance memos	维护备忘录
MRO	maintenance and repair operator	保养与维修经营者
MTBF	mean time between failure	平均失效间隔时间
MTTF	mean time to failure	平均失效时间
MTTFI	mean time to fault isolate	平均故障隔离时间
MTTP	mean time to prognosis	平均预测时间
MTTR	mean time to repair	平均修复时间
NFF	non-fixable failure	未发现错误
NTF	no trouble found	未发现问题
ODLF	onboard data loading function	机载数据加载功能
OEM	original equipment manufacture	原始设备制造商
OIS	onboard information system	机载信息系统
OIT	onboard information terminal	机载信息终端
OMT	onboard maintenance terminal	机载维护终端
OMS	onboard maintenance system	机载维护系统
OSA – CBM	open system architecture – condition based maintenance	视情维修开放体系

OSM	onboard storage module	机载存储管理
PBIT	period BIT	周期 BIT
PHM	prognostics and health management	故障预测与健康管理
PMAT	portable maintenance terminal	便携式维护终端
POBIT	power on BIT	加电 BIT
PoF	physics of failure	失效物理
QAR	quick access recorder	快速存取记录器
RBD	rule-based diagnosis	基于规则的故障诊断
RDC	remote data concentrator	远程数据集中器
RPN	risk priority number	风险优先数
RsT	resupply time	再补给时间
RUL	remaining useful life	剩余可用寿命
SHM	structure health monitoring	结构健康监控
SITA	Society International De Telecommunication Aero-nautiques	国际航空电信协会
SNR	signal to noise ratio	信噪比
SOM	self – organizing maps	自组织映射网络
SVM	supporting vector machine	支持向量机
TAT	turn around time	再次出动准备时间
TCP	transmission control protocol	传输控制协议
TSM	trouble shooting manual	故障分析手册
TTF	time to failure	预测至失效时间
TTFI	time to fault isolate	故障隔离时间
TWLU	terminal wireless LAN unit	航站无线局域网单元
UCP	universal core processing	通用核心处理器

UDP	user datagram protocol	用户数据报协议
VE	virtual environment	虚拟环境
WT	wavelet transform	小波变换

索引

大飞机出版工程　书目

一期书目(已出版)

《超声速飞机空气动力学和飞行力学》(译著)

《大型客机计算流体力学应用与发展》

《民用飞机总体设计》

《飞机飞行手册》(译著)

《运输类飞机的空气动力设计》(译著)

《雅克‐42M 和雅克‐242 飞机草图设计》(译著)

《飞机气动弹性力学和载荷导论》(译著)

《飞机推进》(译著)

《飞机燃油系统》(译著)

《全球航空业》(译著)

《航空发展的历程与真相》(译著)

二期书目(已出版)

《大型客机设计制造与使用经济性研究》

《飞机电气和电子系统——原理、维护和使用》(译著)

《民用飞机航空电子系统》

《非线性有限元及其在飞机结构设计中的应用》

《民用飞机复合材料结构设计与验证》

《飞机复合材料结构设计与分析》(译著)

《飞机复合材料结构强度分析》

《复合材料飞机结构强度设计与验证概论》

《复合材料连接》

《飞机结构设计与强度计算》

三期书目（已出版）

《适航理念与原则》

《适航性：航空器合格审定导论》（译著）

《民用飞机系统安全性设计与评估技术概论》

《民用航空器噪声合格审定概论》

《机载软件研制流程最佳实践》

《民用飞机金属结构耐久性与损伤容限设计》

《机载软件适航标准 DO‐178B/C 研究》

《运输类飞机合格审定飞行试验指南》（编译）

《民用飞机复合材料结构适航验证概论》

《民用运输类飞机驾驶舱人为因素设计原则》

四期书目（已出版）

《航空燃气涡轮发动机工作原理及性能》

《航空发动机结构强度设计问题》

《航空燃气轮机涡轮气体动力学：流动机理及气动设计》

《先进燃气轮机燃烧室设计研发》

《航空燃气涡轮发动机控制》

《航空涡轮风扇发动机试验技术与方法》

《航空压气机气动热力学理论与应用》

《燃气涡轮发动机性能》(译著)

《航空发动机进排气系统气动热力学》

《燃气涡轮推进系统》(译著)

《燃气涡轮发动机的传热和空气系统》

五期书目(已出版)

《民机飞行控制系统设计的理论与方法》

《民机导航系统》

《民机液压系统》(英文版)

《民机供电系统》

《民机传感器系统》

《飞行仿真技术》

《民机飞控系统适航性设计与验证》

《大型运输机飞行控制系统试验技术》

《飞行控制系统设计和实现中的问题》(译著)

《现代飞机飞行控制系统工程》

六期书目(已出版)

《民用飞机构件先进成形技术》

《民用飞机热表特种工艺技术》

《航空发动机高温合金大型铸件精密成型技术》

《飞机材料与结构检测技术》

《民用飞机构件数控加工技术》

《民用飞机复合材料结构制造技术》

《民用飞机自动化装配系统与装备》

《复合材料连接技术》

《先进复合材料的制造工艺》(译著)

七期书目(已出版)

《支线飞机设计流程与关键技术管理》

《支线飞机验证试飞技术》

《支线飞机电传飞行控制系统研发及验证》

《支线飞机适航符合性设计与验证》

《支线飞机市场研究技术与方法》

《支线飞机设计技术实践与创新》

《支线飞机项目管理》

《支线飞机自动飞行与飞行管理设计与验证》

《支线飞机电磁环境效应设计与验证》

《支线飞机动力装置系统设计与验证》

《支线飞机强度设计与验证》

《支线飞机结构设计与验证》

《支线飞机环控系统研发与验证》

《支线飞机运行支持技术》

《ARJ21‑700新支线飞机项目发展历程、探索与创新》

《飞机运行安全与事故调查技术》

《基于可靠性的飞机维修优化》

《民用飞机实时监控与健康管理》

《民用飞机工业设计的理论与实践》

八期书目(已出版)

《航空电子系统综合化与综合技术》

《民用飞机飞行管理系统》

《民用飞机驾驶舱显示系统》

《民用飞机机载总线与网络》

《航空电子软件开发与适航》

《民用机载电子硬件开发实践》

《民用飞机无线电通信导航监视系统》

《飞机环境综合监视系统》

《民用客机健康管理系统》

《航空电子适航性分析技术与管理》

《民用飞机客舱与机载信息系统》

《民用飞机驾驶舱集成设计与适航验证》

《航空电子系统安全性设计与分析技术》

《民机飞机飞行记录系统——"黑匣子"》

《数字航空电子技术(上、下)》